これから図面を描く人のための

3次元CAD・JIS製図・公差

小原照記，栗山晃治，井上忠臣
髙橋史生，新間寛之
〔共著〕

森北出版

まえがき

ものづくりの現場では，3 次元 CAD の活用が進んでいます．3 次元 CAD のメリットの一つとして，作成した 3D モデルを活用することで，形状の理解が深まり，より直感的に製図の知識を習得できることがあります．本書では，そのメリットを活かして，設計者が意識すべきポイントや，図面作成時の注意点について具体的に解説していきます．

3 次元 CAD はメリットが多い反面，その普及により，3D モデルを作成することが主流となり，製図の基礎を学ぶ機会を減少させています．しかし，設計者が頭のなかで描いたアイデアを形にし，それを正しく製造・検査・組み立てるためには，JIS 規格にもとづいた適切な図面表現が求められます．そのため，機械設計の世界では，3 次元 CAD が普及しても，設計意図を正確に伝えるために「製図」の知識は不可欠です．

そのため，本書では，3 次元 CAD を学ぶことと ともに，機械製図の基礎を学ぶことも目的としています．第 2 章の「JIS 製図法」では，単なる図面の読み書きにとどまらず，サイズ公差や幾何公差，表面性状などの重要な概念も体系的に解説しています．また，第 3 章の「公差設計」では，製品の品質とコストに直結する公差の「値」の考え方や基本的な計算方法について解説し，第 1 章の 3 次元 CAD と連携する 3 次元公差設計ソフトについても紹介しています．

本書で学べること

- 3 次元 CAD の基本操作
- JIS 規格に沿った図面作成の知識
- サイズ公差と幾何公差の概念と適用方法
- 機械設計の基礎知識
- 公差設計の考え方と基本的な計算方法

著者が理事長を務める 3 次元設計能力検定協会（https://www.3da.or.jp/）では，若手技術者の 3 次元設計能力レベルを，単なる試験の合否判定ではなく，“育成”という立場で評価するための試験制度（3 次元設計能力検定試験）を運営しています．本試験制度では，プロ設計者コース（3 次元 CAD 実技，JIS 製図，公差設計，機械材料，強度設計，要素設計，信頼性設計，加工法の 8 科目），図面作成コース（3 次元 CAD 実技，JIS 製図，公差設計の 3 科目），3 次元 CAD コース（3 次元 CAD 実技の 1 科目）の三つのコースが用意されています．本書は，そのなかの図面作成コースの 3 科目に対応した書籍となります．

本書は，初心者から中級者まで，これから機械製図を学ぶ方はもちろん，3 次元 CAD を活用して設計業務を行う方にとっても役立つ内容となっています．さらに，上に記載した 3 次元設計能力検定協会では技術者のスキルアップを目指し，検定試験に向けたセミナーを実施しています．検定試験はオンラインでの受験も可能ですので，スキルアップにぜひ活用いただければ幸いです．

まえがき

巻末には，学んだ内容を確認し，また実践的な知識を身につけられるように，問題を用意してありますが，こちらは実施している「3 次元設計能力検定試験 図面作成コース」の模擬試験にもなります.

本書を通じて，みなさんが 3 次元 CAD を自在に操り，JIS 規格に沿った図面を作成し，適切な公差の設定ができるようになることを切に願っています.

2025 年 2 月

著　者

目　次

第1章 3次元CAD

機械設計とは，設計仕様を決め，その仕様に基づいて設計対象物の検討を行い，構造や材料，形状を決定していく作業である．この作業を支援するツールがCAD（computer aided design：コンピュータ支援による設計）である．CADがない時代は，紙の図面に，3次元である形状をJIS（日本産業規格）などのルールにのっとり2次元の線で表現していた．紙の図面では，定規と鉛筆を使って手で線を描くため，鉛筆の太さより細い精度は出せず，また線一本一本を描いたり消したりする必要があるため，修正や削除に非常に手間がかかった．そこに登場したのがCADである．最初に登場したCADは2次元CADであり，紙図面の作業が電子化され，精度が向上し，編集・削除などの作業が効率化した．しかし，3次元の物体を仮想的に2次元として表現する作業自体は変わらないので，形状が複雑になると2次元の図面から3次元の形状を想像するのが難しかった．そのようななか登場したのが3次元CADである．

本章では，3次元CADのメリットを説明し，その後に主な機能ごとにくわしく説明する．

Key Word　キーワード　モデリング，アセンブリ，ドラフティング

1.1 3次元CADとは

2次元CADは，かんたんにいえば，手描きで行っていた作業をコンピュータでデジタル化したものである．一方，3次元CADは，単に紙の作業を電子化したということではなく，3次元の形状情報をそのまま取り扱えるようにしたものである．3次元CADで作成した立体形状のことを3Dモデルとよぶ（3Dデータともよぶ）．3次元CADでは，この3Dモデルに3次元の情報をもたせることで，実際にものをつくる前に，体積や重量の検討，部品間の干渉部分の確認など，さまざまな検証を行うことを可能とした．そのほかにも部品に材質や光源を設定して写真のようにリアルな画像を作成する「レンダリング」機能，板金設計や金型設計をするための専用の機能を搭載している3次元CADもある．

1.1.1 2次元CADと3次元CADの違い

表1.1に，3次元CADと2次元CADの機能面についてのそれぞれの特徴を比較して示す．作図機能については2次元CADのほうが，一方，形状の正確性については3次元CADのほうが優れているなど，それぞれの良さがある．3次元CADの特徴でとくに注目したいのが，データの活用の面である．3次元CADは，コストはかかるものの，それを上回る利点も多いと考えられており，その理由から多くの企業が導入している．

表1.1　3次元CADと2次元CADの比較

	3次元CAD	2次元CAD	備　考
作図機能	△	○	作図機能は2次元CADのほうが優れている
図面作成	○	○	引き分け，3次元CADは三面図をミスなく自動でつくれる利点がある（設変も連動）
形状の正確性	○	△	3次元CADは干渉や質量が確認できる
データ活用	◎	△	CAE，CAM，3Dプリンタなどへの3Dデータ活用が行える
データ量	大	小	データ量は3次元のほうが多いので，データ保管に外付けハードディスクなどが必要である
価格・コスト	高	安	ソフトは一般的に3次元CADのほうが高い
習得時間	長	短	習得時間は，3次元CADのほうが一般的にかかる
パソコン	高	安	3次元CADのほうが高スペックなPCが必要である

1.1.2 3Dデータ活用のメリット

3次元CADを用いた設計には,多くのメリットがある．たとえば,2次元のみで設計した場合,「ドライバーが入らず，部品が取り付けられない」「部品どうしの干渉やクリアランス不足が発生してしまった」「動作中に干渉が起こって機構が動作しない」「外観,デザインを詰め切れなかった」「意図しないところにすきまが空いていた」「強度不足，質量オーバー」といった，コスト，納期，品質に直結するさまざまな問題に直面することがある．3次元CADによる設計であれば，こうした課題や悩みを解消できる．

3Dデータは，さまざまな情報をもっているため，製図にとどまらず，設計全般に活用が可能である．もっともメリットを享受するのは設計者であるが，設計者以外にもメリットがある．ここでは，立場ごとに3Dデータ活用のメリットを説明する．

(1) 設計者

近年，3次元CADや3Dプリンタなどの3次元ツール技術を活かした新しい設計・製造のあり方が注目されている．そのような状況をふまえると，設計者にとっての3次元CADにより作成した3Dデータ活用のメリットは，たとえばつぎのようなことがある（図1.1）.

① 解析検証・シミュレーションを行うCAE（computer aided engineering）や加工プログラムを作成するCAM（computer aided manufacturing），3Dスキャナによる検査（CAT：computer aided testing）やリバースエンジニアリングなどへの活用がある．また，近年では第3章で説明する公差設計についても3次元CADのなかで行えるようになっている（3.9

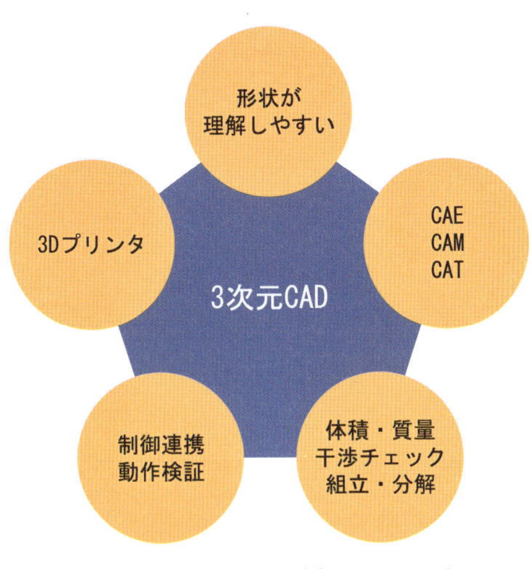

図 1.1　3 次元 CAD 活用のメリット

節「3 次元公差設計ソフト」参照）．設計は 3 次元ツールの進化により，関係者との情報共有と製品ライフサイクル全体での 3D データ活用によるリードタイムの短縮など，業務が効率化し品質も向上する．

② 従来と変わらず平面で表す 2 次元 CAD に対し，3 次元 CAD は製品形状を立体として表すので，設計者以外の現場作業者，営業担当なども形状を理解しやすい．これにより多くの人から意見をもらうことができ，より使いやすくつくりやすい製品，売れる製品となる設計につなげることができる．

③ 立体でつくることで体積や表面積を確認でき，材料を指定することで質量や重心を求めることができる．質量がわかることで軽量化を検討でき，重心を求められることで機構設計や治具設計する際に役立つ．3 次元 CAD でモデリングした部品をバーチャル上で組み付けて，干渉の確認や機構の確認が行え，組立や分解のシミュレーションも行える．実際のものでは確認しづらい断面形状なども簡単に確認できる（図 1.2）．

④ 作成した 3D モデルを CAE ソフトにインポートすれば，強度の検証や熱，磁場，流体などのさまざまな解析を行え，ものをつくってからの不具合を事前に検証できる．最近は 3 次元 CAD ソフトのなかに CAE 機能が搭載されているものもあり，データ変換をすることな

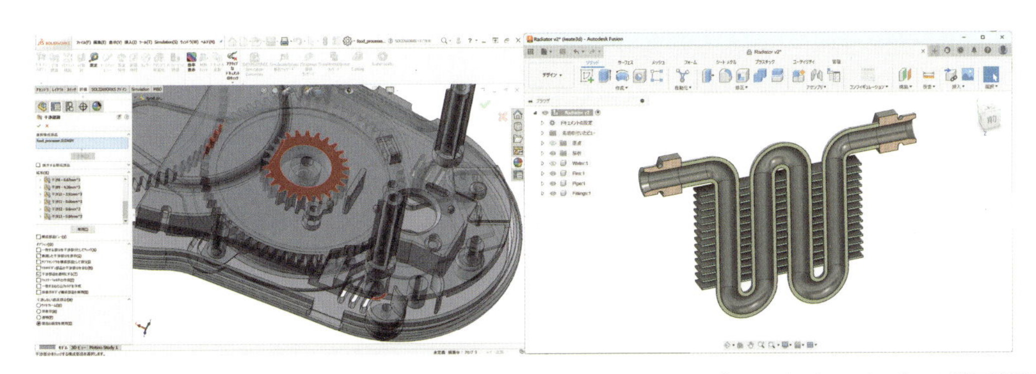

図 1.2　左：3 次元 CAD「SOLIDWORKS」での干渉確認，右：3 次元 CAD「Autodesk Fusion」での断面確認

く，CAEを行い，CAD機能に戻って設計変更して，またCAEを行うといったようにシームレスに作業できるソフトも多い．CADやCAEで多くの検証を行え，さらに実際に持った感触やスケール感など実際のもので確認したい場合には，3Dプリンタを使うことで3Dデータをそのままの形で造形できる．3Dプリンタでは，樹脂，金属など多種多様な材料が使えるようになってきている．

⑤ 製品の3Dデータを活用しての金型設計，治具設計も行える．また，生産設備や工場のレイアウトなどを3次元で検討することで，よりわかりやすく多くの人と設計を進めることができ，コミュニケーションの向上による品質の向上へとつながる．最近では機械・電気・制御が一つの3Dデータでつながり，メカ制御連携が可能となり生産設備やロボットの仮想での動作検証が可能にもなっている．

(2) 設計者以外

3Dデータの活用は，設計者以外にもメリットがある．図1.3に示す，加工，生産・組立，検査の各工程のなかでもさまざまに活用できる．

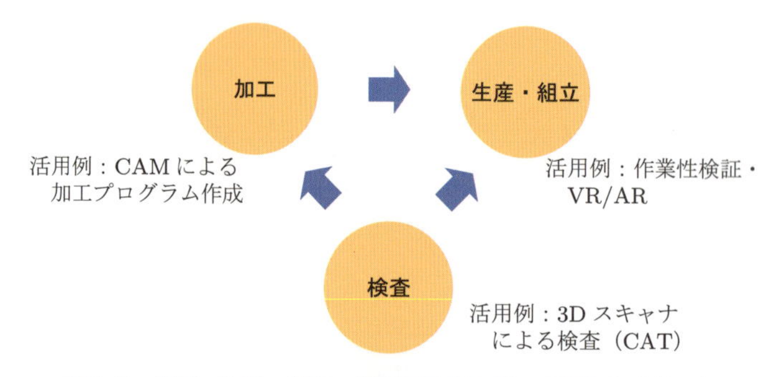

図1.3　加工，生産・組立，検査での3Dデータ活用のメリット

① **加工工程**　金属や樹脂などの切削加工であれば，3Dデータをそのまま利用してCAMに取り込み，加工プログラム（NCデータ）を作成できる．工具や回転数，送り速度などの加工条件を入力することで，3Dデータの形状を認識し，自動でツールパス（工具経路）を作成してくれる．加工用に図面が必要な場合も，3次元CADで簡単にモデルを投影し寸法を付加したり，断面を作成したりでき，加工するための治具を3Dプリンタで製作したり，加工治具の設計検討のために一度，製品を3Dプリントしたりといった活用も考えられる．

② **生産・組立工程**　必要な治具の設計も3Dデータを活用することで検討しやすくなる．また，組み立てのシミュレーションを3次元で行うことで，ボルトを締めるためのドライバーが入らない，治具が入らないといった不具合を未然に防ぐことができ，作業性の優れた設計を検討できる．

最近は，VR（仮想現実）やAR（拡張現実）などの技術を用いて，よりリアルなシミュレーションが可能となっている．現場で組み立てる作業者への指示も3次元で行うことで，間違いなくスムーズに伝達できる．ほかにも，生産するための治具を3Dプリントするといった活用も考えられる．

③ **検査工程**　できあがったものを3Dスキャンして，設計した3Dデータと重ね合わせれば，カラーマップで形状を確認でき，板厚が設計データよりも薄い箇所や厚い箇所が視覚的にわかる．

検査作業者に対しての説明資料としても3Dデータが役立ち，形状把握や検査ポイントの理解の助けとなる．そのほか，検査治具などを3Dプリントするという活用も考えられる．

このほか，たとえば，リバースエンジニアリングでもメリットがある．図面が存在しない製品の現物を3Dスキャンして3Dデータを作成し，スペアパーツや金型のデータベース化などがすでに行われている．また，営業担当が3Dデータや3Dプリント品などをうまく活用することで，顧客とのスムーズなコミュニケーションが促進され，受注拡大につなげることもできる．実際に，製品を使う消費者への説明用の資料や組立動画の制作やCG技術を活用したカタログ製作などにも活用されている．

3次元CADで立体形状を作成することは，2D図面よりも立体化する分の手順が増えるため，どうしても手間が掛かる．しかし，ここまで説明してきたように，3次元CADには，設計だけではなく，生産現場から営業部門まで，さらには製品を使う消費者まで幅広いメリットがある．

1.1.3 3次元CADの機能

3次元CADによる機械設計では，主につぎの三つの作業を行う（図1.4）．

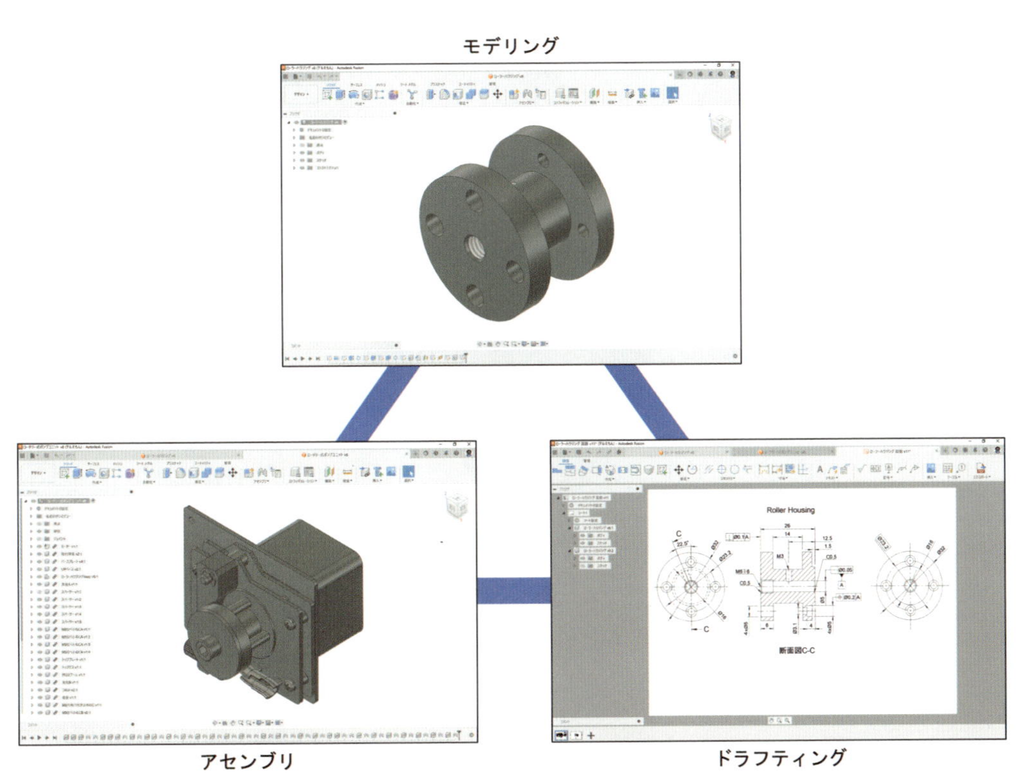

図1.4　3次元CADによる機械設計の主な作業

① モデリング（1.2節）
② アセンブリ（1.3節）
③ ドラフティング（1.4節）

最初に行うのが，立体的に部品を作成するモデリングである．つぎに行うのが作成した部品を組み立てるアセンブリである．そして，最後に行うのが，3D モデルから 2D 図面を作成するドラフティングである．続く 1.2〜1.4 節では，この三つの機能についてそれぞれ説明する．

1.2 モデリング（部品作成）

1.2.1 モデリングとは

モデリングとは，図 1.5 に示すように 3D モデルを作成することである．3 次元 CAD の基本的なモデリングは，積み木を組み合わせていくような感覚で形状をつくり上げていく．

3 次元 CAD でモデリングを進める場合，加工方法（切削か板金かなど）が決まっているのか，すでに立体のイメージがあるのか，2D 図面から 3D データを作成するのか，機構設計から始めるのかなど，さまざまな条件によって考え方や使用する機能が変わってくる．このため，ある程度，頭のなかでイメージを固めてから 3 次元 CAD に向かうとよいだろう．たとえば，四角いブロックから削ってつくっていくか，円筒形状から削っていくか，あるいは，形状を追加して結合していくかなど，製造業でいう「切削」や「溶接」をイメージすればわかるだろう．

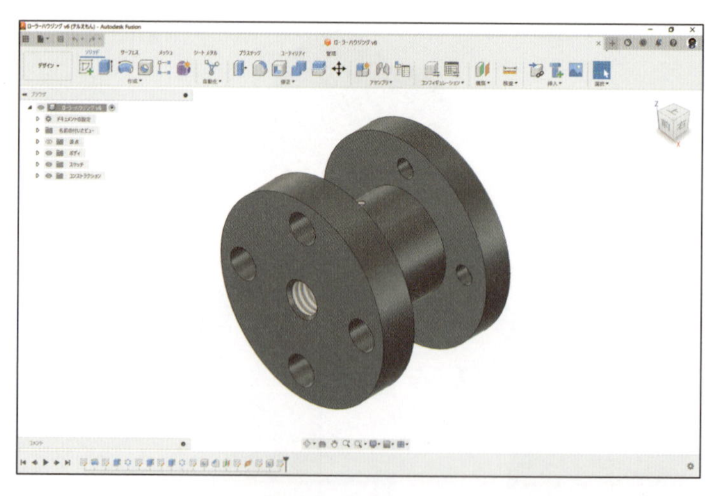

図 1.5　モデリング

1.2.2 2次元CADと3次元CADの設計基準の違い

基本的には作業が手描きと同じ2次元CADと違い，3次元CADは，PCのなかに実際の部品や製品の立体形状を作成するので，従来の製図作業や2次元CADでの設計のやり方に加えて新たな視点が必要になる（図1.6）．2次元CADは，点と軸（線）を基準に設計作業を行う．基本的な軸はX軸とY軸の2軸である．それに対して，3次元CADは，Z軸が追加されて3軸になる．さらに，「面」という概念も追加される．3次元CADでは，X軸とY軸でできる「XY平面」，X軸とZ軸でできる「XZ平面」，Y軸とZ軸でできる「YZ平面」の三つの基準平面がある．

一般的な3次元CADでは，基準面のほかにユーザーが面を作成することも可能である．基準面を移動させたり，回転させたり，3Dモデルの要素を使用して作成したりなどができる．3次元CADを使用して設計をしていく場合には，点と軸のほかに，「面」を設計の基準としてうまく活用していく必要がある．

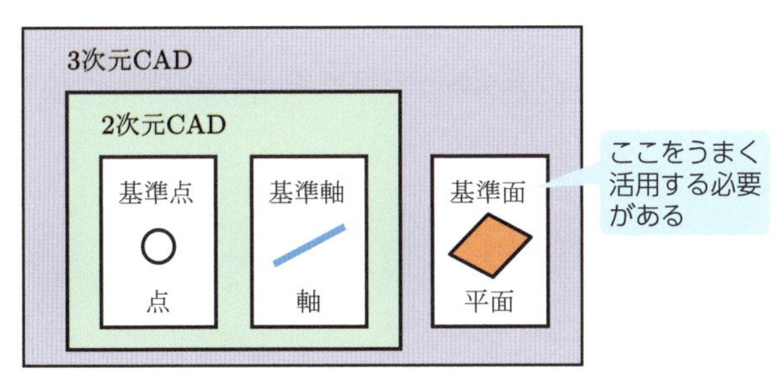

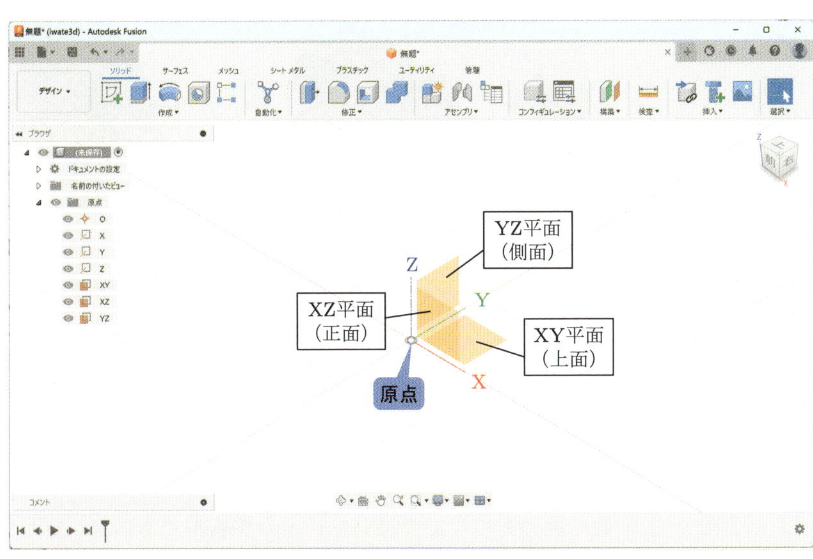

図1.6 上：2次元CADと3次元CADの設計基準の違い，下：3次元CAD「Autodesk Fusion」での軸と平面を表示した画面

ソフトによって異なる高さ方向の軸

3次元CADソフトによって，高さ方向がZ軸の場合とY軸の場合がある．高さ方向がZ軸の場合は，XY平面が平面（上面），XZ平面が正面，YZ平面が側面となり，高さ方向がY軸の場合は，XY平面が正面，XZ平面が平面（上面），YZ平面が側面となる（図1.7）．

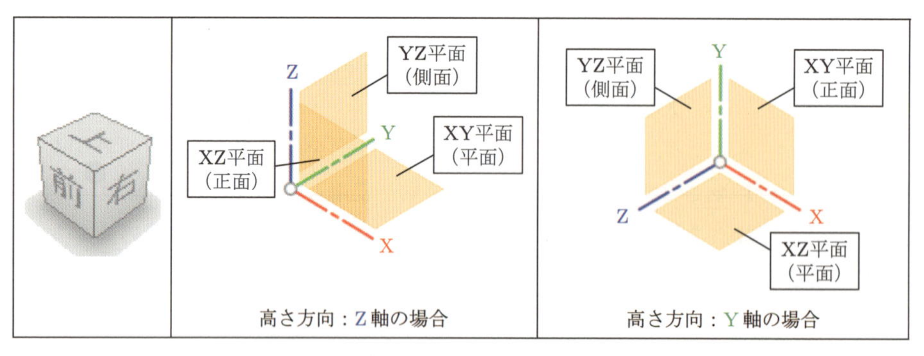

図1.7 座標軸と基準面の違いについて

1.2.3 モデリングの流れ

モデリングの流れは，図1.8に示すようになる．必要に応じてここに「拘束」の作業が入る．

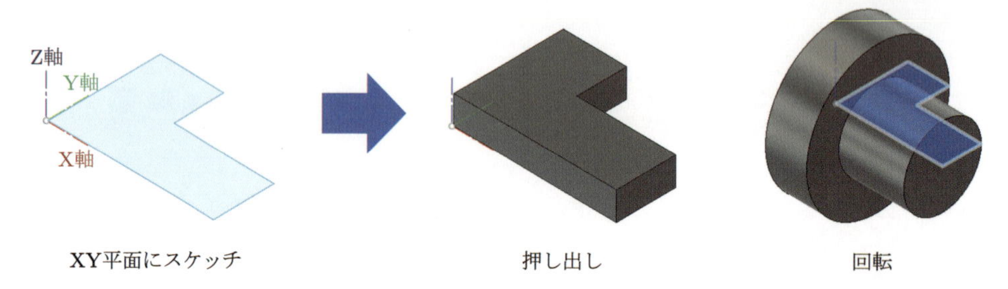

図1.8 XY平面にスケッチした2D断面線をZ軸方向に押し出した形状とX軸を基準に回転させた形状

(1) スケッチ

3次元CADで形状を作成する場合，「面」を設計の基準としてスケッチを描いていく．スケッチとは，3Dモデルを作成するための基準となる「2D断面線（プロファイル）」を作成することで，作成したスケッチを「押し出し」たり，「回転」したりすることで立体形状ができあがる（図1.8）．

スケッチは，長方形や円，直線や曲線をつないで描いていくのが基本である．3次元CADには，図1.9に示すように描く形状によってさまざまなコマンド（命令）が用意されている．このため，描きたい形状に合わせて，直線を描くコマンド，円を描くコマンドなどを選ぶ．円を描く場合，中心と直径を指定して円を描いたり，3点を指定して円を描いたり，ソフトによってさまざまなコマンドが用意されている．作成した点や線などの要素（エンティティ）を指定した距離で移動したりコピーしたりもできる．

図 1.9　3 次元 CAD「SOLIDWORKS」のスケッチ機能のメニュー例

図 1.10 に 3 次元 CAD での形状作成例を示す．3 次元 CAD では，形状を足したり，引いたりしていきながら設計を進めていく．部品を取り付けるための穴を空けたり，角に丸み（フィレット）をつけたり，面取りをしたりする場合には，そのためのコマンドが用意されているため，スケッチを描く必要がない場合もある．コピー（複製）する機能を使い，半分だけ作成して反対側にコピーしたり，直線状や円形状にコピーしたりもできる．一つのスケッチに形状の線図をすべて描くのではなく，機能ごとに分けてスケッチを描くことで，制御がしやすくなり，後からの設計変更がしやすくなる．

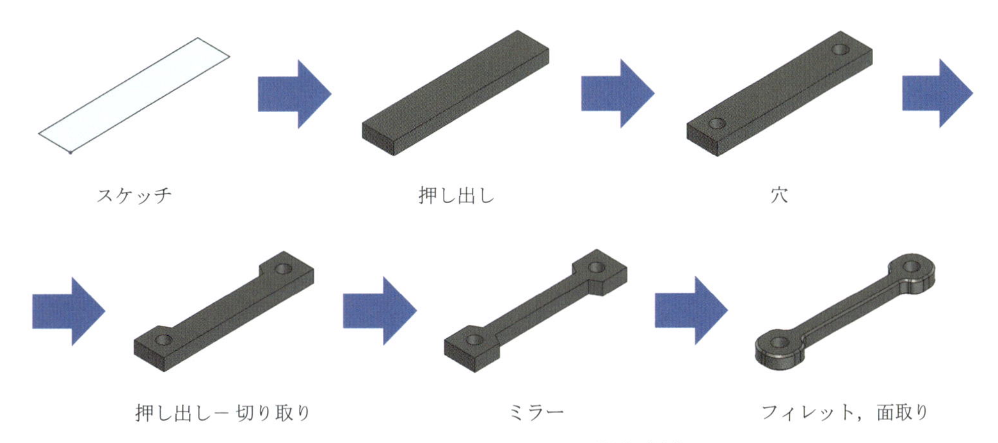

図 1.10　3 次元 CAD での形状作成例

3 次元形状作成のポイントはつぎのとおりである．

① スケッチをどの「面」に作成していくかを考える．選ぶ平面によって，3 次元空間の部品の向きが決まる．スケッチは，2 次元 CAD で図面を描く作業と似ているが，2 次元 CAD のように正面から見た図をすべて一つのスケッチに線として描く必要はない．

② 設計基準となる形状寸法に注目する．設計基準となる形状寸法がある場合は，まずはその輪郭をスケッチして立体化を行う．設計を進めていくなかで，ほかの部品との干渉や軽量化のために形状を削りたい場合には，削りたい形状をスケッチして削っていく．逆に，強度をもたせるために補強の形状を追加することも後から可能である．

(2) 拘束

線を描いたら，つぎに「拘束」を定義する必要がある（図 1.11）．拘束には，つぎの 2 種類がある（表 1.2）．

- 長さや距離，角度，直径，半径などの寸法（サイズ）拘束
- 水平や垂直，平行，直交などの幾何拘束

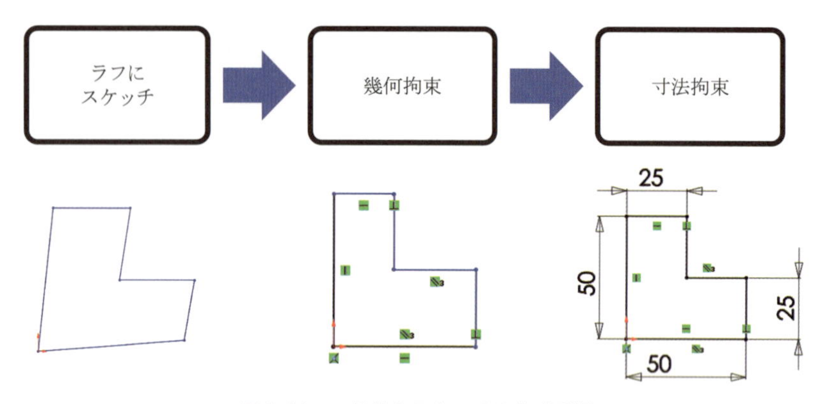

図 1.11　一般的なスケッチの作成手順

表 1.2　拘束機能の例

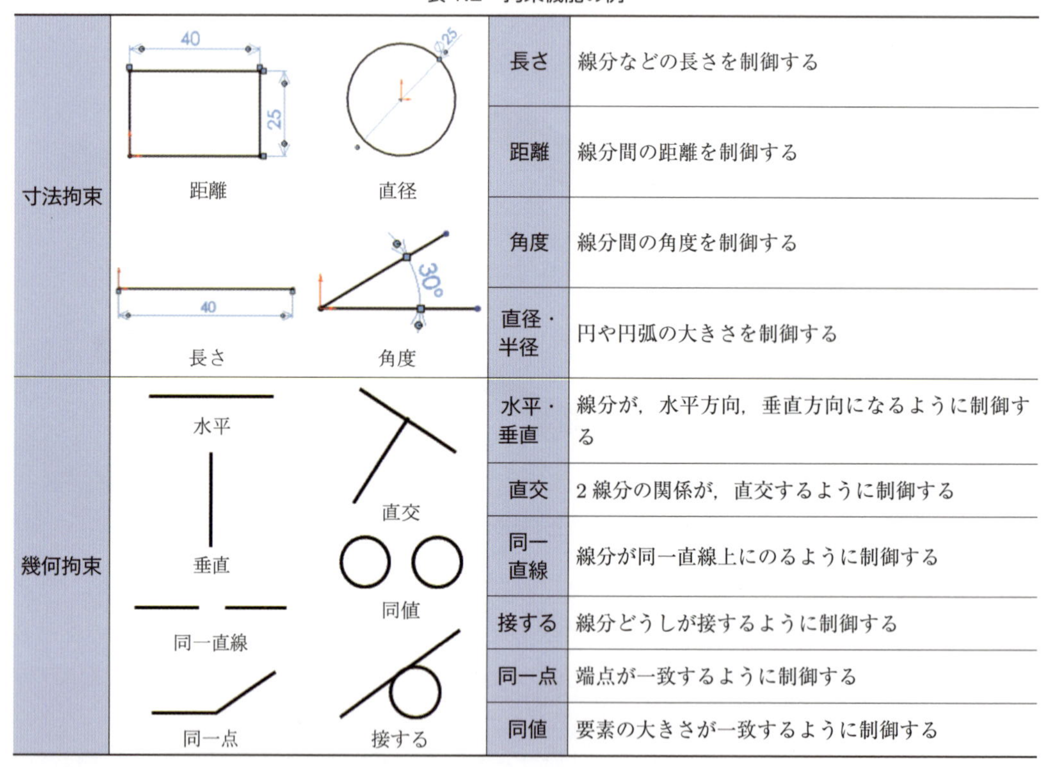

分類	機能	説明
寸法拘束	長さ	線分などの長さを制御する
	距離	線分間の距離を制御する
	角度	線分間の角度を制御する
	直径・半径	円や円弧の大きさを制御する
幾何拘束	水平・垂直	線分が，水平方向，垂直方向になるように制御する
	直交	2 線分の関係が，直交するように制御する
	同一直線	線分が同一直線上にのるように制御する
	接する	線分どうしが接するように制御する
	同一点	端点が一致するように制御する
	同値	要素の大きさが一致するように制御する

立体形状があるなかでスケッチを描いている場合には，形状の線や面などの要素に拘束を定義できる．また，立体形状の線や面をスケッチ平面に投影させたり，平行移動させたり，立体形状の面や線と交差する線や点を作成したりすることができる．

3 次元のモデリングソフトにはさまざまなものがあるが，3 次元 CAD ソフトと CG ソフトとを比較したときに，とくにモデリングの考え方や操作性を考えると，もっとも違いが出てくるのが「拘束」である．作成した形状の間に平行や垂直などの「幾何」的な条件を設定したり，あるいは「寸法」を定義したりすることで，その形状全体を規定していくが，これらを適切に設定することでさまざまなバリエーションを作成できる．逆に不適切に設定していると，寸法を変更したときに，ほかのところに予想外の変形が発生したり，あるいはまったく変更できなかったりすることもあるので，拘束を意識しながら，形状を作成していくことが重要になる．

完全定義と拘束の重複エラー

多くの3次元CADソフトでは，完全に定義された線が色で識別できるようになっている．たとえば，図1.12のように，はじめは青色であった線が完全に定義されると黒色になる．色が変わることで，設計するうえでの寸法の定義漏れや位置ズレなどのミスを防止できる．ソフトによっては，拘束に漏れがある場合に，完全定義されていない線や点をドラッグすると移動でき，拘束が足りない箇所を探すことができる．

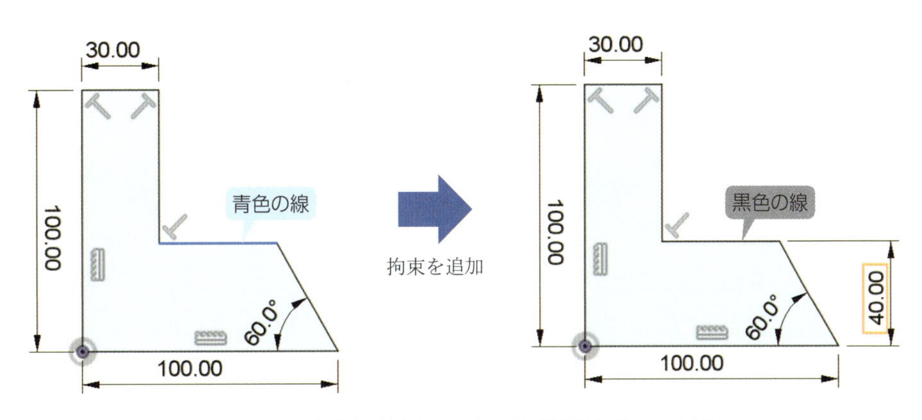

図1.12　拘束を追加して青色の線が黒色に変わった例

定義済みのスケッチに拘束を定義しようとすると，重複していると警告メッセージが表示されたり，エラー画面が表示されたりする．幾何拘束は手動で定義できるが，自動で平行や直交などの定義が付与される場合があり，そのときはユーザーが定義したい拘束が付与できない場合もある．たとえば，直交な関係の線に対して平行の関係を定義しようとすると矛盾するため，エラーとなる．重複定義によるエラーが表示されたら，重複箇所を探し，不要な拘束を削除する．多くの3次元CADソフトでは，幾何拘束がスケッチ線の近くに小さいアイコンで表示されおり，そのアイコンを選択して削除することで，幾何拘束の定義を解除できる．

どうしても重複箇所を見つけられない場合には，スケッチを削除して，最初から書き直すことを考える．線の数が多いほど，不要な拘束が付与されてしまうため，拘束定義の重複を避けるためには，できるだけスケッチをシンプルにすることが大切である．

(3) フィーチャ

3次元CADでは，作成，除去，修正，コピーした形状処理要素を組み合わせて3次元形状情報を作成していく．この形状処理要素をフィーチャとよぶ．各フィーチャは断面の動かし方などによってさらに細かく分けられる（表1.3）．

① 作成フィーチャ　　スケッチした断面を特定の方向に直線的に動かして形状を作成する「押し出し」，スケッチした断面を指定した軸を中心に回転して形状を作成する「回転」，断

表 1.3　3次元CADで形状をつくるための基本機能

分類	フィーチャー			
① 作成	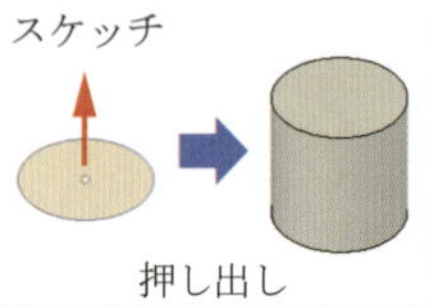 スケッチ 押し出し	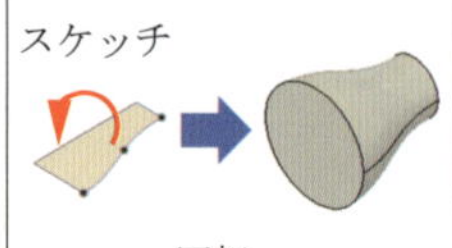 スケッチ 回転	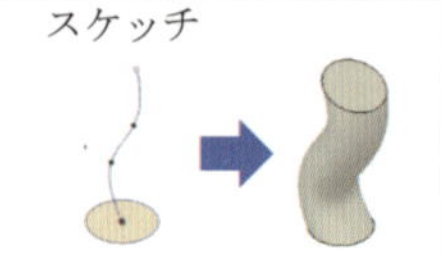 スケッチ スイープ	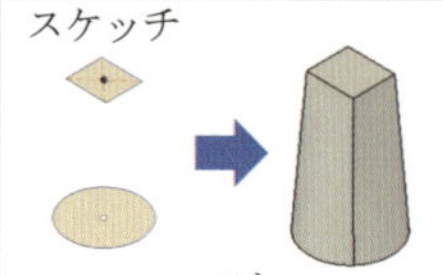 スケッチ ロフト
② 除去	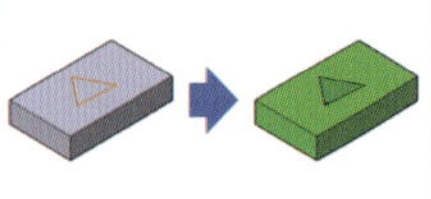 押し出しカット	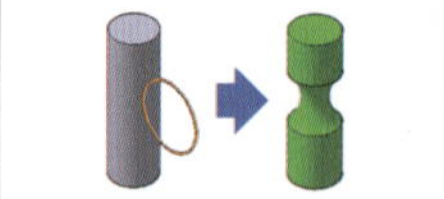 回転カット	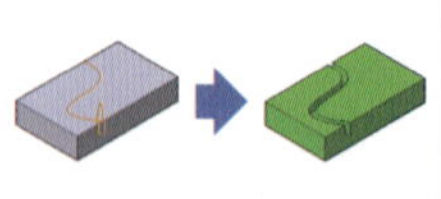 スイープカット	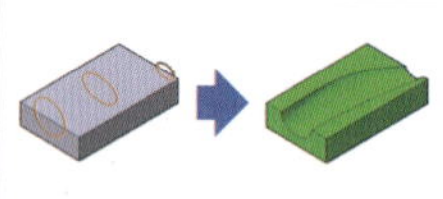 ロフトカット
③ 修正	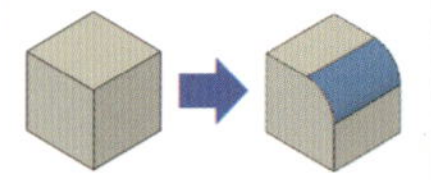 フィレット	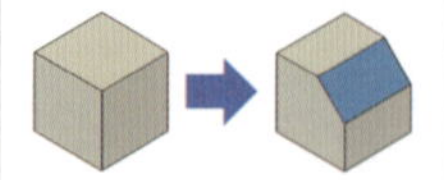 面取り	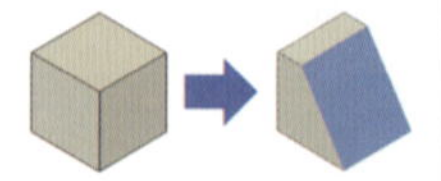 ドラフト（抜き勾配）	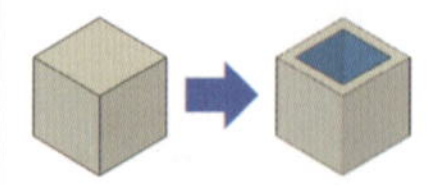 シェル
④ コピー		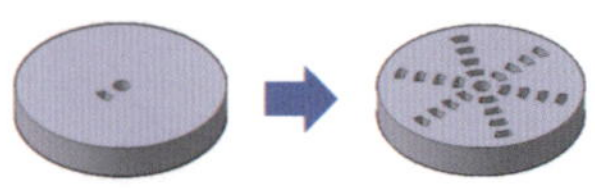	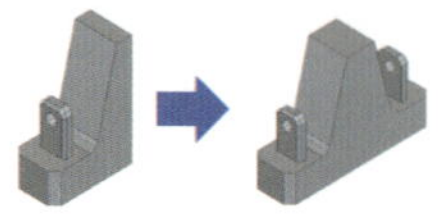	

面を指定したパスに沿って動かして形状を作成する「スイープ」，二つ以上の異なる断面をつないで形状を作成する「ロフト」などがある．使用する3次元CADソフトによって名前が違う場合もあるが，この四つが形状を作成するフィーチャの基本となる．

② 除去フィーチャ　　基本となる断面形状を指定方向に動かすことにより形状の除去を行う．形状の作成と同じく，断面を動かす方向や断面のとり方により，押し出しカット，回転カット，ロフトカット，スイープカットなどの種類がある．

③ 修正フィーチャ　　既存の形状要素の修正を行う．丸みをつけるフィレット，角をとる面取り，面の角度を変えるドラフト，全体を一定の厚みの薄い板形状に変えるシェルなどの種類がある．

(4) ブーリアン演算

3次元CADでは，別々で作成したボディ（形状）を後から一つのボディに結合することも可能である．複数のボディを結合する（和），重なる部分を除去する（差），あるいは共通部を残す（積）といった作業が行える．一つの部品ファイルに複数のボディを存在させることができるため，結合することを最初から考えている場合は，離れた位置に別々に作成して，後から結合すればよい．主要な寸法を重要パーツに保持させることが可能となる．この処理は，一般にブーリアン演算とよぶ（図1.13）が，3次元CADによりコマンド名はさまざまで，SOLIDWORKSでは「組み合わせ」，Autodesk Fusionでは「結合」となっている．

複数のボディを結合するのとは反対に，ボディを分割して複数のボディを作成することもできる．全体の形状を設計してから加工性や組立性を考慮し，部品に分けてアセンブリを作成することが可能である．

(5) モデリングの注意点

ここまで説明してきたように，3次元CADでは機能を組み合わせて3Dモデルを作成してい

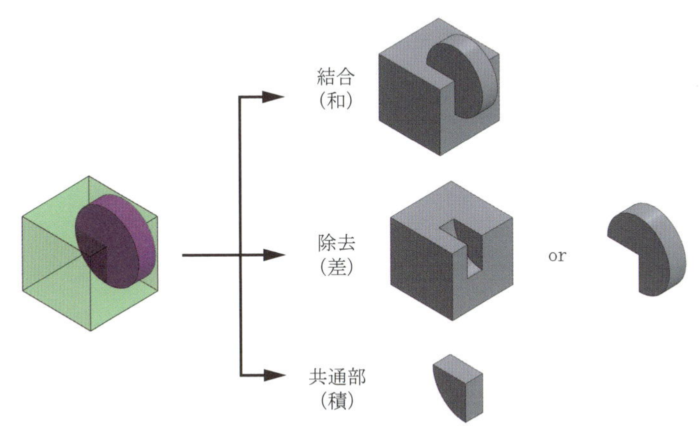

図 1.13　ブーリアン演算の例

く．2次元CADは線を描いたり，消したりして形状をつくっていくのに対して，3次元CADでは機能を組み合わせて3Dモデルをつくっていく．たとえると，積み木を組み合わせていくイメージである．たとえば，図1.14のようなモデルをつくろうとした場合，高さ情報が異なるため，フィーチャを分けて押し出していく必要がある．3次元CADは，フィーチャの組み合わせを考えられるスキルを身につける必要がある．

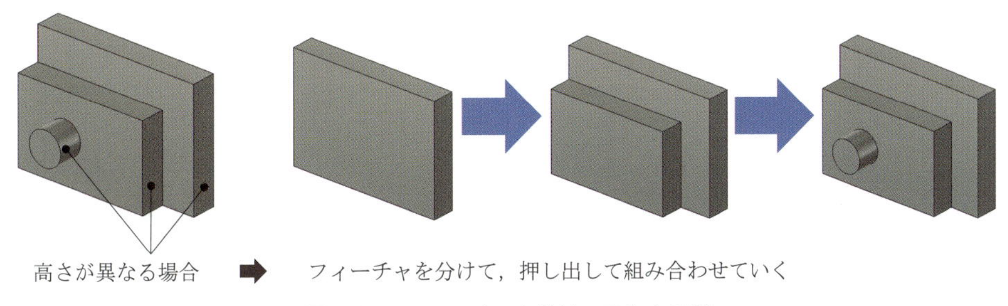

図 1.14　フィーチャを分けて実施する例

同じ形状でも，いろいろな方法で作成できるため，どれが適切なやり方なのかを判断できる必要がある．そのためには，しっかりと一つ一つコマンドの挙動とその結果を理解しておくことが大切である．実際問題，使うフィーチャが異なれば，形状を修正する際の方法はまったく異なり，あるフィーチャを修正したときに別のフィーチャに与える影響も異なる．同じように見える形状でも，作業履歴が違う場合はある．無自覚に形状を作成していると，その違いによって，後々その形状を変更したり流用したりする場合に，そのやりやすさが大きく変わってしまったり，場合によっては変更できずにつくり直しになってしまうこともある．部品の各部位にはそれぞれ目的・役割があり，役割は配置される位置や形・大きさに集約される．フィーチャを配置する基準位置や，フィーチャの形や大きさを決めるエレメント（要素）を参照し，それらをフィーチャの構築時に参照として盛り込んでいくことが重要である．

ヒストリー型のパラメトリックモデリング機能がある3次元CADソフトでは，作成したスケッチやフィーチャのパラメータが履歴として保存されており，後からの修正や編集が可能であ

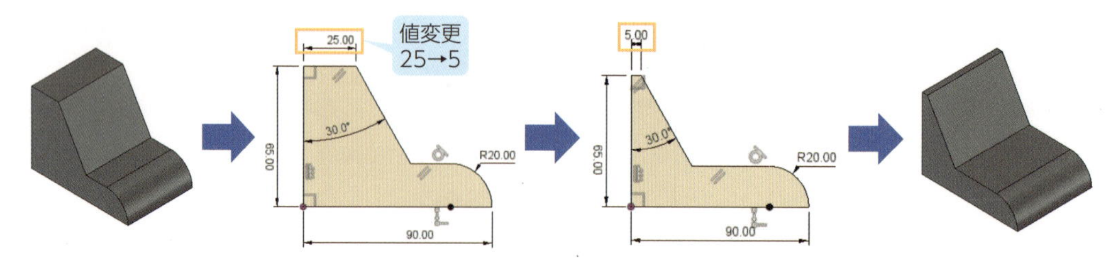

図 1.15　スケッチを編集して 3D モデルを修正している例

る（図 1.15）．設計意図を無視して作成したパラメータは修正・編集作業の手間を増やし，エラーなどの発生原因になる．スケッチ寸法やフィーチャ間の関連性をうまく利用し，設計変更や類似設計時には最低限のパラメータ修正だけでそれが実現できるように的確なパラメータを組み込んでいく必要がある．

1.2.4 形状作成の基本「押し出し」

形状を作成する際にもっとも利用する機能は，「押し出し」である．言い換えると，形状を作成する際は，まずは「押し出し」でつくれないかを考え，できない場合にほかの選択肢を考えればよい．「押し出し」は単純な機能であるが，奥が深く，使いこなせるようになることで，機械設計の効率が上がる．このため，ここではその使い方について詳しく説明する．

(1)「押し出し」とは

「押し出し」は，2 次元のプロファイル（断面）を面直方向に平行移動させて厚み付けを行い，形状を作成したり，形状を削ったりする機能である．面直方向以外にも指定した方向に形状を作成できる 3 次元 CAD もある（図 1.16）．また，勾配角度を指定して形状を作成したり，押し出しの開始位置と終了位置を点や線，面などの要素を指定しさらにオフセット量を設定できたりす

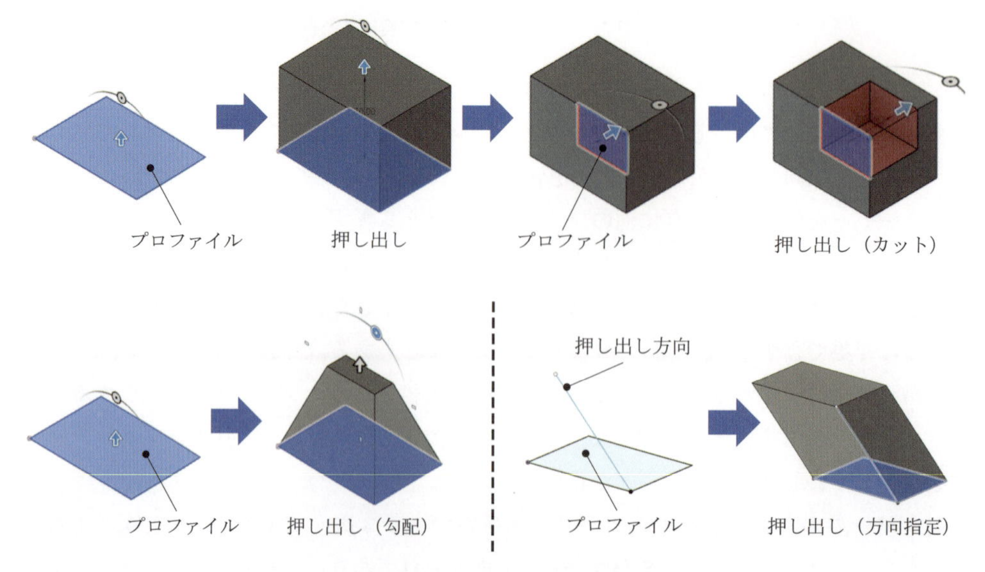

図 1.16　3 次元 CAD における押し出し機能の例

るものもある．

(2) プロファイル（スケッチ）

押し出しを行ううえでユーザーが指定する必要な要素として，プロファイルがある．プロファイルは，主にスケッチという機能を使用して，押し出し機能で立体を作成したい2次元の輪郭（断面）を作成する．たとえば，平面の円を押し出して円柱にしたり，長方形を押し出して立方体にしたりする．基本的には，端点がつながっている閉じた2次元の輪郭を作成し，押し出し機能で中身の詰まった立体形状（ソリッド）を作成する．端点がつながっていない開いた2次元の輪郭を作成した場合，3次元CADでは押し出しができないとエラーになるものもある．板厚を指定してソリッド形状を作成したり，厚みのない面形状（サーフェス）を作成したりできるものもある（図1.17）．

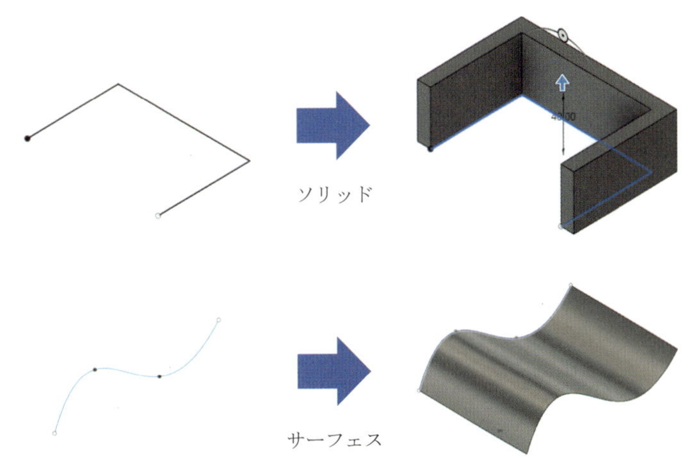

図 1.17　閉じていない輪郭の押し出し時の例

(3) 押し出しの注意点

① 複数の閉じた領域を押し出す場合

一つのスケッチに閉じた領域が複数ある場合には，押し出しする領域を選択式で立体形状を作成できる3次元CADソフトもあるが，エラーで押し出しができないソフトもある．押し出しする領域を複数選択して立体形状を作成できる場合には，一つのスケッチに，たとえば正面から見た形状を描き込んで，押し出しする際に複数回に分けて，それぞれの閉じた領域を選択して押し出す量を入力し立体形状を作成していくことができる．2次元CADで設計していたときと同様にスケッチを行うことができるが，できない場合には，押し出しする領域ごとにスケッチを分けて作成していく必要がある．

② 押し出しの開始位置と終了位置

スケッチ機能でプロファイルを作成する際には，平らな面を指定して2次元の輪郭を描いていく．3次元CADでの押し出しは，プロファイルを作成した平らな面の位置から押し出しが開始されるのが基本である．したがって，設計上，押し出しを開始したい位置にプロファイルを作成する必要がある．

ソフトのなかには，押し出しを行う開始位置を変更できるようになっているものもある．プロファイルを作成した位置からのオフセット量を入力して，開始位置を平行移動させたり，点や面を指定して開始位置を指示したりできるものもある．点や面を指定した位置からオフセット量を入力してさらに位置を変更したり，面を指定する場合に，平らな面（平面）ではなく，曲面を指定できたりするものもあり，曲面に形状を彫り込んだり，浮き出させたりできる（図 1.18）．

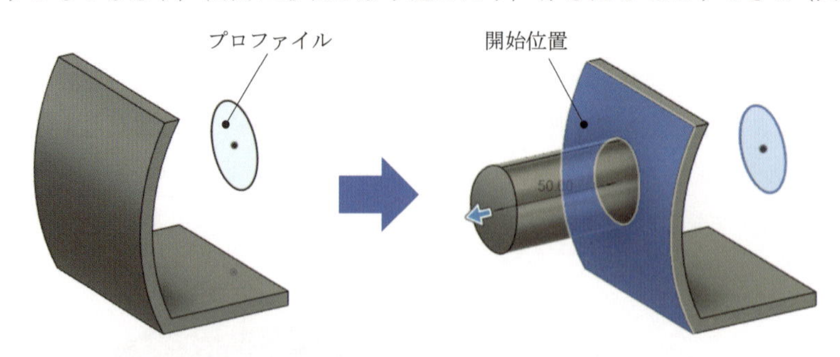

図 1.18　押し出しの開始位置を変更している例

押し出しを終了する位置についても同じことがいえ，数値を入力して押し出す量を指示する方法のほかに，点や面などを指示し，オフセット量を入力できるものもある．また，貫通した穴をあけたいような場合に，形状があるすべての範囲まで押し出しを実行させる設定ができるものもある．この機能を使用することで，ヒストリー型のパラメトリック機能を搭載した 3 次元 CAD の場合，後から板の厚みを変更しても貫通した穴があくので，再度，押し出しの数値を変更する手間を省くことができ，設計業務を効率化できる．

押し出しの開始位置，終了位置をうまく設定すれば，設計業務の効率化を図ることができる．しかしうまく設定できていないと，設計変更の際に意図しない形状になってしまい，修復に時間を浪費してしまうことがある．たとえば，板の上の面からの高さがほしいのか，板の下の面からの高さが重要なのかによって，押し出しを開始する位置や入力する距離が変わってくる（図 1.19）．ここで重要なのは，設計するうえで必要な値を押し出しのパラメータに入力することである．

押し出しの開始位置，終了位置に点や面などの要素を参照指定した場合，設計変更などにより指定した要素がなくなったり，エラーが起こったりすると，参照指定して作成した押し出し形状

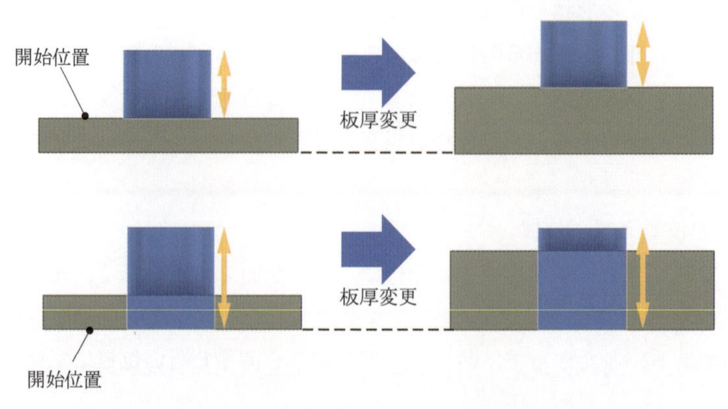

図 1.19　押し出しの開始位置の違いによる設計変更の影響の例

も消滅したり，エラーが起こったりしてしまうこともある．このため，点や面などの要素を参照指定する場合には，設計変更などが起こっても消滅したり，エラーが起こったりしにくい要素を指定したほうがよい．たとえば，XY 平面や YZ 平面などの基準平面を指定したり，立体形状の点や面ではなく，基準平面からオフセットして作成した平面や座標入力して作成した点などを作成して指定したりすることで回避できる．

(4) 3 次元 CAD 習得の第一歩の押し出し

3 次元 CAD ソフトすべての機能を一度に覚えようとせずに，自社の設計業務のなかでよく使用する機能に絞って使いこなせるように練習したほうがよい．なかでも機械部品の場合の多くは，押し出しで作成できることが多い．まずは「押し出し」を使いこなせるようになることが，機械設計での 3 次元 CAD 習得の第一歩となる．複雑な形状でもシンプルな形状に分解して考え，シンプルなプロファイルを作成し押し出し，シンプルな形状を積み重ねながら設計を行っていけばよい．

モデリングのコツ

3 次元 CAD を使い始めて最初にぶつかる壁は，「モデリングがむずかしい」ことである．一通りコマンドを理解していても，簡単な部品をモデリングするにしても何から手をつけてよいのかわからない，操作コマンドが多すぎてどれを使えばよいかわからない，せっかくつくったモデルを変更できない，などでつまずく場合は多い．モデリングのコツは，フィーチャをいかにうまく使いこなすかである．フィーチャという概念を単なるモデル作成上のコマンドやテクニックとしてではなく，設計意図と関係づけることが重要になる．3 次元 CAD でモデリングをする場合，まずは作成したい 3D モデルを基本形状に分解して考えていく．フィーチャを組み合わせていく際は，設計機能ごとに分けて考えるとよい．複雑な形状を一度につくろうとせず，できるだけシンプルな形状を組み合わせてつくっていく．これにより，後からの設計変更にも対応しやすくなる．

1.3 アセンブリ（組立）

1.3.1 アセンブリとは

機械設計では，設計した複数の部品を組み立て，各部品を合わせることで機能をもたせる．3 次元 CAD ソフトには，この作業に対応したモデリングした部品を組み立てるアセンブリという機能がある（図 1.20）．3 次元 CAD で組み立てられた製品のこともアセンブリとよび，2 次元 CAD でいうところの組立図に相当する．「アセンブリ＝組立」と考えてよい．自動車を例にすると，エンジンやタイヤといった，各部品が組み付けられたものをサブアセンブリ，そして，すべての部品（パーツ）やサブアセンブリが組み付けられたものをトップアセンブリとよぶ．複雑な

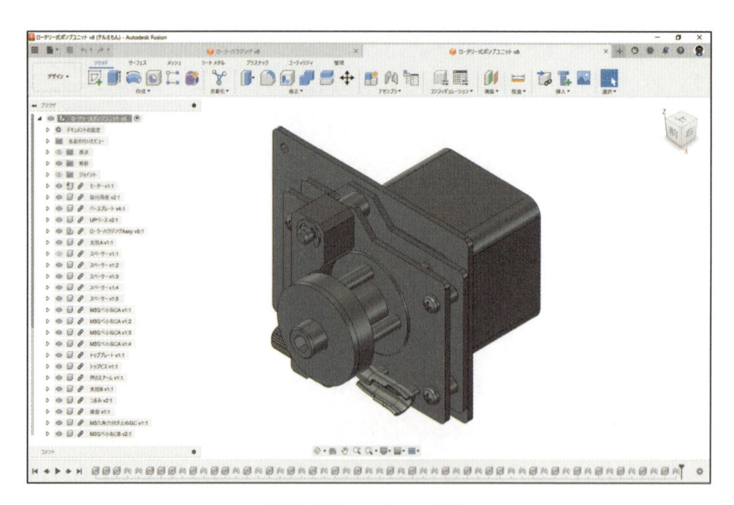

図1.20　アセンブリ

アセンブリは，部品やほかのアセンブリ（サブアセンブリ）を含む多数の部品で構成される．

アセンブリにより，試作品を作成することなく，コンピュータ上（仮想空間）で設計した部品の組立て検証を行う「仮想（バーチャル）試作」が可能となる．実試作回数を減らし，実際にものをつくってからの修正を減らすことができ，時間短縮，コスト低減，品質向上につながる．部品表とも連携できるため，どの部品が何個組み付いているのかを表ですぐに確認できる．これは，コストの見積もり算出や部品の手配などにも役立てることができる．

アセンブリにより，作成したアセンブリデータをアニメーションで動かしての機構検証，干渉箇所の確認，断面を切っての内部状況の確認，クリアランス（すきま）距離の確認，組み立て・分解検証（図1.21），質量や重心の確認など，2次元CADでは得られなかった多くのメリットを享受できる．さらに現在では，VR（仮想現実）技術やAR（拡張現実）技術を使って，実際に作業

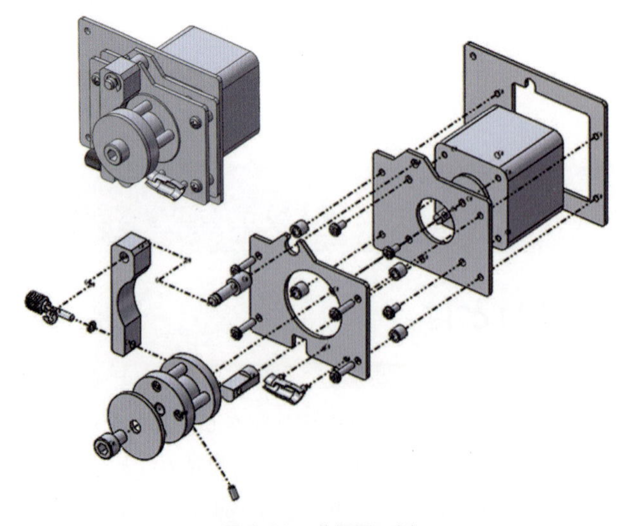

図1.21　分解図の例

者の手が届くか，操作性が悪くないか，危険性がないかなどを，よりリアルに検証できるようになってきている．

1.3.2 アセンブリの流れ

(1) アセンブリの流れ

アセンブリの機能はソフトによって異なるが，部品と部品との位置合わせには拘束を付加していく方法がある．3D モデルの面と面を接触拘束させる，軸と軸を一致拘束させる，距離や角度を指定するなどの拘束作業をしながら，スライドする機構や回転する機構を設定していく．ソフトによっては，スライド機構，回転機構を部品間に直接，設定していくものもある（図 1.22）．

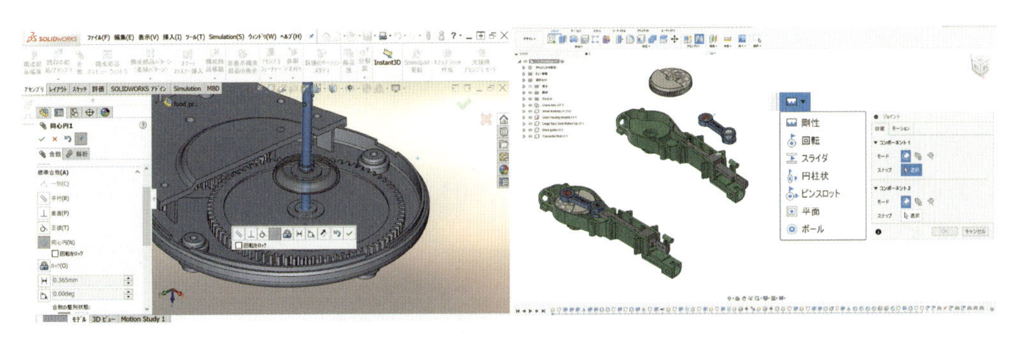

図 1.22　3 次元 CAD でのアセンブリ拘束の例（左：SOLIDWORKS 操作画面，右：Autodesk Fusion 操作画面）

アセンブリは，まず基準となる部品を固定する．そして，固定した部品に対してほかの部品をさまざまな拘束を付加して位置を合わせていく．最初に部品を固定するのは，3 次元空間上を自由に部品が動いてしまうためである．一つ基準となるものを固定しておくことで，スライドや回転の動きを検証できる．固定した部品がないと，スライドした際に全体がスライドしてしまうので注意が必要である．

拘束を与えながら位置合わせをする場合，自由度を考えていく必要がある．はじめは 3 軸の並進と回転の 6 個の自由度がある．拘束を付加することで自由度を減らして動きを制限していくことで，スライドや回転の動きを定義したり，位置を固定したりすることが可能となる．

一般的な拘束の種類として，一致，平行，垂直，正接，同心円，固定などがある．拘束する自由度に特別な定義関係を付与でき，歯車やカムなどの機械的動作などを設定できるソフトもある．

アセンブリをするにあたってのポイントは，立体空間にある形状を操作している感覚で行うことである．立体を想像して線と線を合わせていく 2D 図面の場合の感覚とは異なり，実際の組立て作業に近い．このため，立体と立体の位置を合わせるためには，どの面とどの面を，どの軸とどの軸を合わせればよいのかというような立体的感覚を養う必要がある．この空間把握能力は，2 次元 CAD の設計で必要となる立体をイメージする力と共通する．空間把握能力は，3 次元 CAD でアセンブリ操作していくことで磨かれていく．

(2) アセンブリの注意点

アセンブリをする際の注意点として，位置合わせに使用した面や軸が設計変更などにより存在しなくなってエラーが発生して位置が合わなくなってしまうことがある．これを避けるには，できるだけ設計変更があってもなくならない要素で位置合わせをすることが大切である．

また，アセンブリをする場合には構成を考える必要がある．多数の部品を一つのアセンブリに配置すると扱いづらい．このため，扱いやすいように，関係の深い部品どうしを一つのアセンブリとしてまとめて，まとめたものをさらにアセンブリすることが大切である．たとえば，自動車の場合，エンジンやタイヤを各アセンブリにまとめるわけである．これにより，アセンブリや部品は階層構造となる．階層構造となることで，多数の部品から構成される製品でも管理がしやすくなる．アセンブリ構成は設計の初期段階で決めておくことが望ましいが，後からの変更も可能なため，設計作業を進めながら適宜適切に変更していくのでもよい．

アセンブリは，すべての部品の形状が完成してからでなくてもよい．部品とアセンブリの関係は，部品を変更するとアセンブリも同じく更新していくことができる．そのため，部品の形状がある程度できたら，アセンブリをして問題がないかを確認しながら設計を進めていくとよい．これにより問題を早い段階で見つけることができ，設計において問題が大きくなる前に改善策を考えることができる．

3次元 CAD でのアセンブリは，2次元 CAD で設計を進めるなかでは得られない多くのメリットを享受できる．3次元 CAD で作成したデータは，CAE と連携して強度や熱などのシミュレーションを行ったり，制御プログラムと連携させて動作検証を行ったり，生産における組立検証を行ったりなどさまざまな活用用途がある．

1.3.3 アセンブリのデータ管理

一般的な3次元 CAD ソフトでは，アセンブリは読み込んできている部品とリンク関係を保持しているため，部品形状に変更があった場合，アセンブリも連動して反映される．しかし，ソフトによっては，ファイル名の変更や保存先の移動が正しく行われなかったために，アセンブリファイルに部品ファイルを正しく読み込めなくなってしまうリンク切れという問題が生じることがある（図 1.23）．

また，部品ごとに担当者がいて，設計を同時並行で進めていくチーム設計の場合には，データを共有サーバやクラウドに保存したり，データを管理する専用ソフト（PDM：product data management）を使用したりする必要が出てくる．チーム設計の最大の利点は，協力しながら設計を並行して進めることで，設計期間を短縮できることである．しかし，データ管理のルールをつくって運用していても，システム上で仕組みをつくっていないと，たとえばだれでもデータを編集できるようにしていて誤った上書き保存や削除をしてしまうなどのミスが起こる．

このような問題を起こさないために，使用する3次元 CAD ソフトの特徴を理解しておく必要がある．また，専用のデータ管理ソフトを使用し，管理者側でデータを編集できる人を制限したり，上書き保存防止に読み取り専用のデータに設定したりするなども必要である．データ管理ソフト

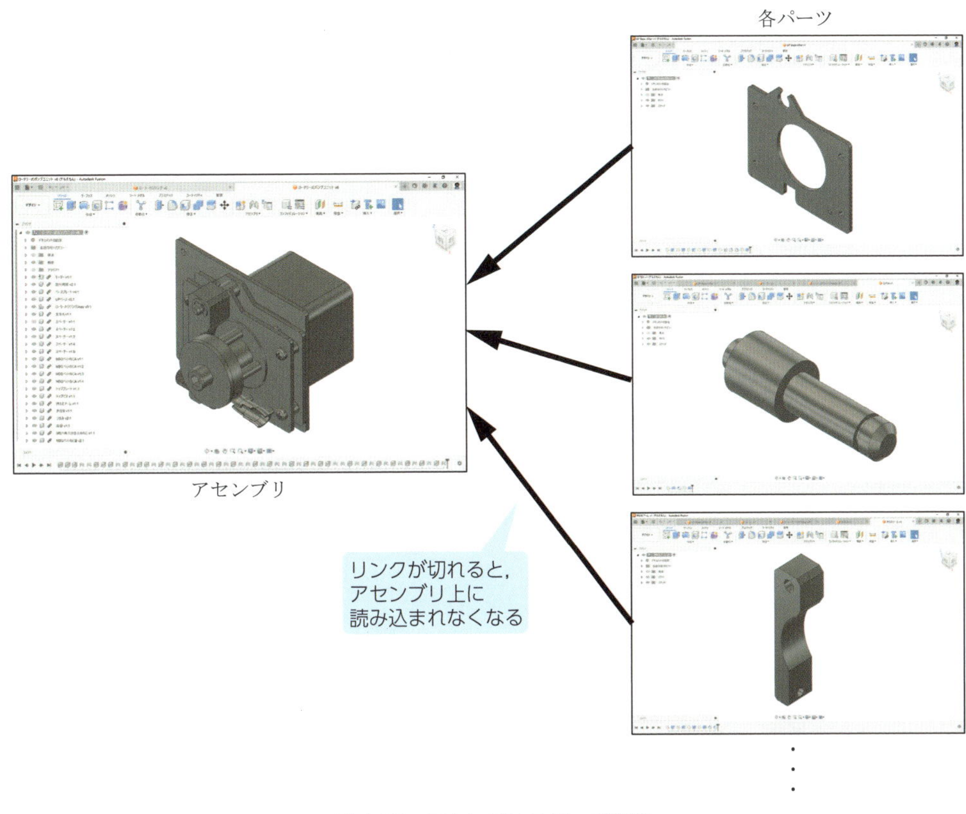

図 1.23　アセンブリのデータ管理

では，だれがファイルを開き，いつ編集したかを管理でき，バージョン管理も可能で，ソフトによっては上書き保存をしても履歴をたどって元のバージョンに戻すことができるものもある．データ検索も過去の設計情報から容易に探すことができる．

最近では，設計データを管理するだけではなく，製品ライフサイクル全体の管理が求められてきているため，PDM から PLM（product lifecycle management）システムを導入してのデータ管理が広がっている．また，製造業に関わるすべてのデータをまとめるプラットフォーム（platform）化も進んでいる．

1.4 ドラフティング（図面作成）

1.4.1 ドラフティングとは

ドラフティングとは，3 次元 CAD で作成した部品やアセンブリなどの 3D モデルから 2D 図面を作成する機能である（図 1.24）．この機能により，間違いのない正確な形状の図面を簡単に作成できる．本章では 3 次元 CAD のドラフティング機能に特化して説明するが，具体的な製図のルールについては第 2 章を参照されたい．

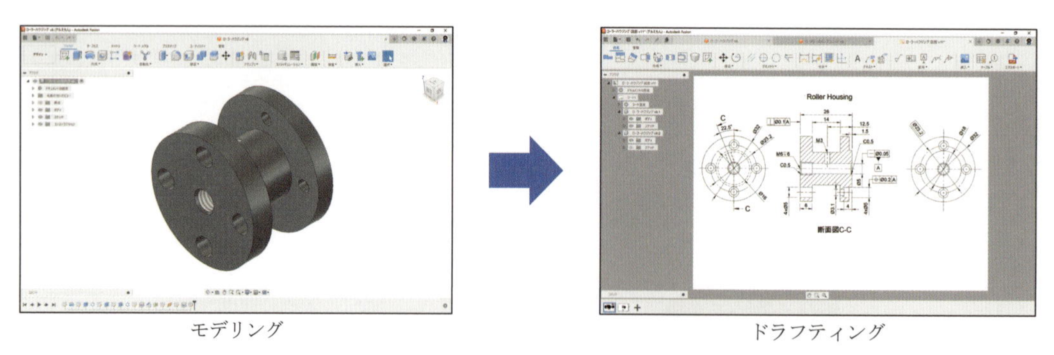

図1.24　モデリングした3Dモデル→2D図面化（ドラフティング）

1.4.2 2D図面と3Dモデルの違い

2D図面と3Dモデルにはそれぞれ良し悪しがあり，両方使えることが重要である．たとえば，カーナビゲーションシステムで目的地までのルートを確認するとき，地図を真上から見た2次元の図のほうが経路や現在位置を確認しやすい．これに対して，複雑な交差点や曲がり角は3次元での表示のほうがイメージしやすく，曲がり忘れやミスなどを防ぐことができる．このように，人間の思考は，2次元で考えたい，考えたほうがよい場合もあれば，3次元で考えたい，考えたほうがよい場合もある．2D図面と3Dモデルの違いを表1.4に示す．これらの特徴をふまえて適切に利用するとよい．

表1.4　2D図面と3Dモデルの比較

	2D図面（平面）	3Dモデル（立体）	備　考
寸法確認	◎	△	寸法（サイズ）の確認は図面のほうがしやすい
形状認識	△	◎	全体的な形状・デザインは立体で見たほうがわかりやすい
提案力・プレゼン	△	◎	3Dモデルは色を付けたり，背景を入れたりすることができ，プレゼンに使える
データ互換性	○	△	2D図面は，DWG，DXFでデータ交換が可能である．3次元CADは種類が多く互換性もさまざまである
情報共有	○	△	3Dモデルの閲覧には高価なPCなどが必要で，作業中に汚れた手では扱いづらい．紙は配布しやすく，汚れても印刷し直せて扱いやすい

1.4.3 ドラフティングの流れ

(1) ドラフティングの流れ

ドラフティングは，作成した3Dモデルを正面や上，横から見た図を投影して配置することから始まる（図1.25）．図を投影する作業をバッチ処理できる3次元CADもあり，数百枚の図面化を自動でできるものもある．製図や2次元CADソフトでは面倒な等角投影図の作成も，3Dモデルを2D図面上に投影するだけなのでワンタッチ作業である．等角投影図以外の図も自由自在に投影し配置が可能であり，尺度も簡単に切り替えることができる．また奥側に隠れている線

（隠線）を製図のルールにのっとって細い破線で自動表示したり，3次元CADでのモデリングと同様に面に色が付いた状態の表示（シェーディング）にさせたりなども簡単に切り替えることができる．たとえば，自転車のフレームや配管部品などの曲面どうしが交わる図面を作成する場合，相関線（二つ以上の立体が交わる部分の線）も特別な技術を必要とすることなく作成できる（図1.26）．

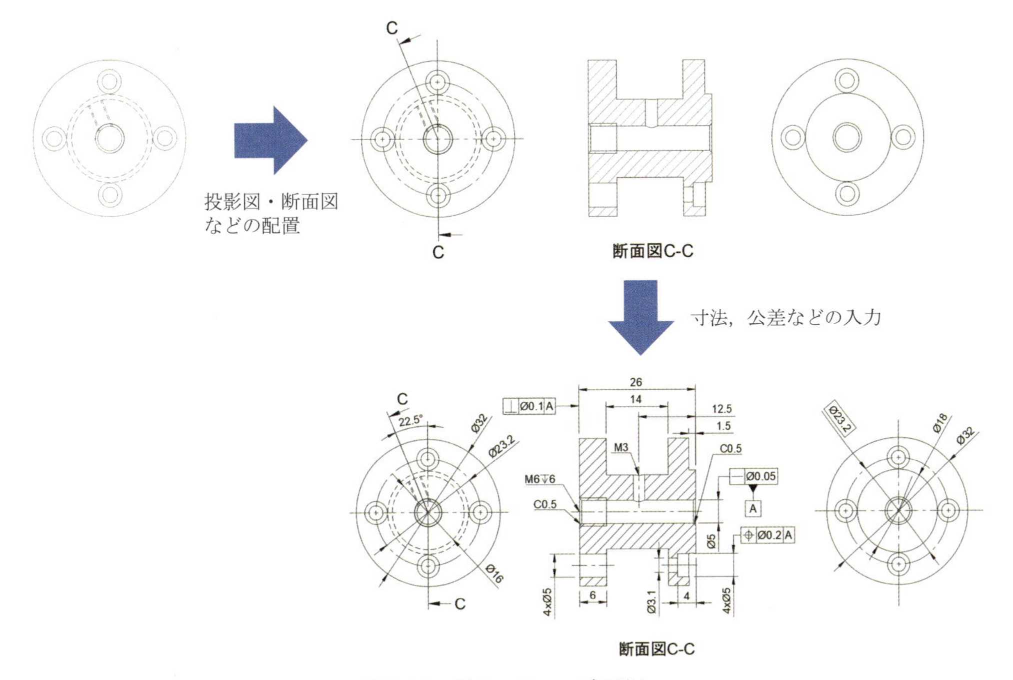

図1.25　ドラフティングの流れ

作成できる投影図をまとめるとつぎのようになる．

① **組立図**　3次元CADでアセンブリしたデータがあれば，形状を投影し簡単に作成できる．部品表も分解図やバルーンを配置して自分で数量を数えることなく自動で作成できる（図1.27）．

② **断面図**　まず投影した図に対して切りたい断面を指示し，つぎに配置する箇所を指示して作成する．切断線とともに断面図は自動で作成される．断面のハッチングも自動で作成され，切断線は製図の規格どおりの線種で作成される．切断線は1本の真っすぐな直線だけではなく，折れ線で指示したり，部分的に断面を指示したり，などさまざまな断面を簡単に作成できる．

③ **部分拡大図**　まず投影した図に対して拡大したい箇所を，つぎに配置する箇所を指示し，最後に尺度を指示すれば作成できる．

このほか，補助投影図や局部投影図，部分投影図などさまざまな投影図を簡単に間違いなく作成できる．

図の配置が完了したら，寸法（サイズ）を記入していく．操作方法は2次元CADと同様に，線や点を選択して長さや距離，直径・半径，角度などを記入する（図1.28）．ソフトによっては，

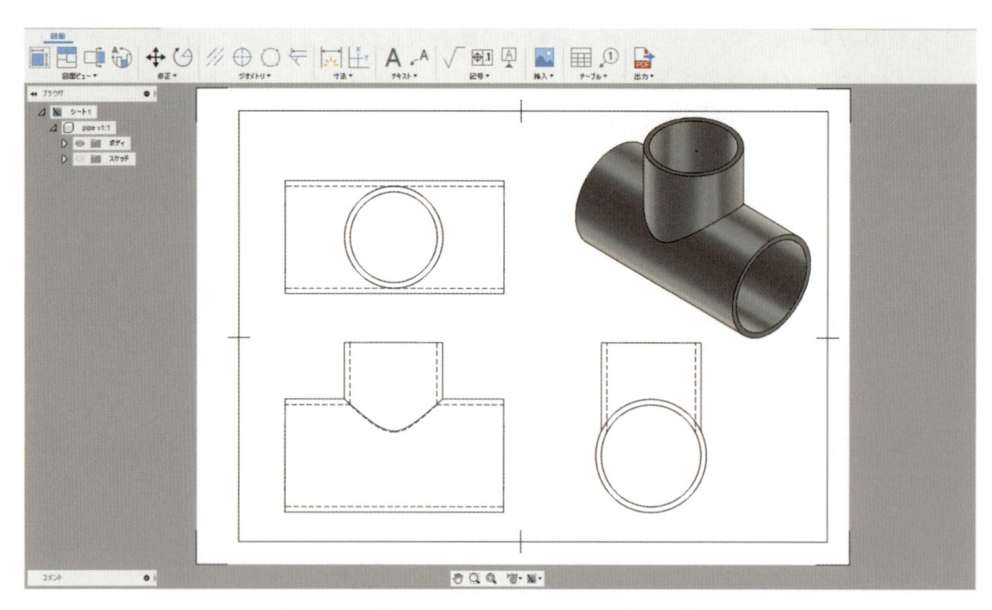

図 1.26　3 次元 CAD「Autodesk Fusion」で図面を作成している画面例

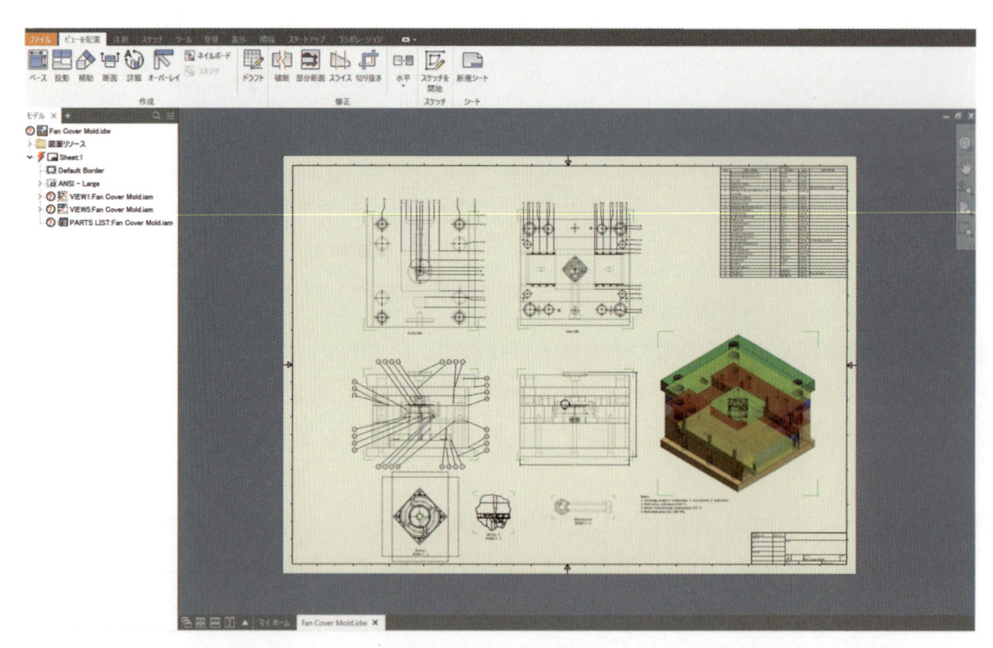

図 1.27　3 次元 CAD「Autodesk Inventor」を用いたモールド金型の図面作成の画面

自動で寸法を追加してくれるものもある．3D モデルを作成する際に入力した値を表示させるもの，寸法基準を指示して自動で寸法を付加するものなど便利な機能もある．そのほか，サイズ公差や幾何公差，表面粗さや溶接記号など図面作成に必要な指示記号を付けることができる．

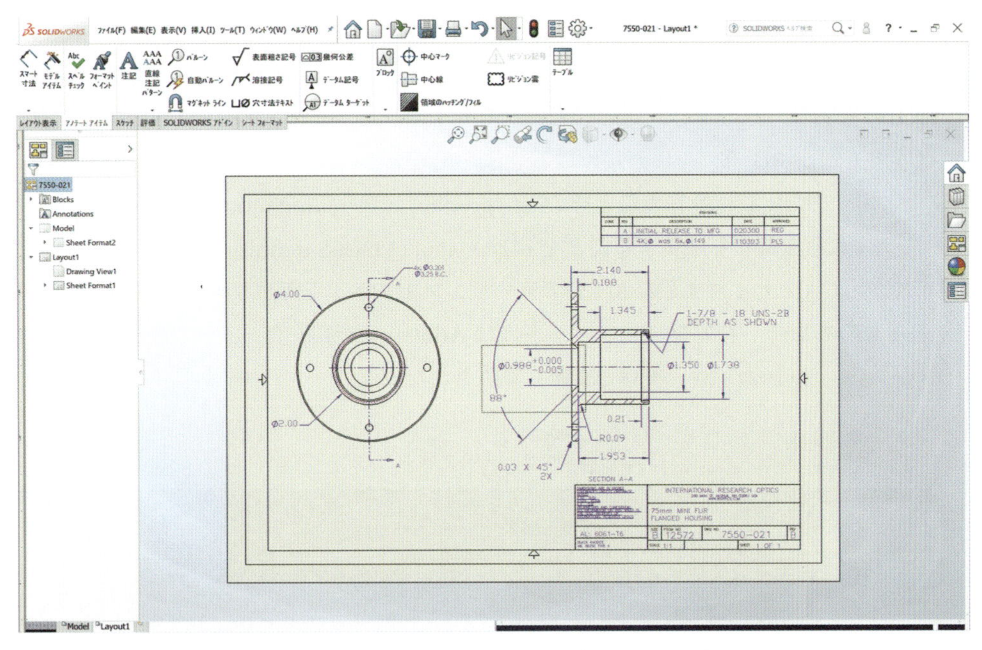

図 1.28　3 次元 CAD「SOLIDWORKS」での図面作成の画面

(2) ドラフティングのタイミング

ここまで，3 次元 CAD の機能として，モデリング，アセンブリ，ドラフティングと順に説明してきたが，ドラフティングは必ずしもすべての 3D モデルができてから行わなければならないわけではない．一般的な 3 次元 CAD による設計では，3D モデルを作成している設計の初期段階から 2D 図面を作成しておき，図面を更新しながら寸法（サイズ）を確認して作業を進めるとよい．設計をしていると, A という要件を優先して作成していたら, B という要件が守れなくなっていたということがある．このような場合，図面化しておくことで調べやすくなり，間違いなどにも気付きやすくなるからである．

また，ドラフティングした 2D 図面は，元の 3D モデルと連動しているため，設計変更の修正の手間を気にする必要はない．この連動は，図面の修正忘れ，間違いを防ぐことにもなる．設計業務において，設計変更をしなければならない場面は必ずある．2 次元 CAD で設計変更を行う場合には，線の消去や伸縮などにより，正面図，平面図，右側面図など関係するすべての図を修正する必要がある．一方，3 次元 CAD の場合，コンピュータ上に作成した仮想 3D モデルの立体の形を修正すればよい．なお，修正方法には，直接，面を伸縮したり，削除したりする方法以外に，通常，作成した際に入力したパラメータ値をソフトが覚えているので，その値を変更することでも形状を変更できる．

(3) 3D モデルを正とする設計

3 次元 CAD により設計を行った場合，最終的なアウトプットとして，2D 図面をつくるべきかどうかについては，さまざまな意見がある．2D 図面は，外部向け，社内での保管用，検査などで必要であり，また，3 次元 CAD には 2D 図面を作成するための便利な機能が多くあるとはいえ，2D 図面を作成するのには手間がかかる．3D もやって 2D もやってでは，設計者の負担も増えてしまう．そのため，とくに留意する点がなければ，2D図面は簡易的なものにとどめて，3Dモデルを正として仕事を進めるとよい．3次元CADには3D図面をつくれる機能が搭載されているものもあり．その場合，正とした3Dモデルに直接，寸法（サイズ）や公差などを定義していく（図1.29）．3Dモデルに直接付ける寸法や記号などの注記のことを3Dアノテーション（3DA）とよぶ．また，製造情報のことをPMI（product and manufacturing information）とよび，3Dモデルに製造情報を定義することをMBD（model based definition：モデルベース定義）とよぶ．3次元CAD上で付加した3Dアノテーションをファイル変換し無償のviewerで見ることができるものもあり，有名なフォーマットにはAdobe Acrobat Readerで見ることができる3DPDFがある．3D図面については2.5節も参照されたい．

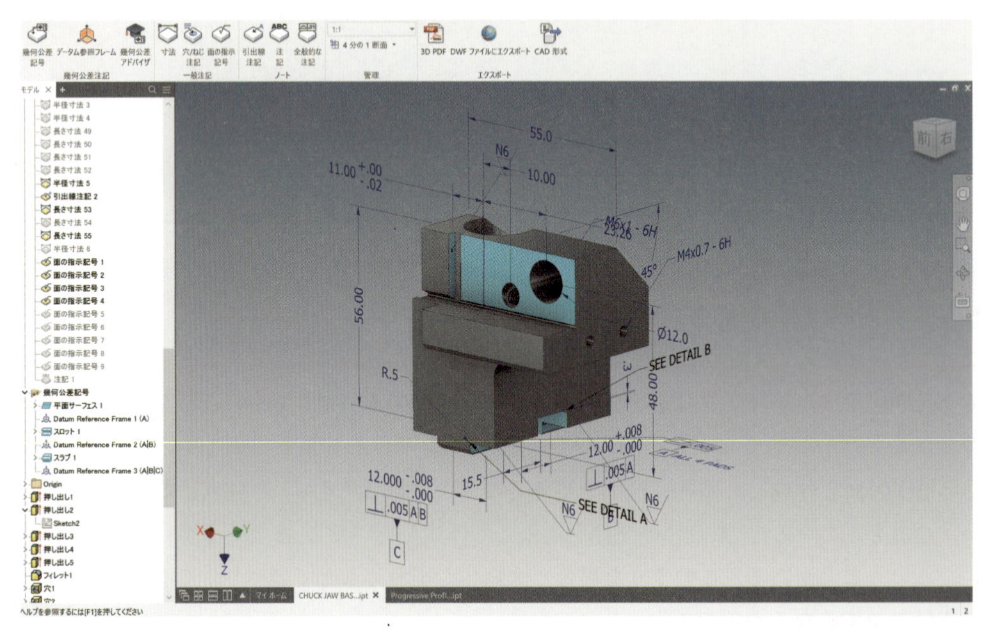

図1.29　3次元CAD「Autodesk Inventor」で3Dモデルを作成している画面

日本での活用はあまり進んでいないが，欧米では，2D図面をつくらない3Dモデルでのものづくりや，2D図面はつくっても簡易的なもので3Dモデルを正としたものづくりが行われている．これにより，作業効率・開発スピードを上げた生産が実現されている．日本が海外の企業に対抗していくためにも3次元CADの活用が今後は必要だろう．3Dモデルを正とした3Dを中心にしたものづくりを行うためには，これまでのルールに縛られることなく，新しいルールをつくっていく必要がある．協力会社との連携や検査などの観点から変えていくのは簡単なことではないが，少しずつでも2Dから3Dへの移行を進めていけるとよいだろう．重要なのは，自社に合った設計の仕方やCADを選択して業務を行っていくことである．そして，業務を改善，改革していくには，これまでの業務フローを見直し，変えていくことが重要である．

1.5 Autodesk Fusion による 3D データ作成

ここでは，3 次元 CAD ソフトである Autodesk Fusion を使って，具体的に 3D データの作成について説明をする．Autodesk Fusion は，あらゆるものづくりの現場で必要な機能を，一つに集約したプラットフォームである．3D モデリング，アセンブリ，2D 図面作成（ドラフティング），解析（CAE）機能および切削ツールパス作成（CAM）機能を備えている．さらに，回路設計や AI を使用した次世代設計ツールであるジェネレーティブデザインなど，より高品質な製品設計のための機能も充実している．クラウドテクノロジーを利用して，解析計算時間の短縮や，使用する場所を選ばないデータ共有も可能である．

1.5.1 ユーザインタフェース

Autodesk Fusion の主な画面構成と名称，役割は図 1.30 のとおりである※．

画面右上にある立方体は，⑥ ViewCube（ビューキューブ）といい，モデルの視点の変更やいまどちらの方向からモデルを見ているのかを確認するものである．具体的には，図 1.31 のように使う．

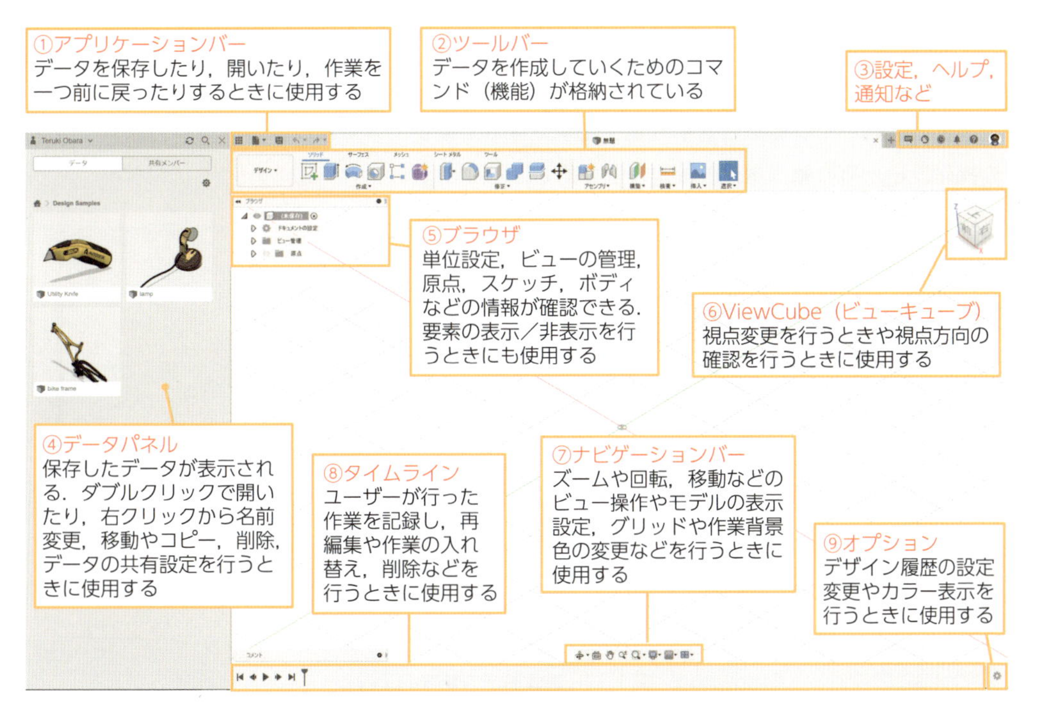

図 1.30　Autodesk Fusion の基本画面

※ Autodesk Fusion は Windows と Mac の両方の OS に対応しているが，本書では Windows 上の操作方法を例に説明する．

	説明	
	ViewCube をドラッグすると，視点を移動できる	
	ViewCube の角をクリックすると，クリックした角を中心に等角投影にできる	
	ViewCube のエッジをクリックすると，エッジを中心に2面表示にできる	
	ViewCube の面をクリックすると，クリックした面に垂直なビュー表示にできる	
	ViewCube が面に垂直な表示のときに図の矢印をクリックすると，90度視点を回転できる	
	ViewCube が面に垂直な表示のときに図の矢印をクリックすると，90度視点を回転できる	
	ViewCube の左上にある家のマークをクリックすると，ホームビューにできる	

図 1.31　ViewCube の機能

基本設定の変更

画面右上のアイコンから基本設定を変更できる．変更できる項目は，ユーザ言語，マウスの操作設定，座標軸，単位の設定などである．

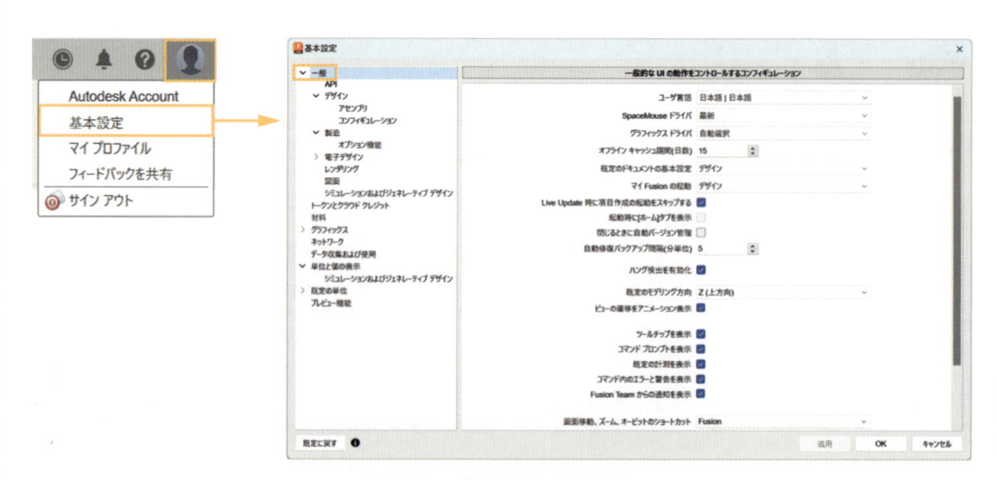

図 1.32　基本設定の変更 (1)

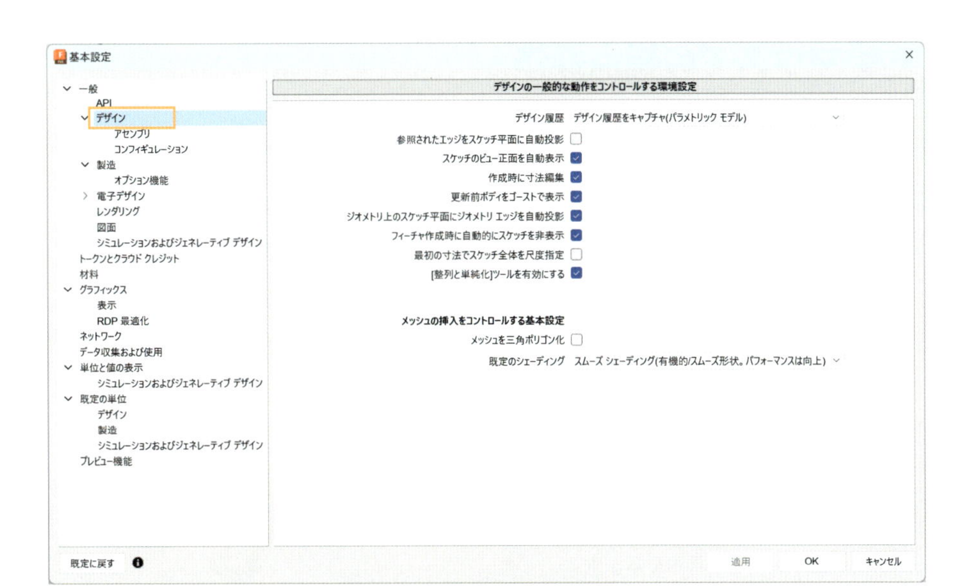

図 1.33　基本設定の変更 (2)

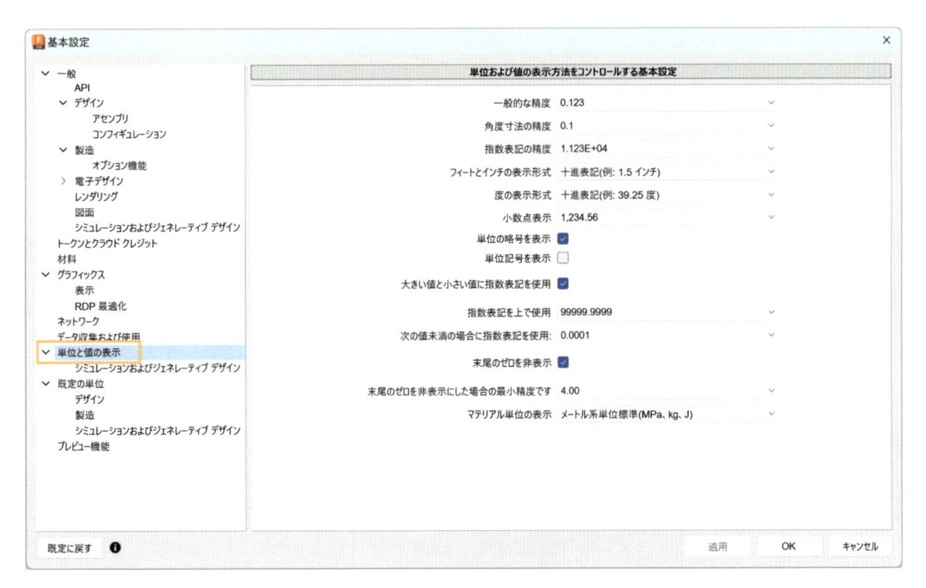

図 1.34　基本設定の変更 (3)

1.5.2 マウスでの視点操作

マウスでの操作に関する基本を図 1.35，表 1.5 に示す．

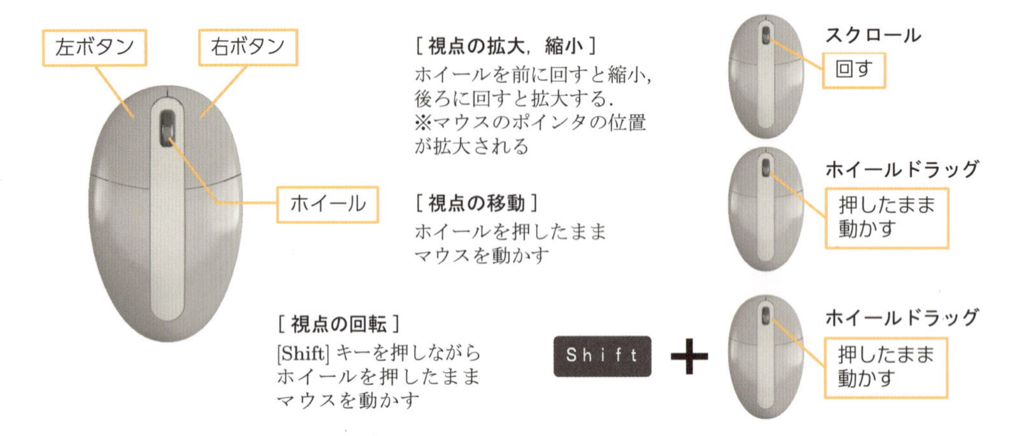

図 1.35　マウスの基本

表 1.5　マウスの基本操作

マウスボタン	操　作		使用用途
左ボタン	左クリック	左ボタンを 1 回押す	コマンドの選択 面やエッジなどの要素の選択　など
	ダブルクリック	左ボタンをすばやく 2 回押す	スケッチ寸法の再編集 フィーチャの再編集 データパネルからデータを開くとき　など
	ドラッグ	左ボタンを押したままマウスを動かす	ウィンドウ選択 マニピュレータの操作 メニューの移動　など
	長押し	左ボタンを押したままにする	選択画面の表示
右ボタン	右クリック	右ボタンを 1 回押す	マーキングメニューの表示
	右ドラッグ	右ボタンを押したままマウスを動かす	マーキングメニューの表示
ホイール	スクロール	ホイールを回す	視点の拡大，縮小
	ホイールダブルクリック	ホイールをすばやく 2 回押す	視点のフィット（モデル全体を表示）
	ホイールドラッグ	ホイールを押したままマウスを動かす	視点の移動
	[Shift] キー＋ホイールドラッグ	キーボードの [Shift] キーを押しながら，ホイールを押したままマウスを動かす	視点の回転

1.5.3 3D モデルの作成例 (1)

基本の操作がわかったところで，3D モデルを作成しながら具体的な操作を説明する．最初に，穴の開いたブロックを作成してみる．

① [作成] → [スケッチを作成] を選択し，平面 (XY) を選択する．

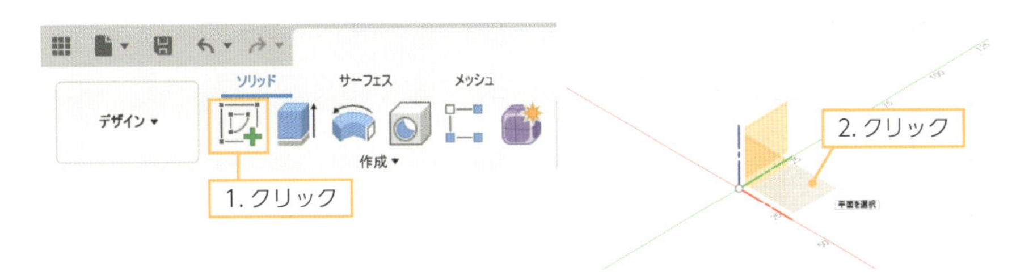

選択後，ツールバーがスケッチのタブに切り替わる．画面右側にスケッチパレットが表示される．

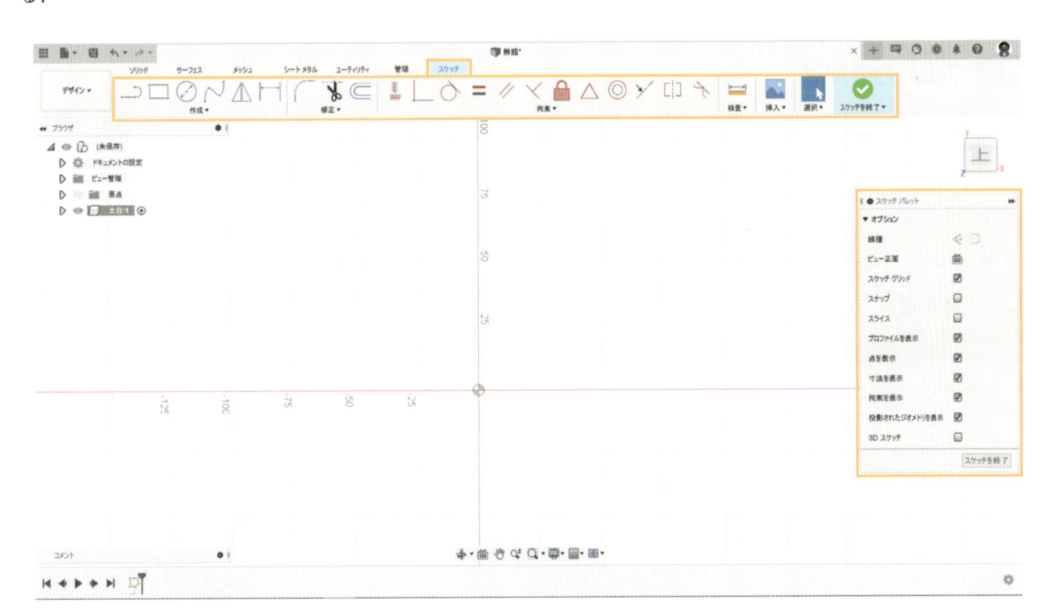

② [作成] → [長方形] → [中心の長方形] を選択し，原点をクリックする．マウスカーソルを動かし，キーボードから「150」と入力し，[Tab] キーを押して切り替えて「100」と入力し [Enter] キーで確定する．

数値は半角入力で行う．単位である「mm」は入力する必要はない．

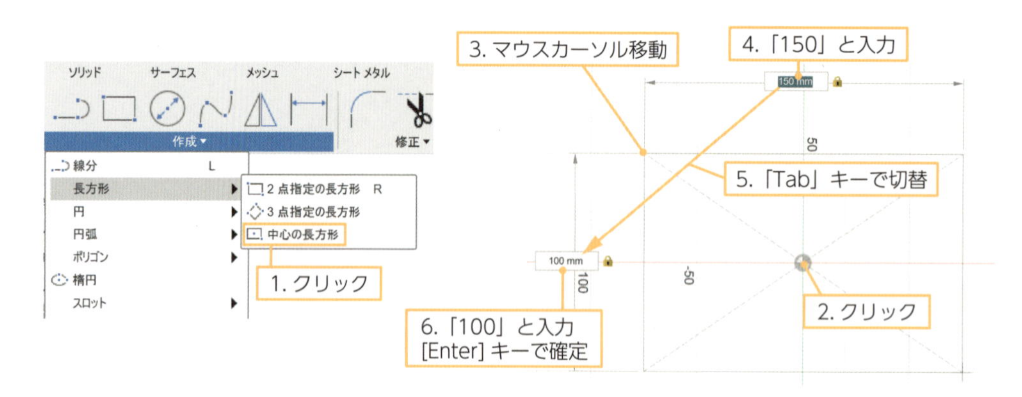

寸法入力の補足

寸法は，ダブルクリックすれば値を再入力できる．位置を移動したい場合には，ドラッグで動かすことができる．削除したい場合には，該当する線や寸法をクリックして選択して [Delete] キーを押す．

コマンド実行中は選択ができないので，一度 [Esc] キーを押してコマンドを解除してから選択する．

③ スケッチが完成したので [スケッチを終了] を選択する．

スケッチを終了すると，定義した寸法は非表示になる．作成したスケッチは，画面左側のブラウザと画面下のタイムラインに保存され，ダブルクリックで再編集できる．また，右クリックして平面の再定義や削除，スケッチ寸法の表示などを行うことができる．

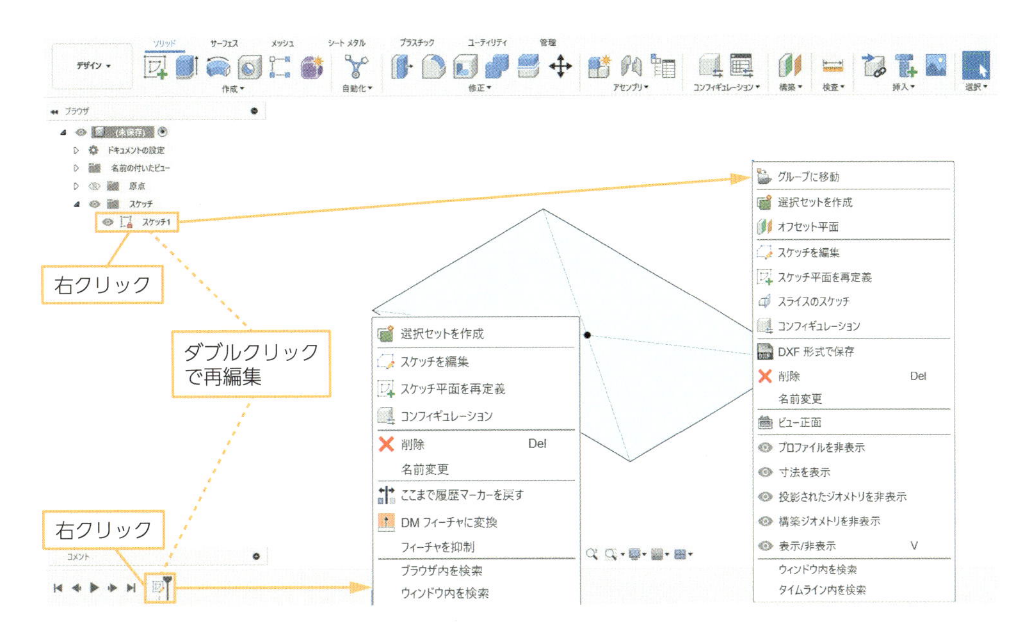

④ ［作成］→［押し出し］を選択し，距離に「30」を入力し［Enter］キーで確定し，「OK」とする．

単位である「mm」は自動で入力される．

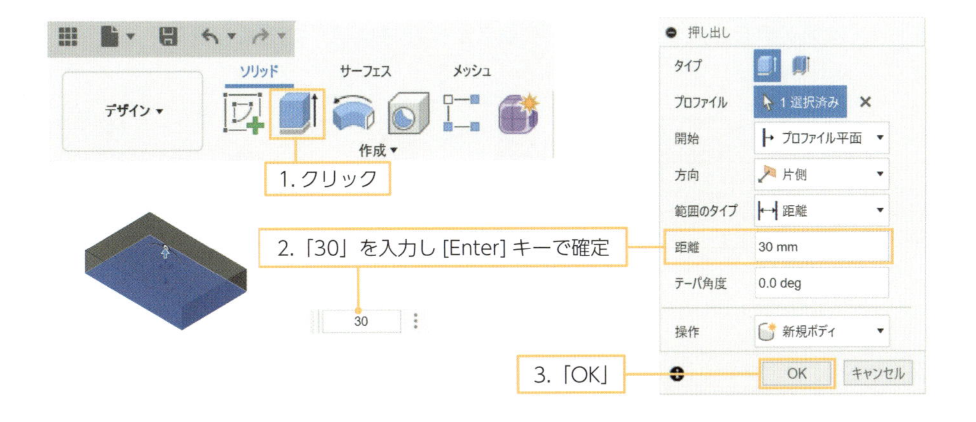

フィーチャ編集

押し出しの作業は，画面下のタイムラインに登録される．使用したスケッチは自動的に非表示になる．アイコンをダブルクリックすれば，フィーチャ編集（押し出し量の変更や向きの反転など）が行える．アイコンを右クリックすれば，削除や抑制（一時的に機能を停止する）もできる．

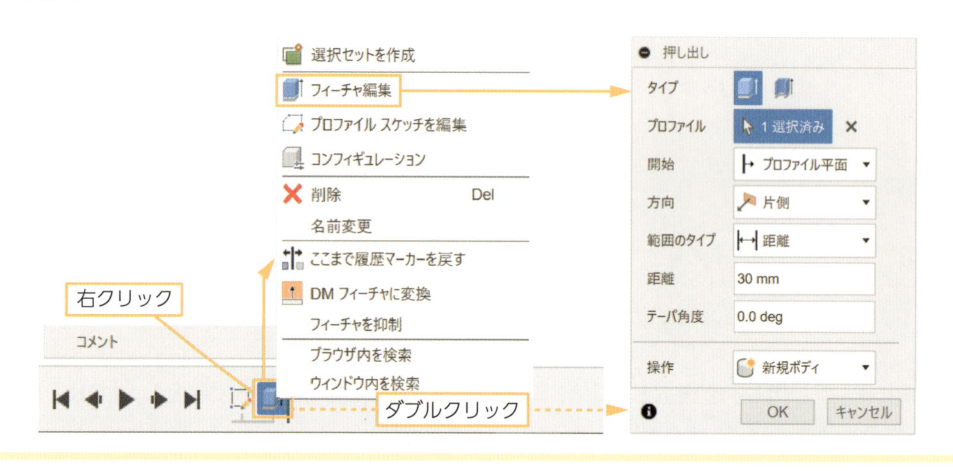

⑤［作成］→［スケッチを作成］を選択し，できあがったブロックの上面を選択する．

⑥［作成］→［円］→［中心と直径で指定した円］を選択し，原点をクリックする．マウスカーソルを動かし，キーボードから「50」と入力し［Enter］キーで確定する．

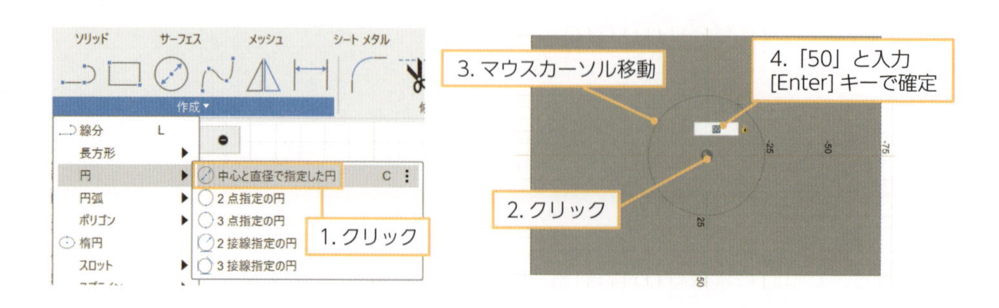

⑦ スケッチが完成したので［スケッチを終了］を選択する．

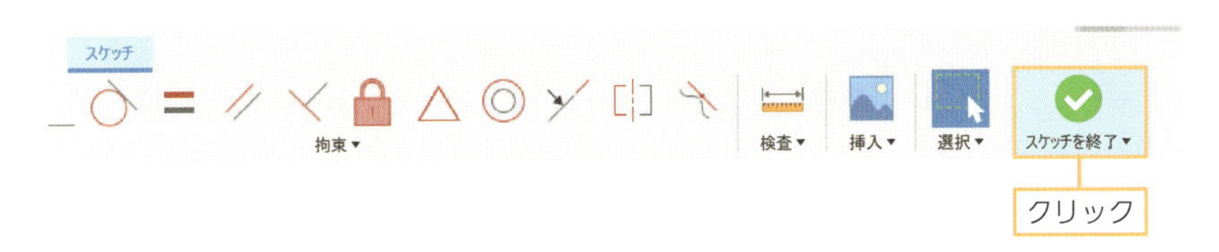

⑧［作成］→［押し出し］からスケッチした内側の輪郭を選択し距離に「－10」を入力する．操作が「切り取り」となっていることを確認し，「OK」とする．

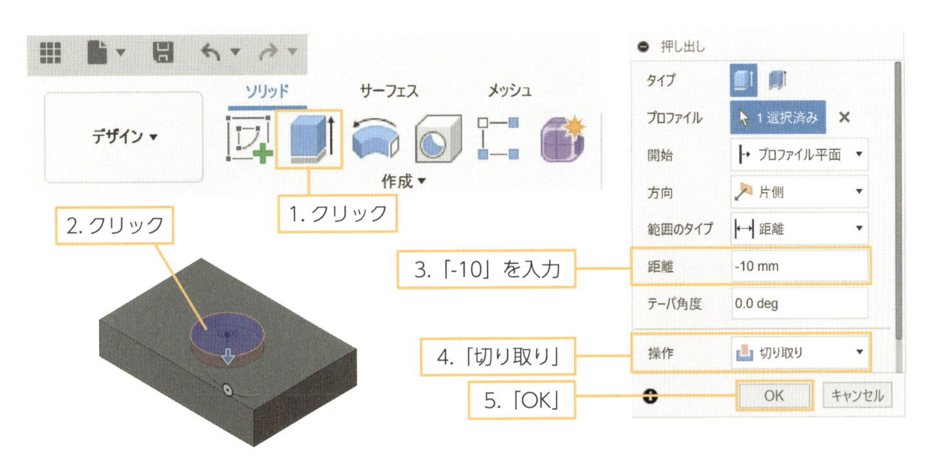

今回は，［操作］の［切り取り］を使ったが，操作は［結合］，［切り取り］，［交差］，［新規ボディ］，［新規コンポーネント］の五つのなかから選択できる．

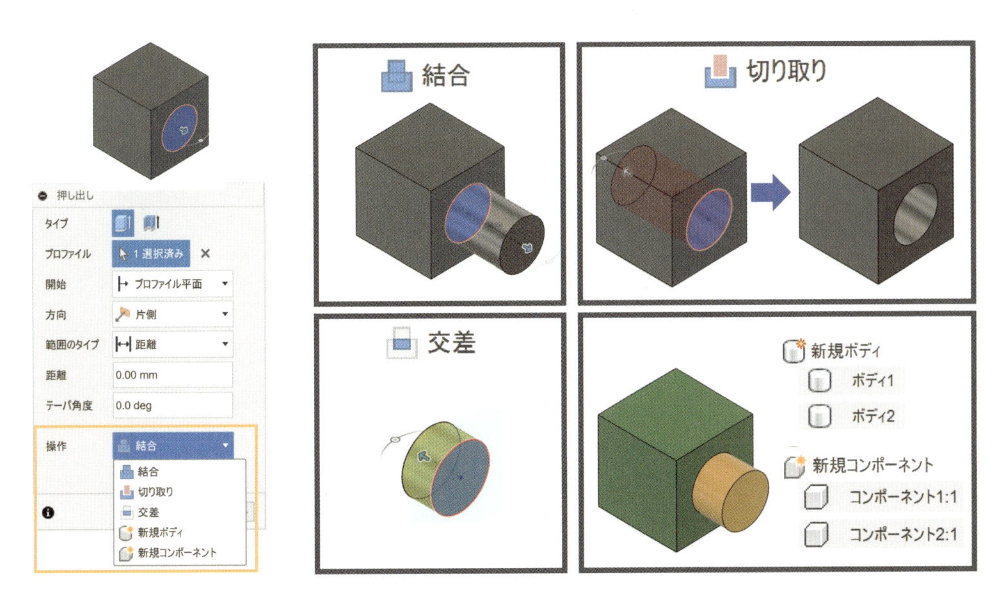

操作の5種類の選択肢

結合	既存の形状から新規の形状を結合して一つのボディにする
切り取り	既存の形状から新規の形状を除去する
交差	既存の形状と新規の形状とが重なっている形状を作成する
新規ボディ	新規の形状を新しいボディとして作成する
新規コンポーネント	新規の形状を新しいコンポーネント（部品）として作成する

つぎに，穴をあける位置をスケッチで作成していく．

⑨［作成］→［スケッチを作成］を選択し，ブロックの上面を選択する．

⑩［修正］→［オフセット］を選択し，外側のエッジを選択し距離に「–15」を入力する．［スケッチパレット］から線種の「コンストラクション」を選択し［OK］とする．

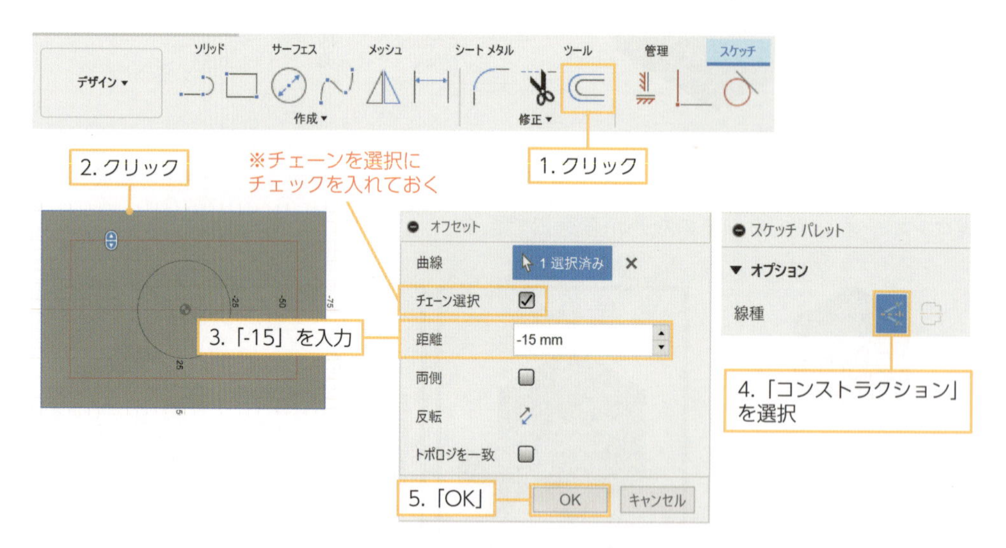

⑪ [作成] → [穴] を選択する．穴をあける位置として作成したスケッチの角の頂点を選択する．範囲を「すべて」，穴のタイプを「ざぐり」，ねじ穴のタイプを「単純」とする．ざぐり直径を「15」，ざぐり深さを「10」，穴の直径を「10」とする．

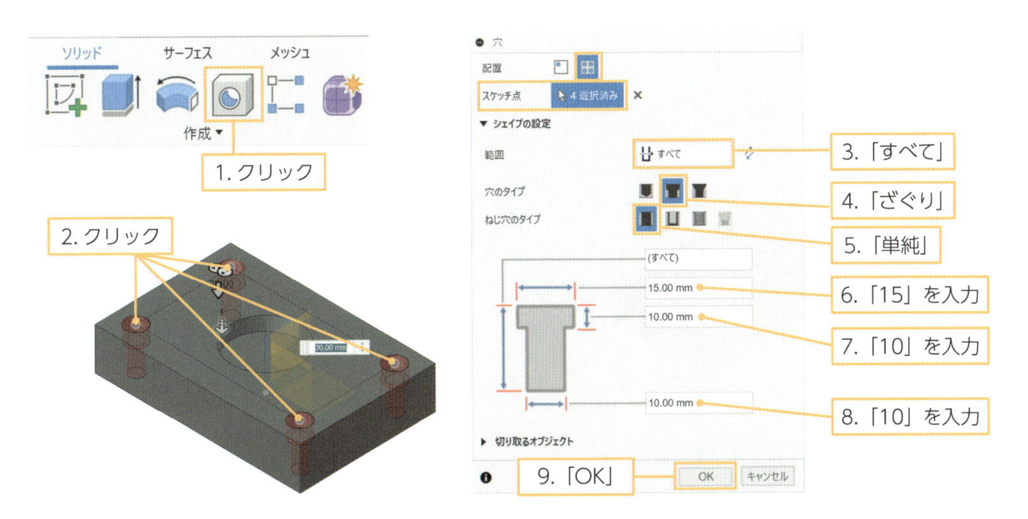

⑫ 円の溝の底に半径 5 mm のフィレットを作成する．

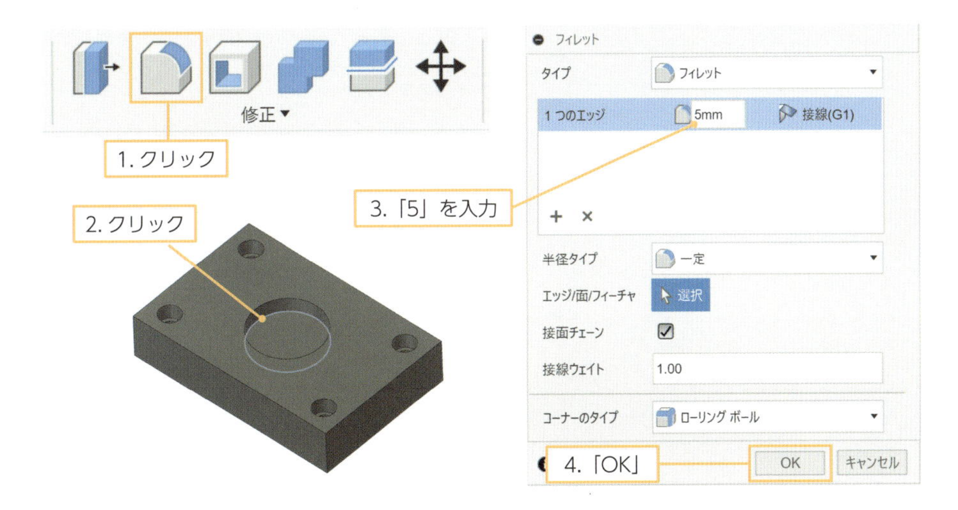

⑬ ブロックの 4 箇所の角に C5 の面取りを作成する.

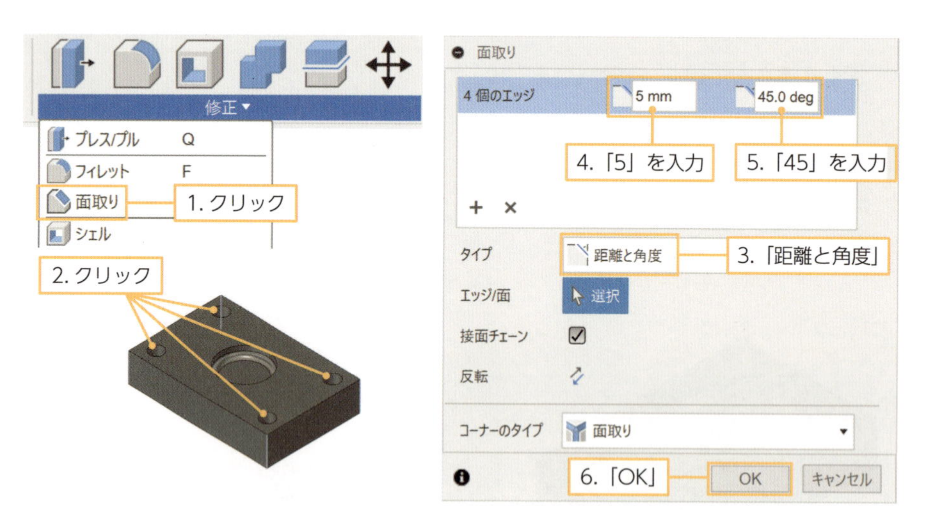

⑭ 3D モデルが完成したので保存する.

体積・質量の計測方法

作成した 3D モデルの面積や体積，質量などの物理情報を計測する場合には，ブラウザからコンポーネントやボディを右クリックし，プロパティから確認する．

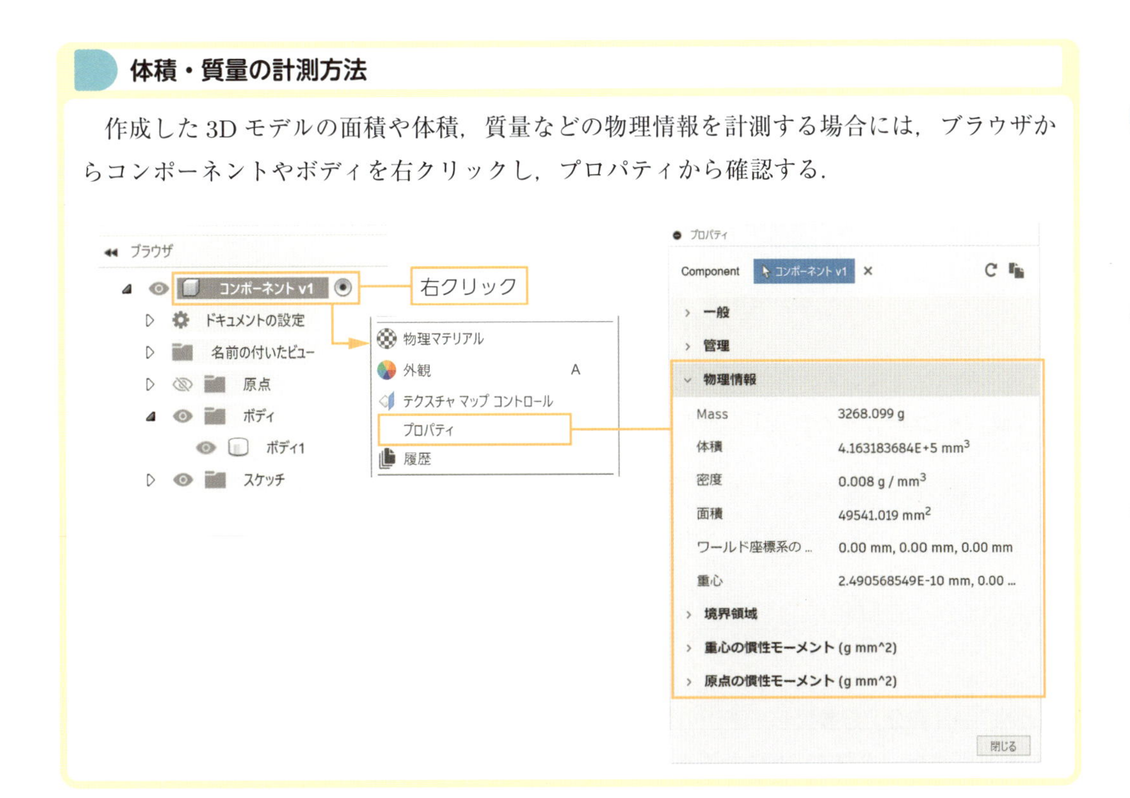

3D モデルに材料を定義したい場合には，まず［修正］→［物理マテリアル］を選択する．つぎに，画面右側に表示されるメニューのライブラリから，設定したい材料を形状にドラッグ&ドロップすれば設定できる．設定した材料は「このデザイン内」に登録される．ダブルクリックすれば密度などの編集が可能である．

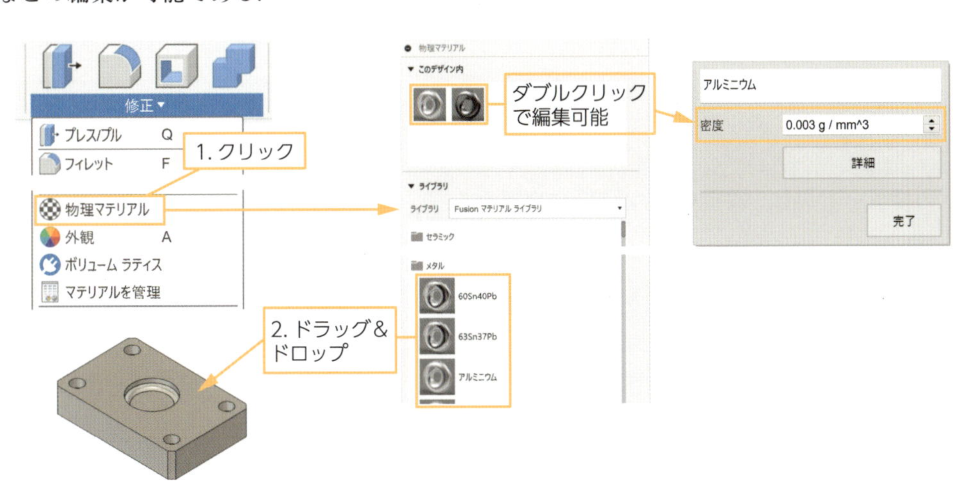

1.5.4 3D モデルの作成例 (2)

つぎは棒状の部品を作成してみる．とくに回転の操作はほかでよく使うのでしっかり習得しておきたい．

① ［ファイル］→［新規デザイン］を選択し，新しいファイルを作成する．

② ［作成］→［スケッチを作成］を選択し，正面（XZ）を選択する．

③ ［作成］→［線分］を選択し，下図のスケッチを作成する．

各直線は，水平 / 垂直になるように描く．

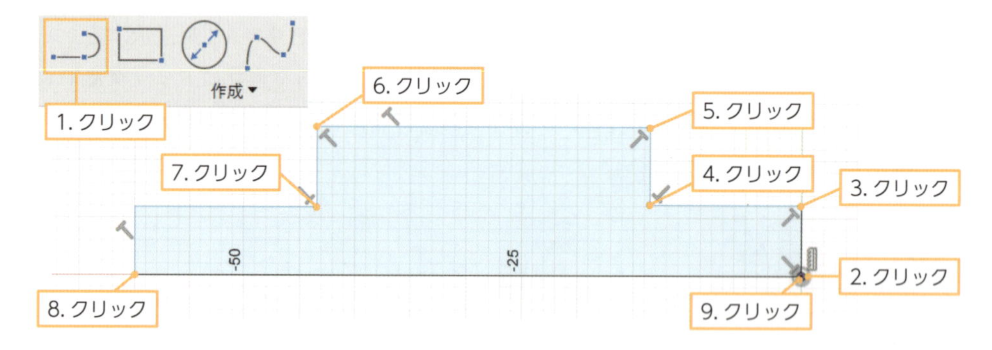

④ 下の横線を選択し，線種を「中心線」に変更する．

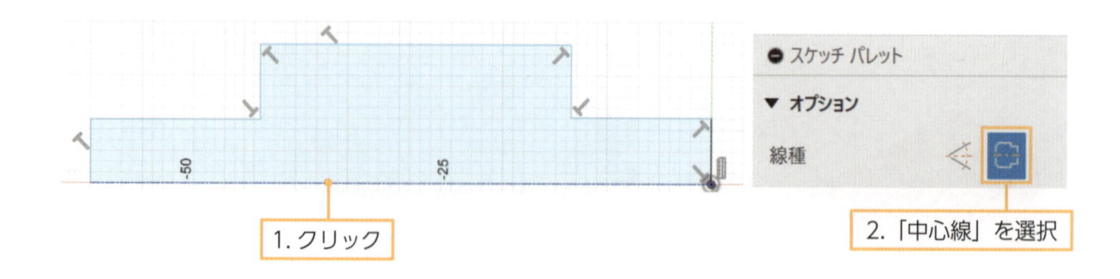

⑤［作成］→［スケッチ寸法］を選択する．線と線を選択すれば線との間の距離を入力できる．

線と線が平行の場合には距離の入力，平行でない場合には角度の入力となる．

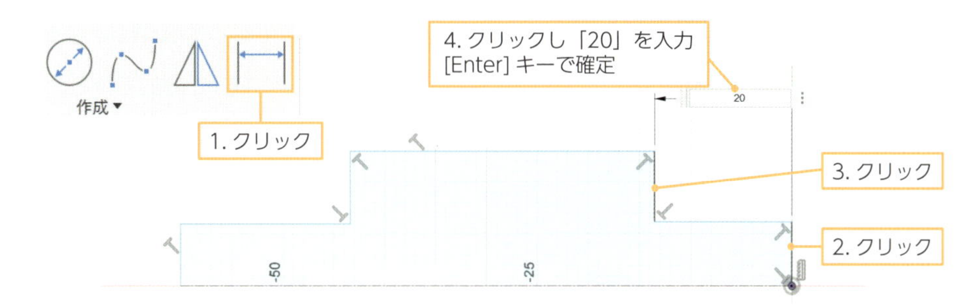

⑥ 中心線と線を選択することで，直径寸法を入力できる．

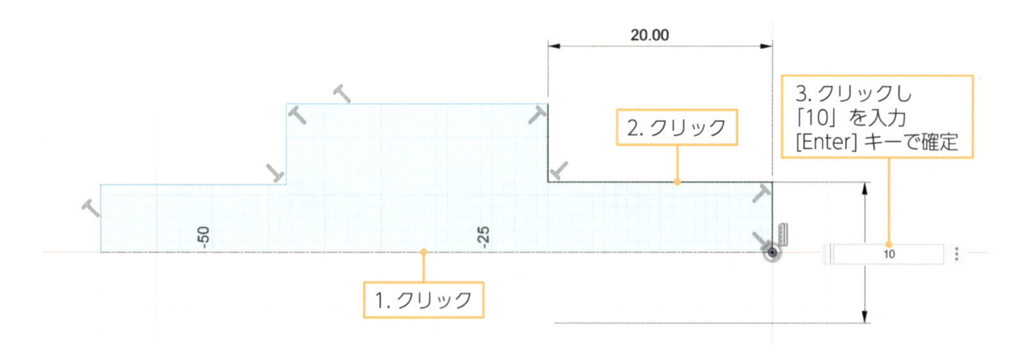

⑦ 下図のように寸法（サイズ）を設定して，スケッチを終了する．

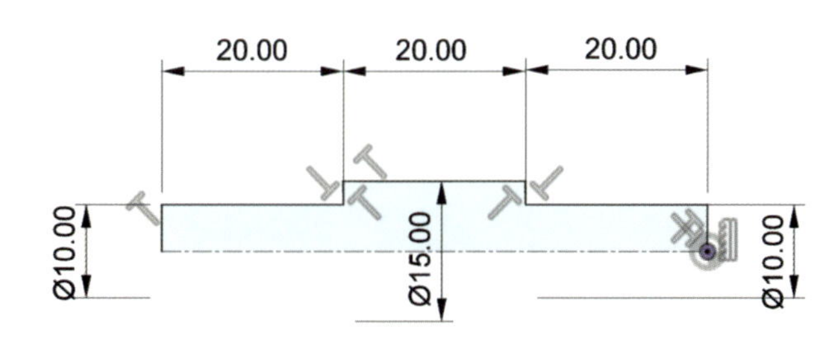

幾何拘束

スケッチを描くと線のほかに白いマークが表示される．これは拘束（幾何拘束）であり，線を描いていく際に自動で追加される．水平や垂直，平行であることを白いマークで表している．拘束は，ツールバーにある［拘束］のメニューから選択して手動で追加できる．不要な拘束は，白いマークをクリックして選択し［Delete］キーで消すことができる．

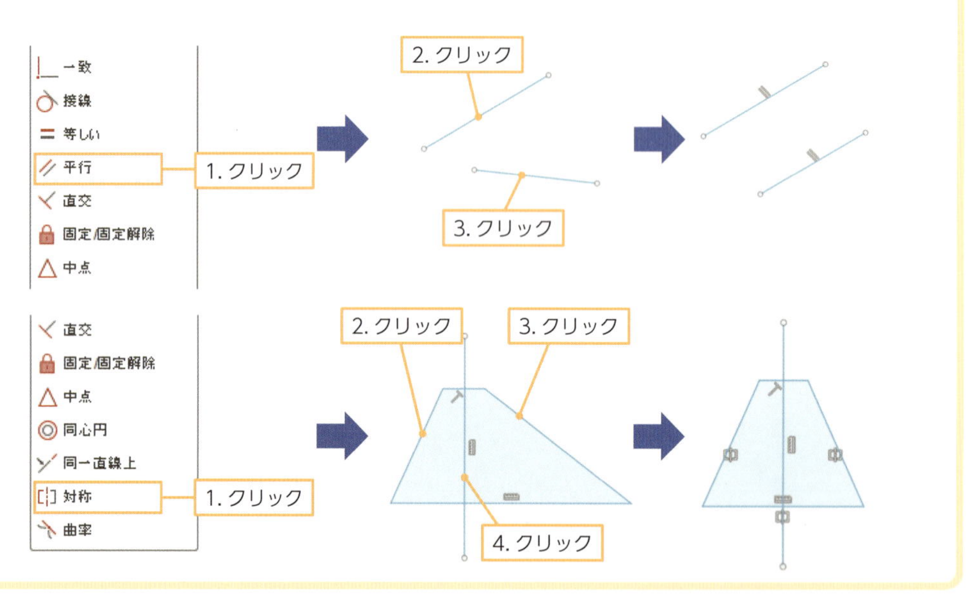

⑧［作成］→［回転］を選択する．作成したスケッチの中心線が回転軸として認識される．範囲のタイプを「完全」として，回転体を作成する．

⑨ 形状に C1 の面取りを作成する.

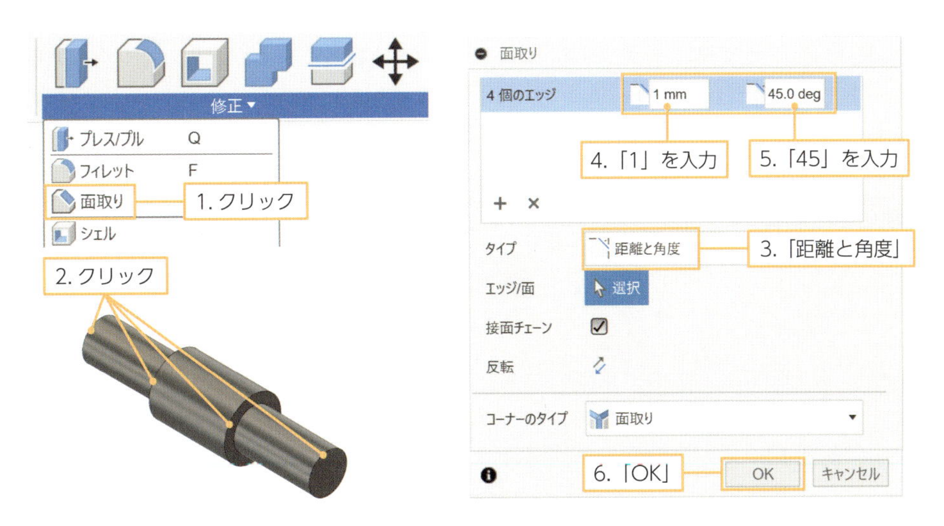

⑩ 3D モデルが完成したので保存する.

データのエクスポート

Autodesk Fusionでは，クラウドに保存されるのが基本となるが，「ファイル」から「エクスポート」を使用すれば，ローカル（PC）に保存できる．また，エクスポートではSTEPやIGESなどの中間ファイルに変換して保存することも可能である．

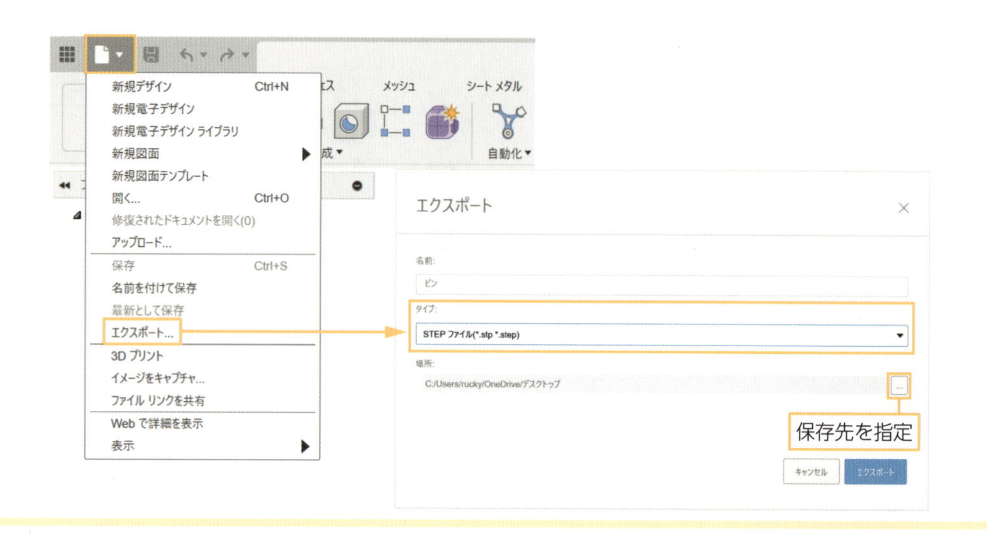

「ファイル」から「3Dプリント」を使用すれば，STLファイル形式でデータを出力できる．

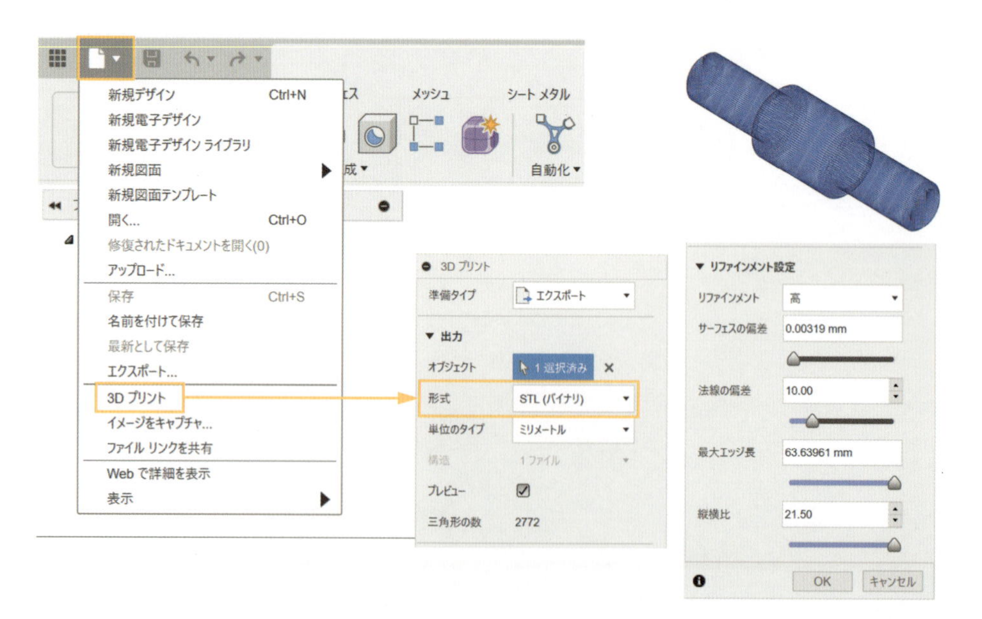

1.5.5 アセンブリの作成例

1.5.3，1.5.4項でつくった穴の開いたブロックに棒状の部品をアセンブリしてみる．

①［ファイル］→［新規デザイン］を選択し，新しいファイルを作成する．

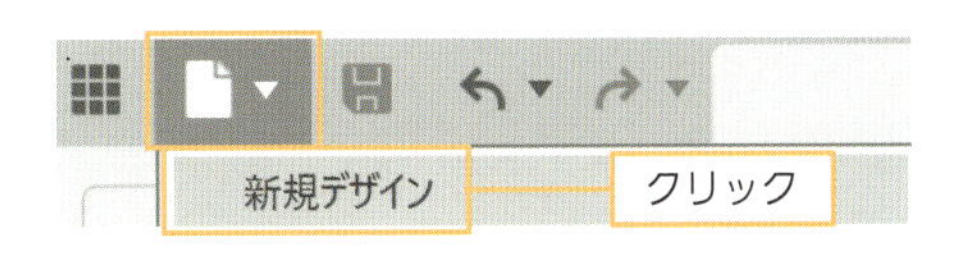

② 画面左側の［データパネル］をクリックし，出てきたウインドウから部品をドラッグ＆ドロップで挿入する．

右クリック→［現在のデザインに挿入］からも挿入可能．

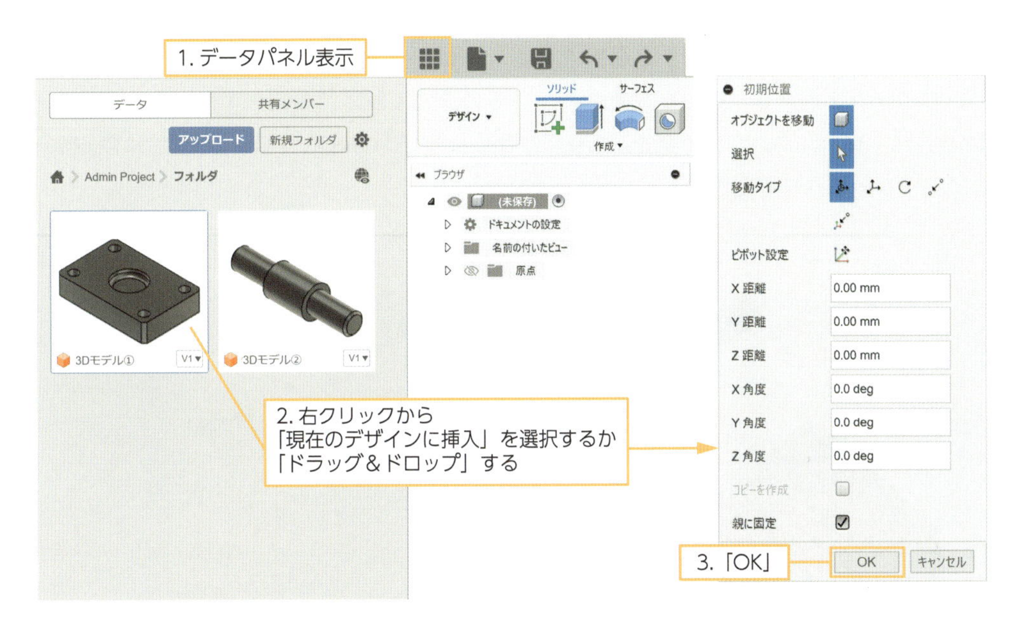

③ もう一つの部品も挿入する．形状が隠れない位置に移動をする．

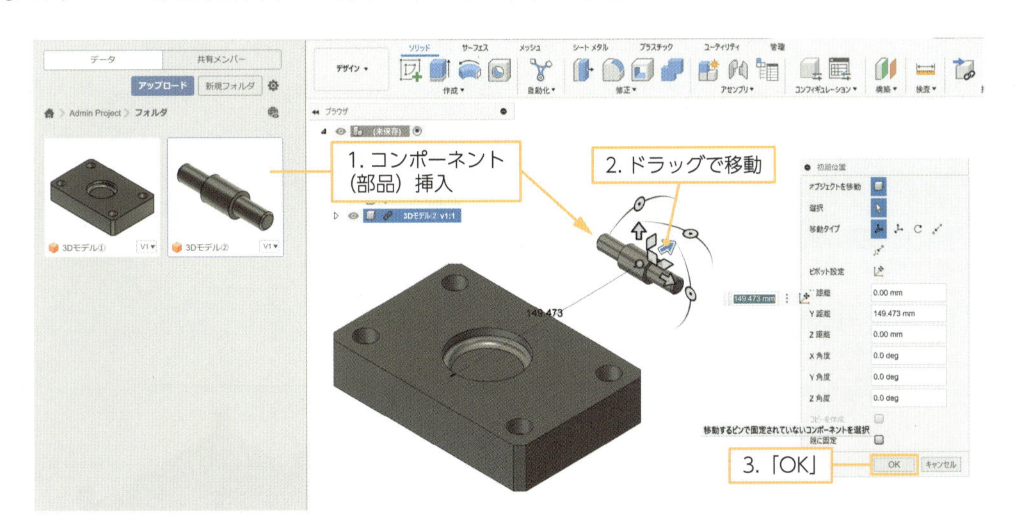

④ ブラウザから固定したいコンポーネント（部品）を右クリックし，「ピン」を選択する．ここでは最初に作成したブロックの形状を固定する．

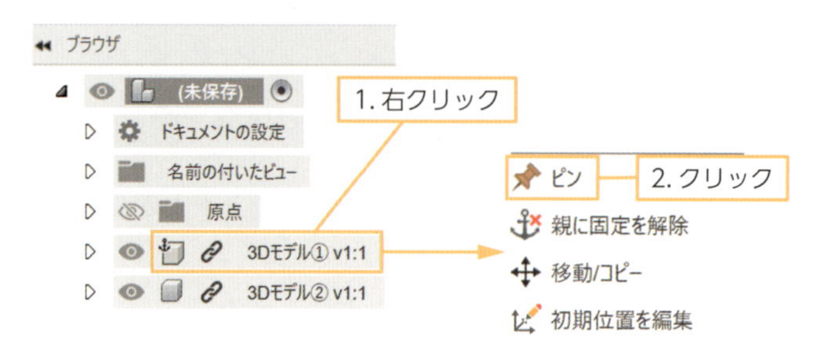

⑤［アセンブリ］→［ジョイント］を選択する．スナップさせる箇所として，円筒形状の段差部の円のエッジを選択し，中心を設定する．さらに，穴の段差部の円のエッジを選択し中心を設定する．モーションのタイプを「剛性」の設定にして［OK］とする．「剛性」に設定することで動かないように固定される．

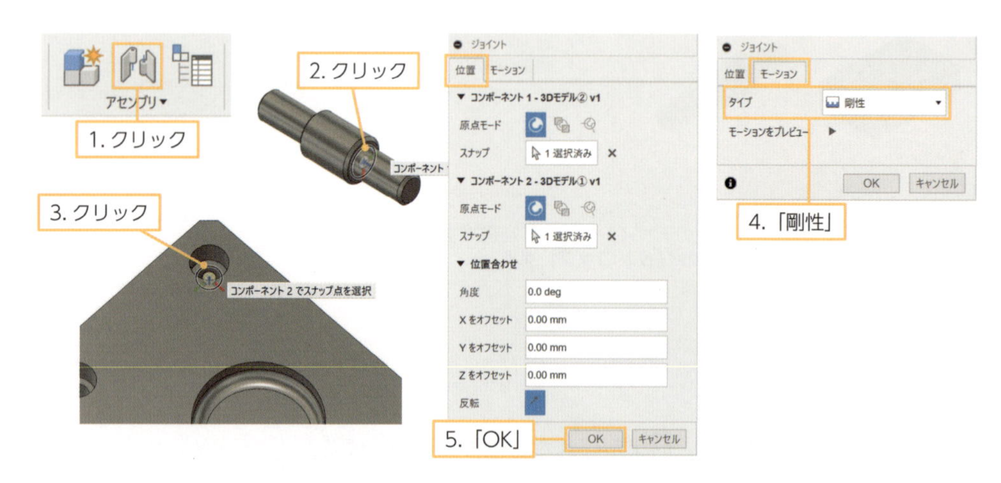

⑥［アセンブリ］→［ジョイントを使用して複製］を選択する．円筒形状を選択し，スナップする点として，先ほどと同じ穴の円のエッジを選択する．3箇所を選択することで，円筒形状が複製配置される．

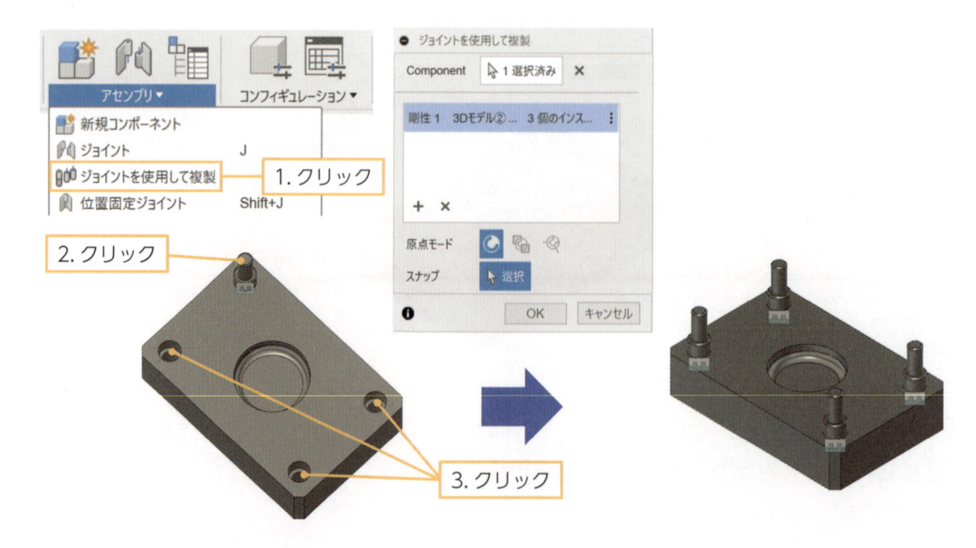

ジョイント

今回は，ジョイントのモーションタイプとして「剛性」を使ったが，ほかにも，回転やスライドなどの動きを定義できる．

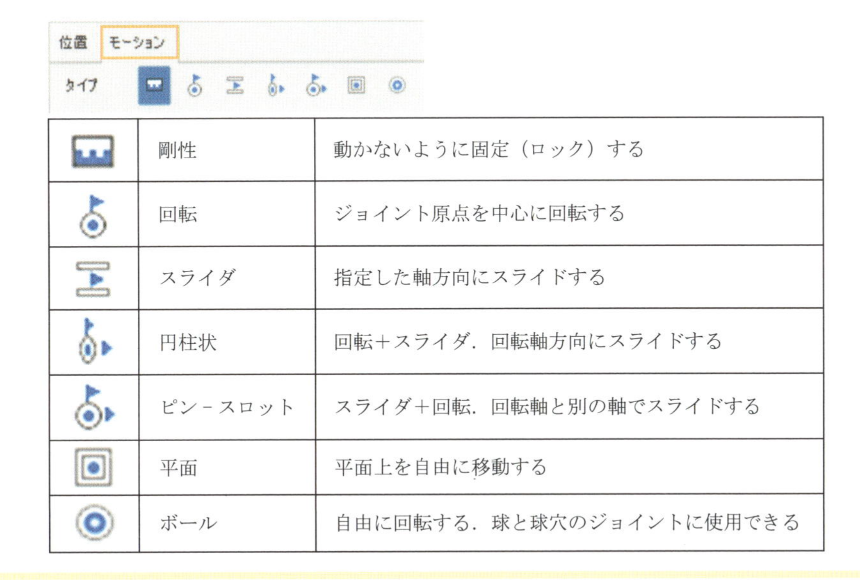

	剛性	動かないように固定（ロック）する
	回転	ジョイント原点を中心に回転する
	スライダ	指定した軸方向にスライドする
	円柱状	回転＋スライダ．回転軸方向にスライドする
	ピン－スロット	スライダ＋回転．回転軸と別の軸でスライドする
	平面	平面上を自由に移動する
	ボール	自由に回転する．球と球穴のジョイントに使用できる

設定したジョイントは，画面左側のブラウザに登録され，右クリックから編集や削除などが行える．

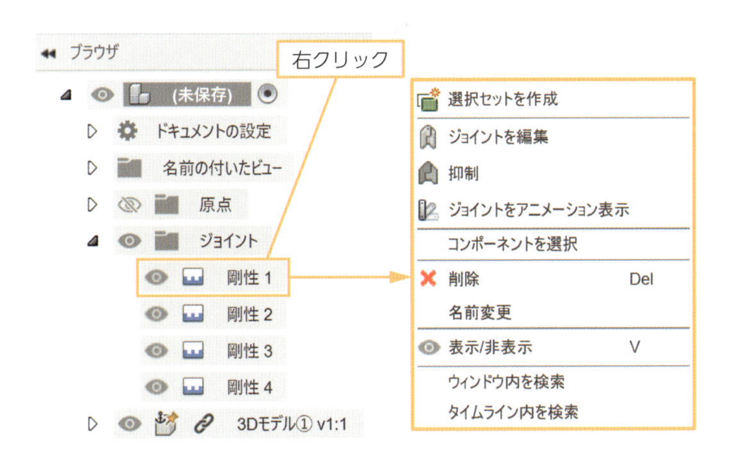

1.5.6 アニメーション（分解図）の作成例

アニメーションでは，組付・分解の動画を作成できる．動画にすることで，紙や文字で説明するよりも相手に伝わりやすくなる．分解したものを 2D の図面に取り込み，バルーンを配置して部品表を作成することもできる．視点を変えたアニメーション動画も作成でき，プレゼン動画に活用できる．

① アセンブリファイルを開き，作業スペースを［アニメーション］に切り替える．

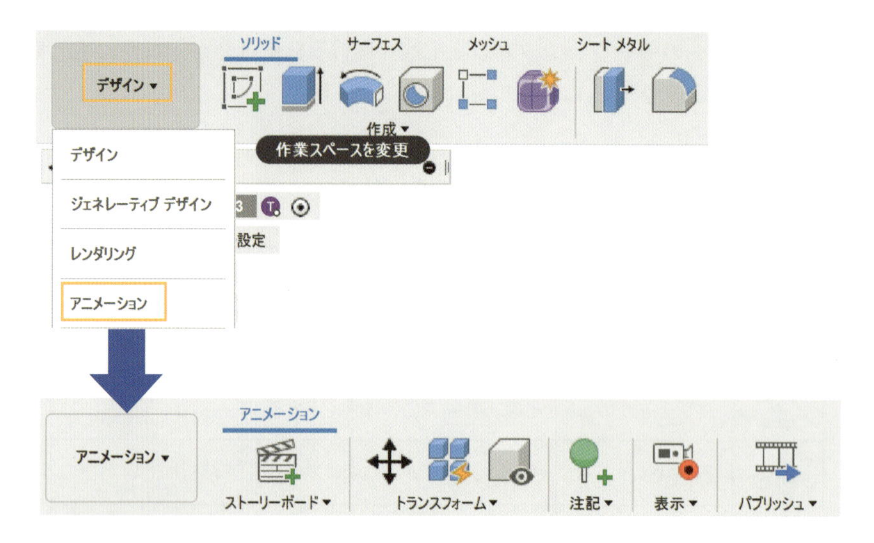

② 作業スペースが［アニメーション］に切り替わると，画面下に［アニメーション タイムライン］が表示される．生成されたアニメーションがこちらに登録されていく．

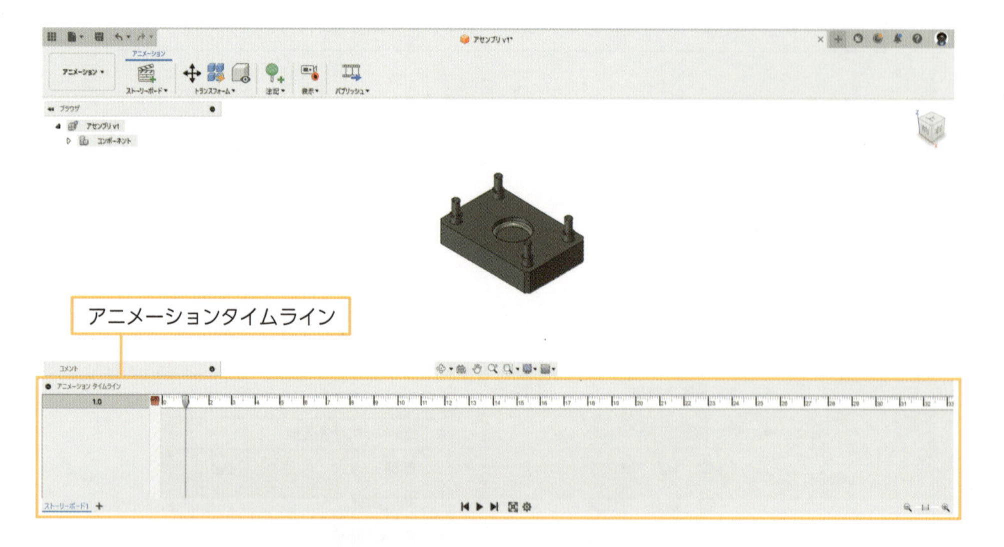

③ ツールバーの「表示」アイコンの色を確認する．

- 赤色：カメラの記録がオンであり，視点操作（視点移動，回転，拡大・縮小）が記録される．
- 黄色：カメラの記録がオフの状態である．

アイコンをクリックすれば，オンとオフが切り替わる．今回は，オフ（黄色）にする．オフの場合には，画面上に「ビューが記録されていません」と赤字で表示される．

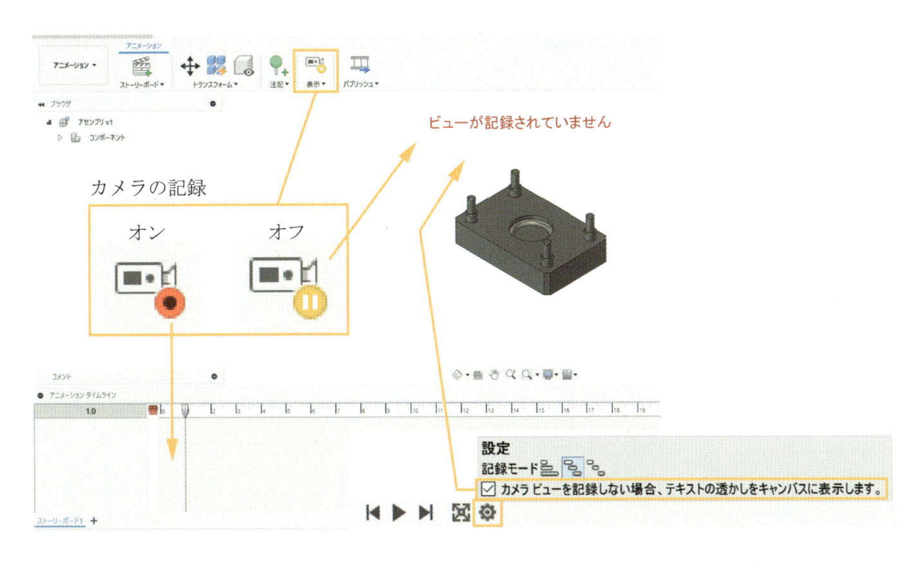

④［アニメーション タイムライン］の再生ヘッドをドラッグして右側に移動しておく．

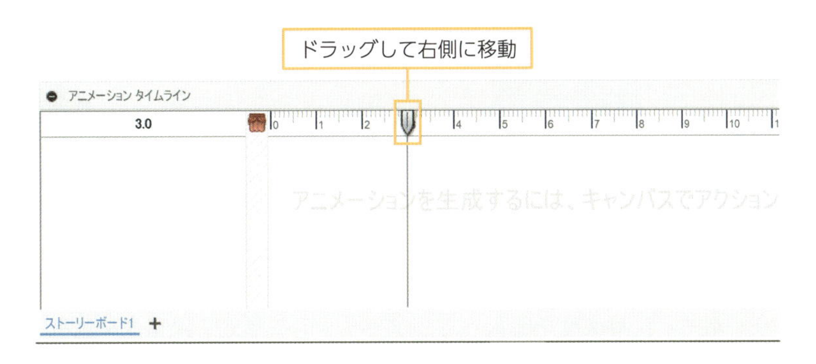

⑤［トランスフォーム］→［コンポーネントを移動］を選択し，円筒形状 4 個を［Ctrl］キーを押しながらクリックして複数選択し，マニュピレーターの矢印をドラッグして上に移動する．基準線の表示設定を「オン」にすれば，分解線を表示できる．

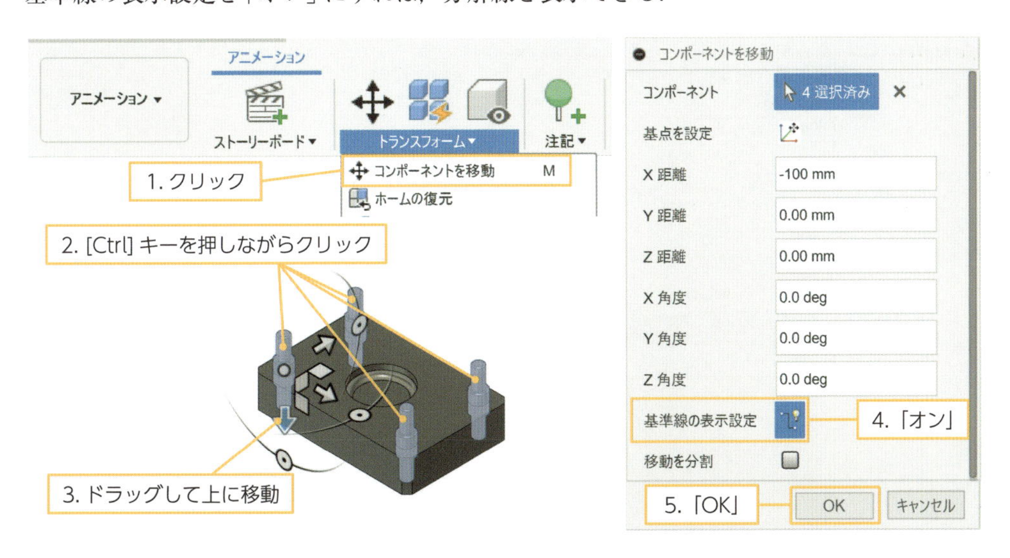

⑥［アニメーション タイムライン］に動きが記録されている．右クリックで編集やドラッグで移動できる．

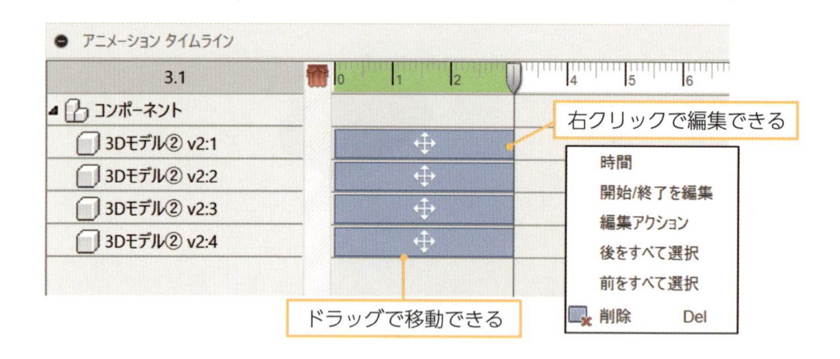

⑦ 作成した分解図を再生してみる．

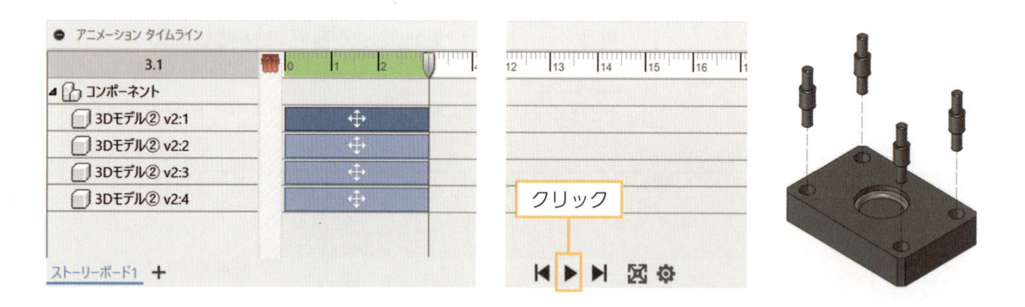

⑧ 制作したアニメーションを動画に書き出す．［ビデオをパブリッシュ］を選択し，動画に書き出すストーリーボード，解像度を選択して，ファイル名や形式，保存先を選択し，保存する．

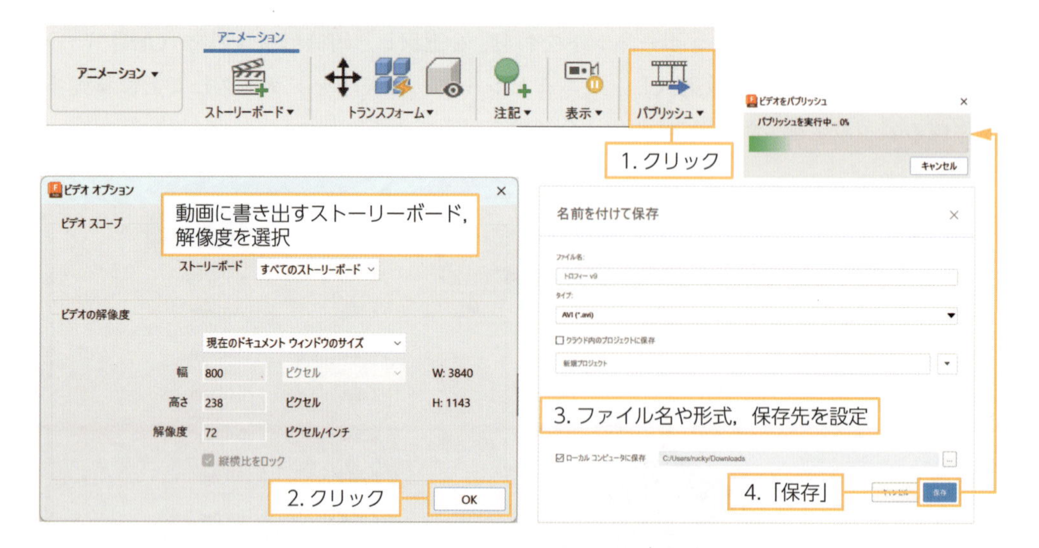

1.5.7 ドラフティングの例

Autodesk Fusion では，3D モデルから 2D 図面を作成できる．2D 図面に寸法や公差，加工指示を行うことで相手に情報を伝えることができる．複数の部品が組み付いたアセンブリの図面も作成でき，部品表を自動生成し，番号を付けられる．作成した図面を印刷したり，PDF，DWG，DXF 形式で出力したりすることも可能である．

前項まででつくった 3D モデルから 2D 図面を作成してみる．

① 基本設定から投影角度を「第三角法」に設定する．

Autodesk Fusion は JIS 規格に対応していないため，ここでは「ISO」を選択する．

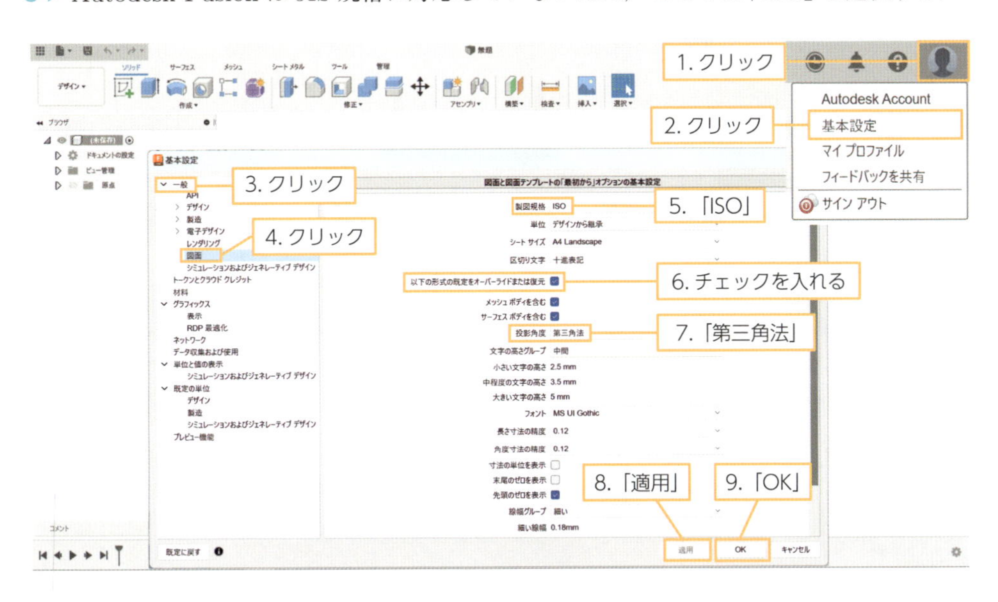

② アセンブリファイルを開き，［作業スペース］は［図面］→［デザインから］を選択する．

［アニメーションから］は，分解図などの図面を作成したい場合に使用する．

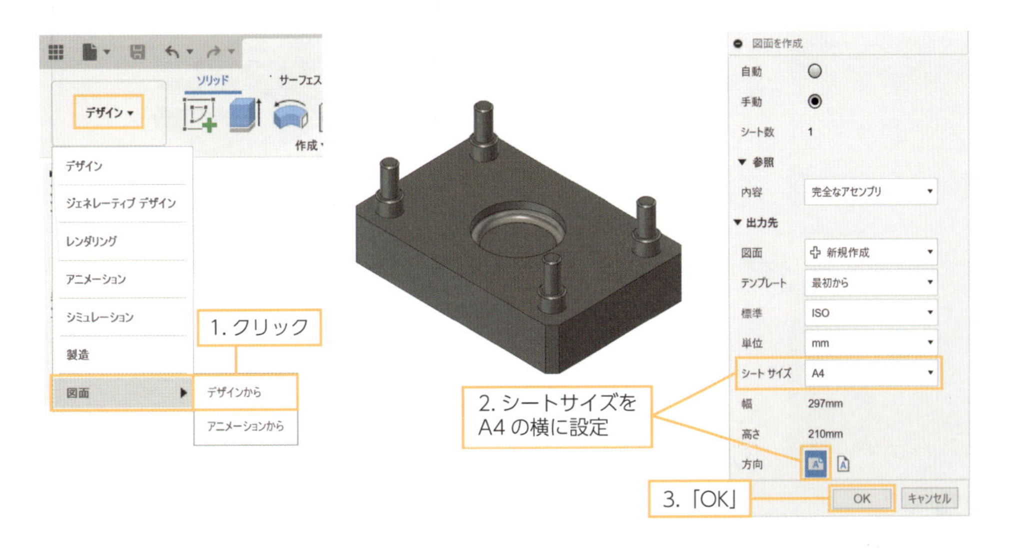

③ 新規で図面のファイルが立ち上がる．図面ビューの尺度を「1:2」に変更し，図面の配置したいところでクリックし，［OK］とする．

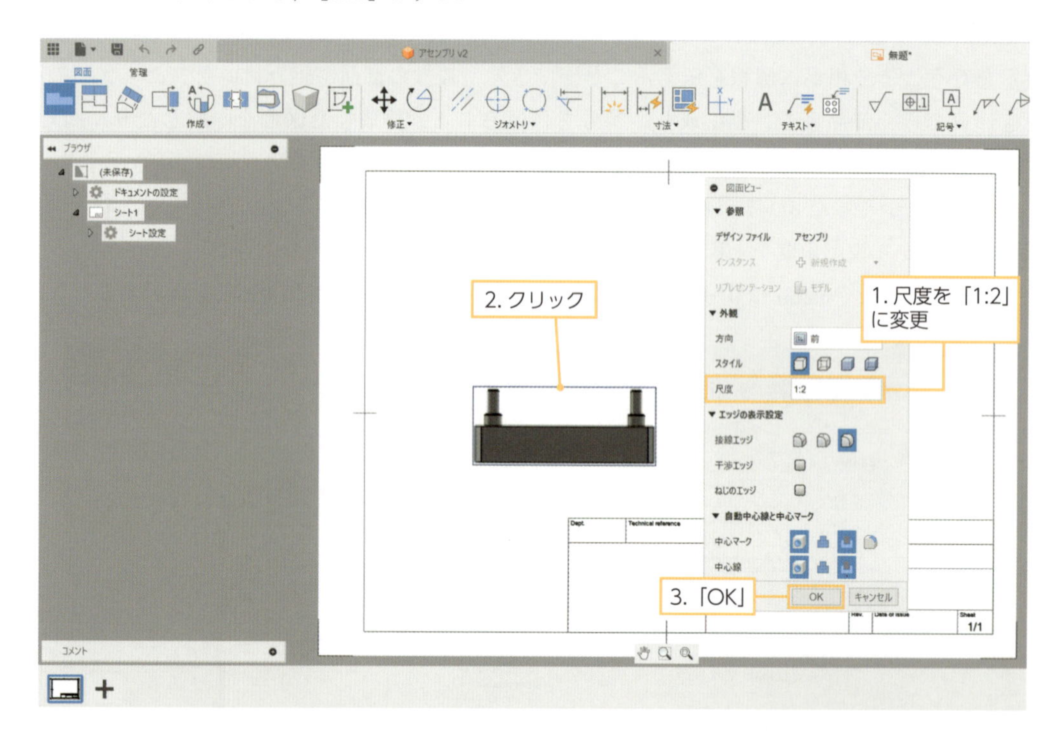

④ 三面図を作成していく．［作成］→［投影ビュー］を選択する．配置した正面図をクリックし

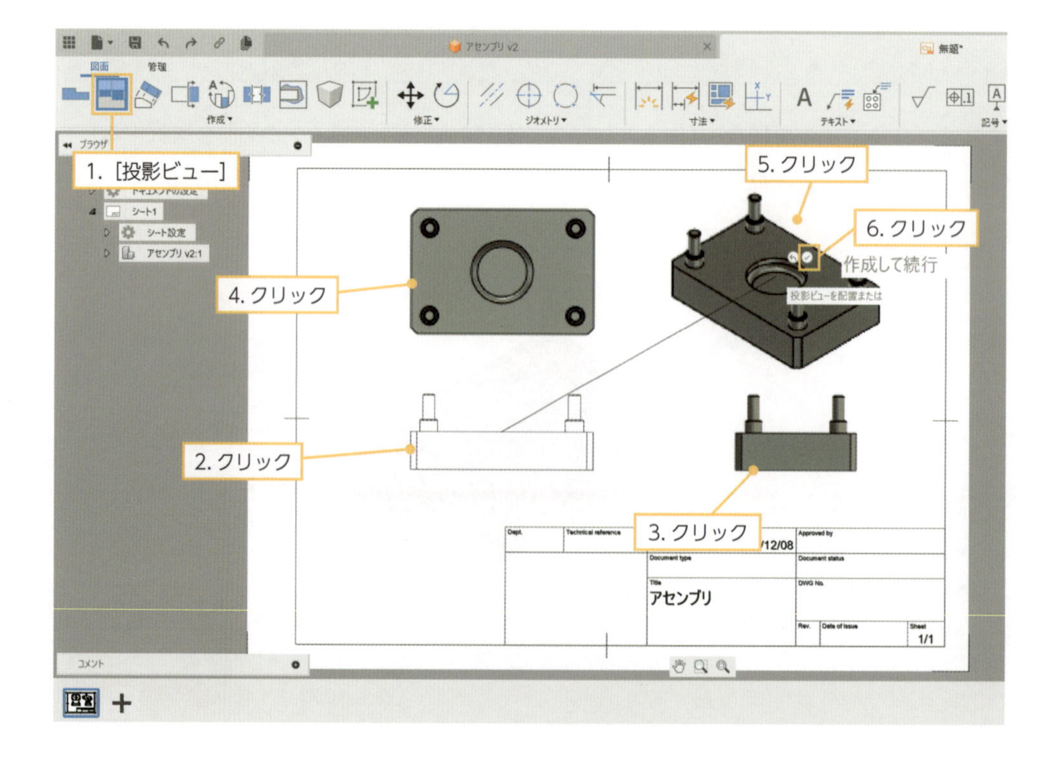

た後，マウスを右に動かしてクリックすれば，右側面図を作成できる．同様に，正面図の上にマウスを動かしてクリックすれば，平面図（上面図）を作成できる．画面右上にマウスを動かしてクリックすれば，等角投影図を作成できる．終了する場合には✓マークをクリックする．

⑤ 配置した図は，ドラッグすれば移動できる．このとき，必ず図は最初に配置した図（正面図）を基準に右側面図は正面図の真横，平面図（上面図）は正面図の真上にくるように移動する．

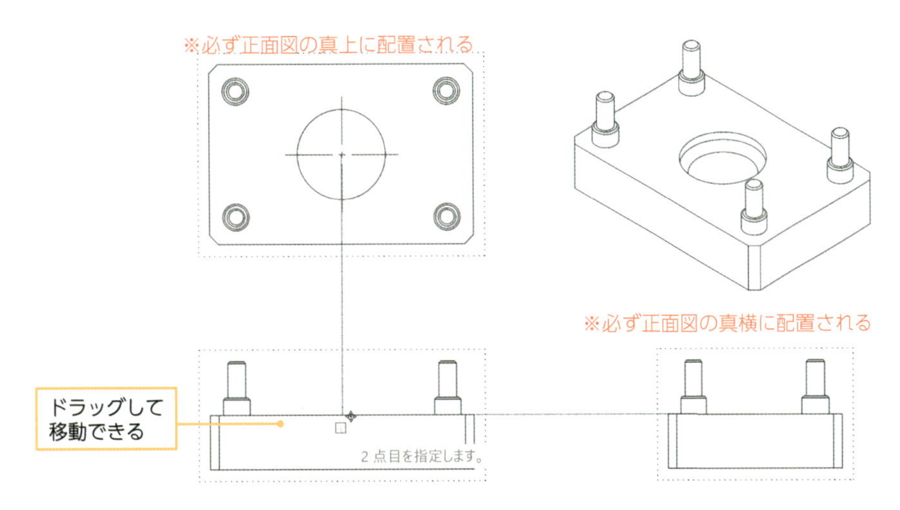

⑥ 図をダブルクリックすれば，スタイル，尺度，エッジの表示設定などを編集できる．

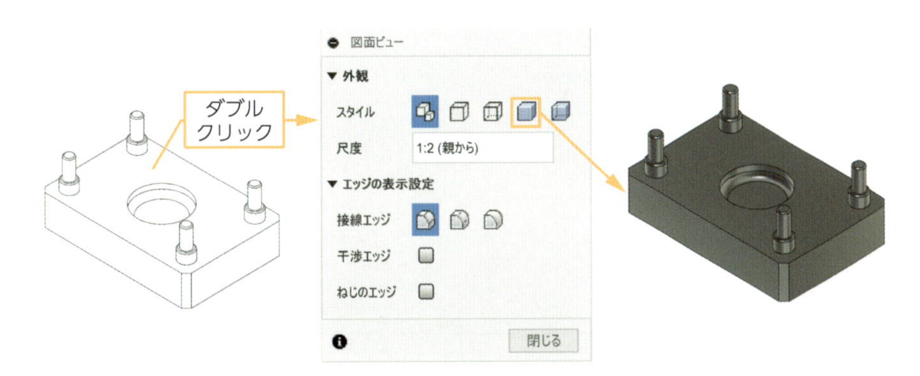

⑦［ジオメトリ］→［中心マーク］を選択する．円をクリックすれば中心線を作成できる．

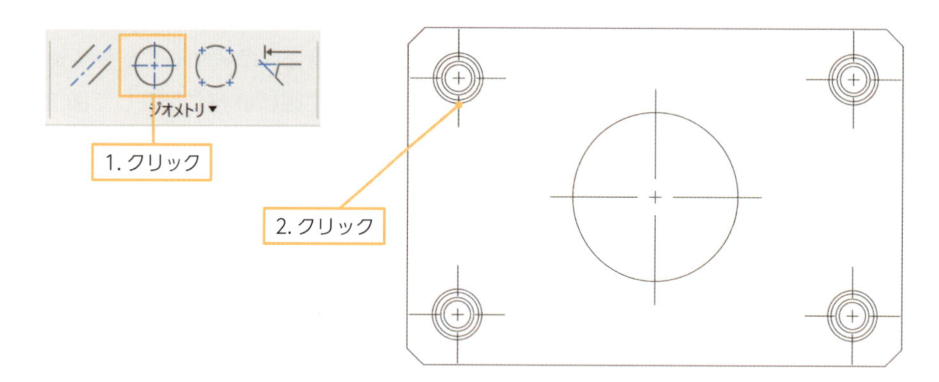

⑧［ジオメトリ］→［中心線］を選択する．左右の端をクリックすれば，真ん中に中心線が作成される．

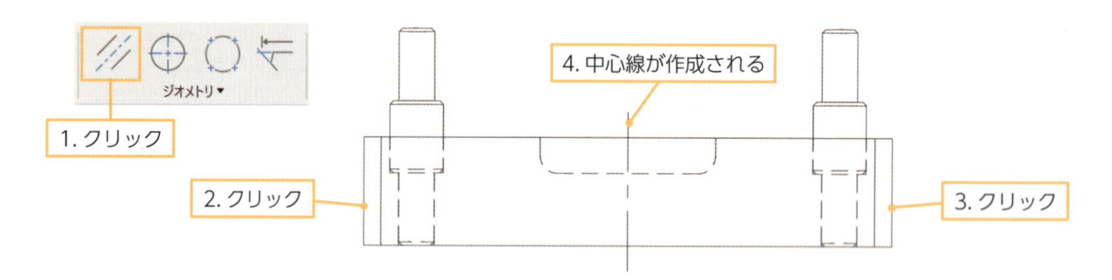

⑨ 作成した中心線をクリックして表示された矢印をドラッグすれば，線を伸縮できる．

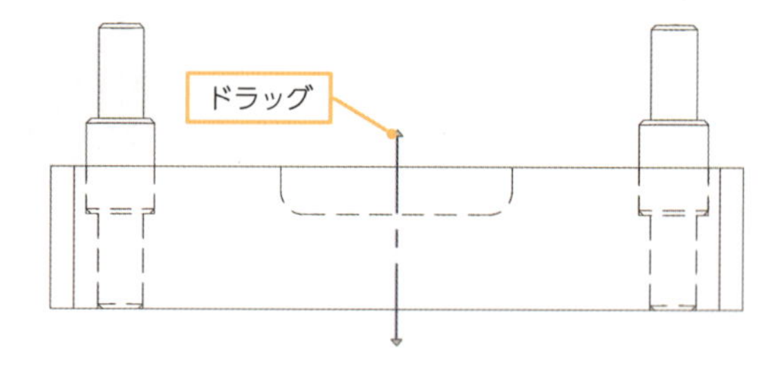

⑩ 表題欄をダブルクリックすれば，表題欄の編集できる．また，ブラウザのなかにある［シート設定］で表示・非表示にできる．

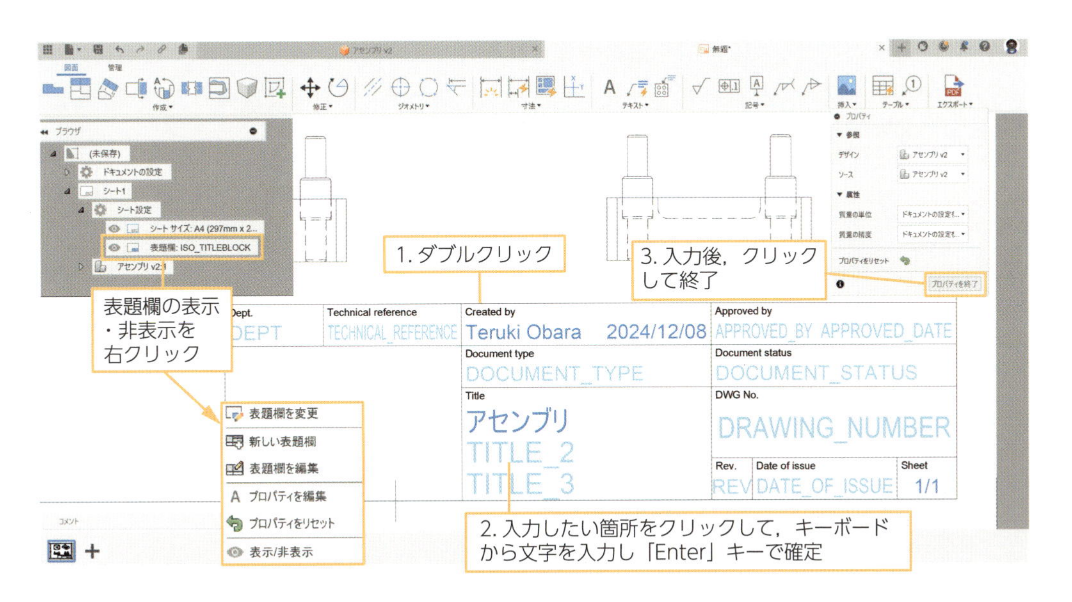

⑪［寸法］を選択し，直径や距離，角度の寸法を作成していく．寸法をつけたい点や線をクリックし，配置したいところでクリックする．線と線が平行の場合には距離の入力，平行でない

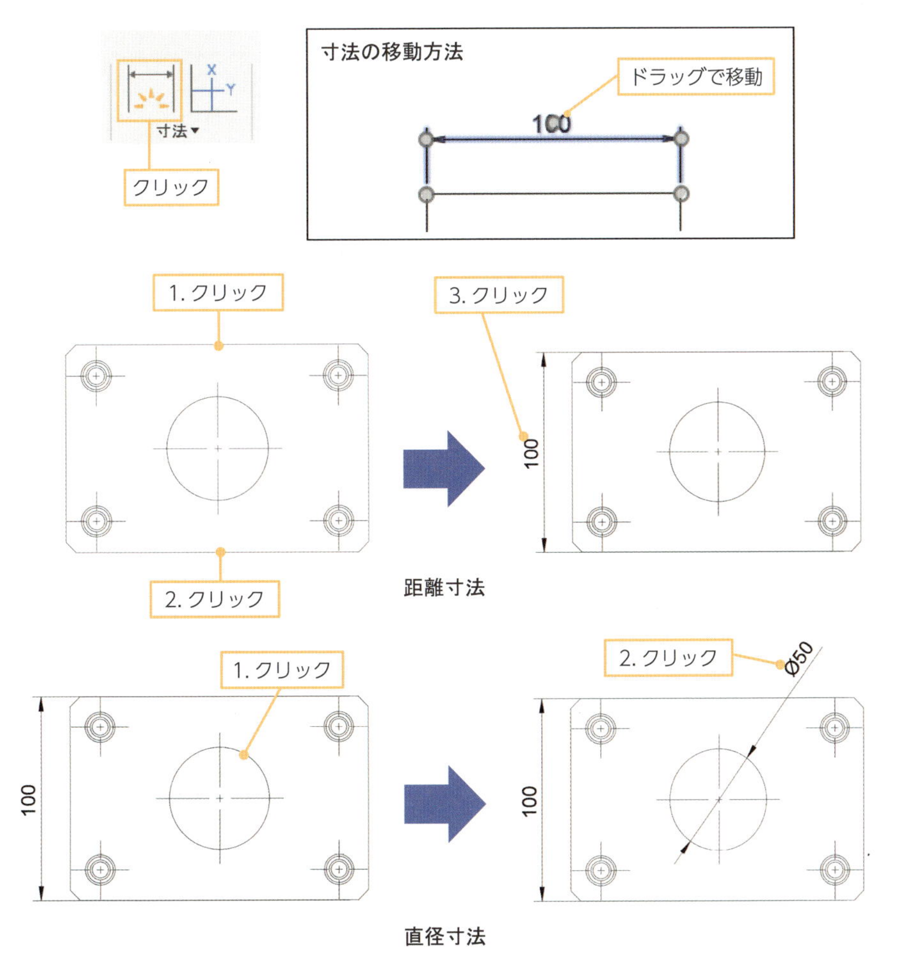

場合には角度の入力となる．円を選択すると直径の寸法，円弧をクリックすると半径の寸法を入力できる．寸法を移動したい場合には，［Esc］キーでコマンドを解除して，寸法を選択し灰色の●をドラッグすれば，位置を動かすことができる．

⑫ 配置した寸法をダブルクリックすれば，サイズ公差を入力できる．そのほかにも文字を追加したり，記号を挿入したりも可能である．

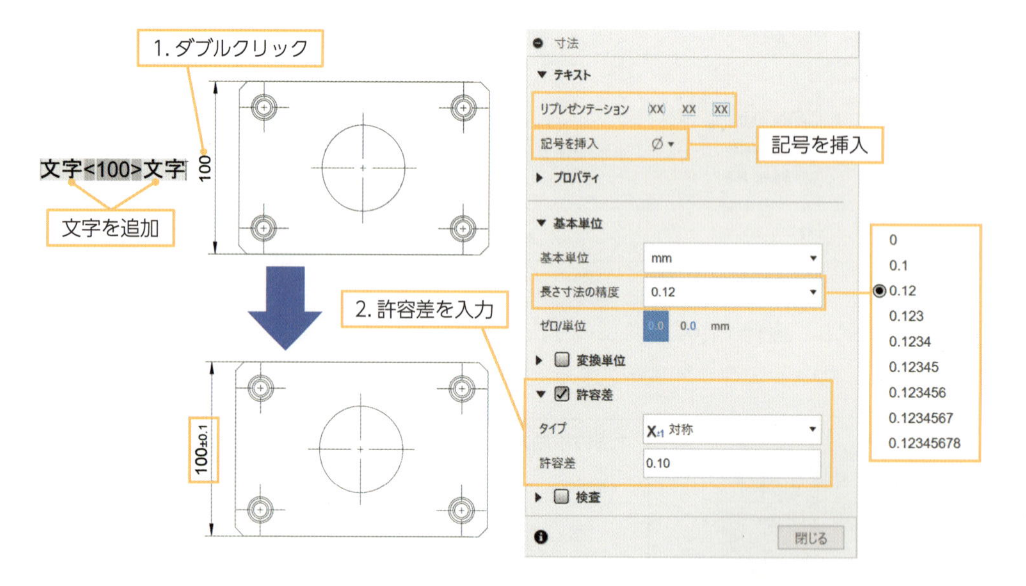

⑬ 断面図を作成する場合は，［作成］→［断面図］を選択する．断面図を作成する図として「正面図」をクリックする．つぎに断面線をクリックして描いていく．断面線の終了は［Enter］キーで確定する．配置したい場所をクリックして［OK］とする．

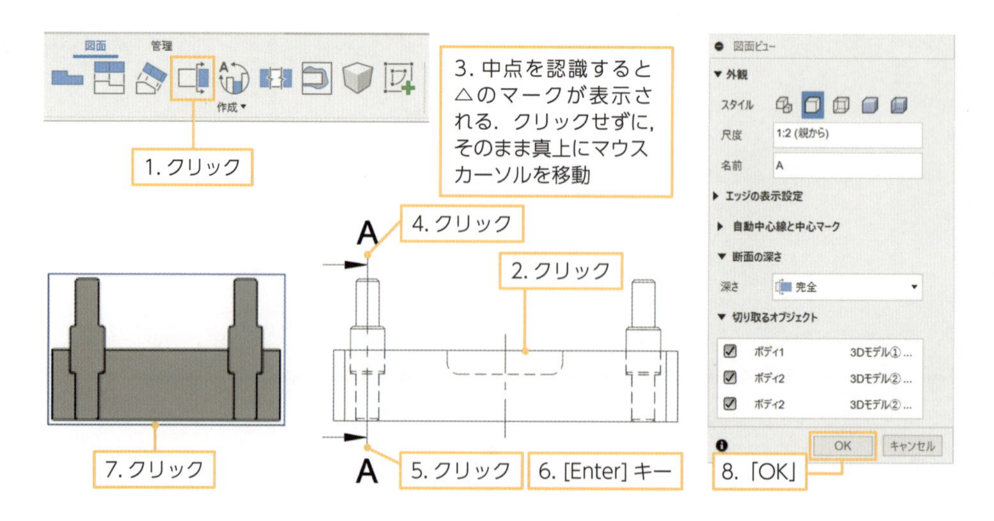

⑭ 断面図のハッチングは，ハッチングをダブルクリックすれば変更できる．

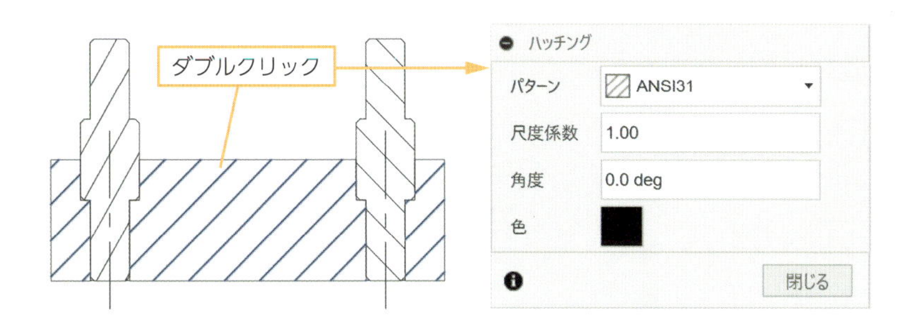

⑮ 詳細図を作成する場合には，［作成］→［詳細図］を選択する．詳細図をつくりたい箇所に円を描く．尺度を設定し，配置したいところをクリックして，［OK］とし，で終了する．

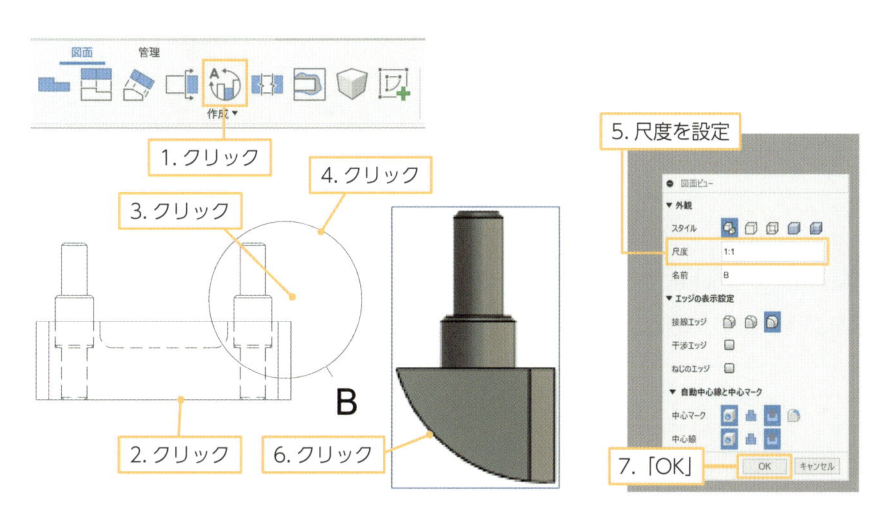

⑯ 図面は PDF，DWG，DXF 形式でエクスポートできる．

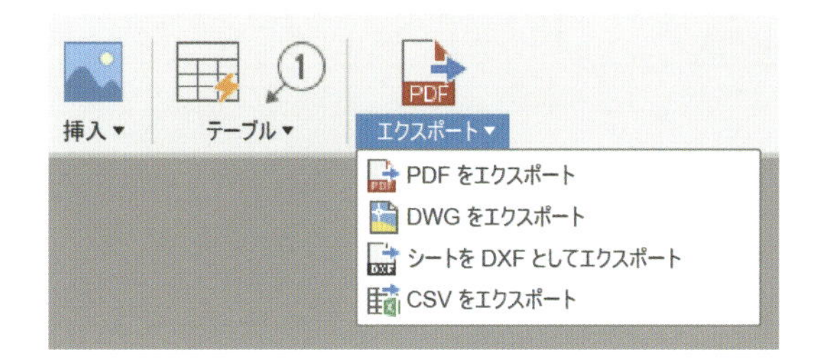

⑰ 図面の印刷は，[ファイル]→[印刷] から行うことができる．

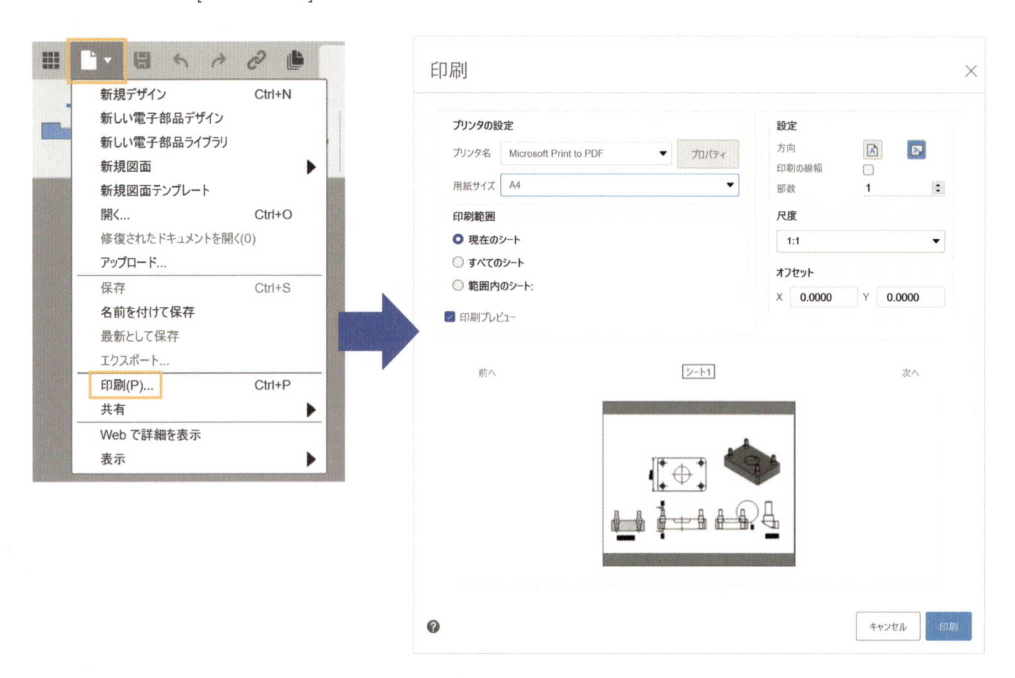

以上で Autodesk Fusion で図面を作成できた．図面機能にはほかにも，[テキスト]，[記号]，[イメージを挿入] などがある．

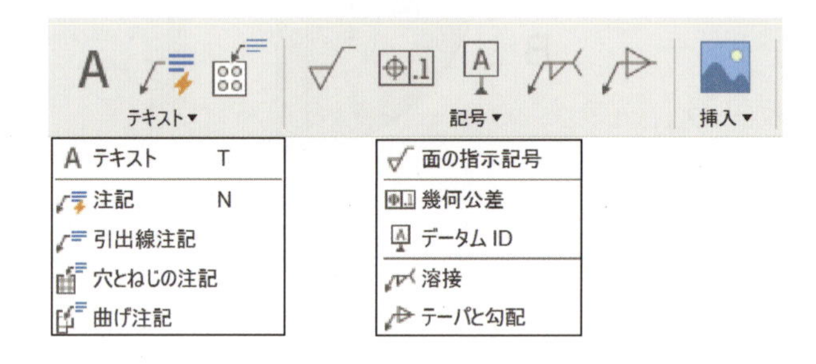

第2章 JIS製図法

近年，産業活動のグローバル化が加速している．それにともない，ものづくりの重要な技術文書である図面も，当然のように国際化が求められている．すなわち，2D（2次元）図面，3D（3次元）図面を問わず，どの国の誰が作成した図面でも，要求事項が明確に伝わり，あいまいさがなく同じ解釈がされなければならない．そのためには，設計要求を図面に表現する世界共通の表記方法を使用することが必要である．

本章では，このような現状に対応するための世界共通の表記方法である国際標準化機構ISOに準拠した日本産業規格JISの製図法，サイズ公差，幾何公差について説明する．

Key Word　図面，国際化，サイズ公差，幾何公差，データム，表面性状

2.1 製図法

2.1.1 製図の目的と図面の基本要件

製図（図面を作成する）の目的は，設計者の意図を製作者に確実かつ容易に伝達し，その図面に示す情報を確実に保存，検索，利用できることである．そのために，日本産業規格JISでは図面は以下のような基本的な要件を備えていなければならないとしている．

① 対象物の図形とともに，必要とする大きさ・形状・姿勢・位置・質量の情報を含むこと．必要に応じ，さらに，表面性状，材料，加工方法などの情報を含むこと
② 表題欄を設けること
③ ①の情報を，明確かつ理解しやすい方法で表現していること
④ あいまいな解釈が生じないように，表現上の一義性をもつこと
⑤ 技術の各分野の交流の立場から，できるだけ広い分野にわたる整合性・普遍性をもつこと
⑥ 貿易および技術の国際交流の立場から，国際性を保持すること
⑦ マイクロフィルム撮影などを含む複写および図面の保存・検索・利用が確実にできる内容と様式を備えること

2.1.2 主な製図関連規格

製図に関するルールは，日本産業規格 JIS (japanese industrial standards) に定められている．表 2.1 にその主なものを示す．現在では，インターネット上でも手軽に JIS (https://www.jisc.go.jp) を閲覧できるため，適時確認しておくことが重要である．

表 2.1 主な製図関連規格

規格番号	規格名称
JIS Z 8310	製図総則
JIS Z 8114	製図用語
JIS Z 8311	製図用紙のサイズ及び図面の様式
JIS Z 8312	線の基本原則
JIS Z 8313	文字
JIS Z 8314	尺度
JIS Z 8315	投影法
JIS Z 8316	図形の表し方の原則
JIS Z 8317	寸法及び公差の記入方法
JIS Z 8318	長さ寸法及び角度寸法の許容限界記入方法
JIS B 0001	機械製図

2.1.3 図面の様式と尺度

図面に用いる様式の一例を図 2.1 に示す．図面には，表 2.2 に示す輪郭線，表題欄，中心マークは必須である．

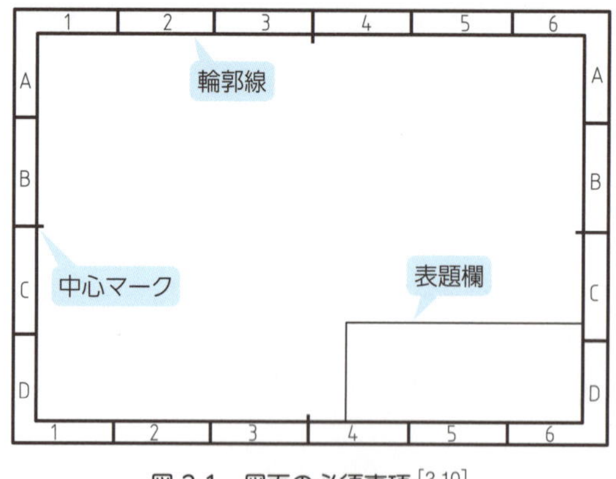

図 2.1 図面の必須事項 [2.10]

表 2.2 図面様式

用 語	定 義
輪郭線	図面の，図を描く領域と輪郭との境界線.
表題欄	図面の管理上必要な事項，図面内容に関する定型的な事項などをまとめて記入するために，図面の一部に設ける欄. 図面番号，図名，企業名などを記入する.
中心マーク	図面をマイクロフィルムに撮影したり，複写するときの便宜のため，図面の各辺の中央に設ける印.

図面は原則的に製作される部品と同じ寸法（現尺）で描くが，場合により縮尺や倍尺を用いる．尺度に関連した用語は，表 2.3 のように定義されている．また，推奨されるそれぞれの尺度を表 2.4 に示す．描いた図形での対応する長さを A，対象物の実際の長さを B として，尺度は A:B で表す．

表 2.3　尺度関連の用語

用　語	定　義
尺　度	図形の大きさ（長さ）と対象物の大きさ（長さ）との割合.
現　尺	対象物の大きさ（長さ）と同じ大きさ（長さ）に図形を描く場合の尺度，現寸ともいう.
倍　尺	対象物の大きさ（長さ）よりも大きい大きさ（長さ）に図形を描く場合の尺度.
縮　尺	対象物の大きさ（長さ）よりも小さい大きさ（長さ）に図形を描く場合の尺度.

表 2.4　推奨尺度

種　別	推奨尺度		
倍　尺	20：1	50：1	10：1
	2：1	5：1	
現　尺		1：1	
縮　尺	1：2	1：5	1：10
	1：20	1：50	1：100
	1：200	1：500	1：1000
	1：2000	1：5000	1：10000

2.1.4 線の種類と用途

図 2.2 のように，実際の図面にはさまざまな線を用いる．図面を作成するのに用いる線の種類とその用途は，表 2.5 に示すように分けられる．

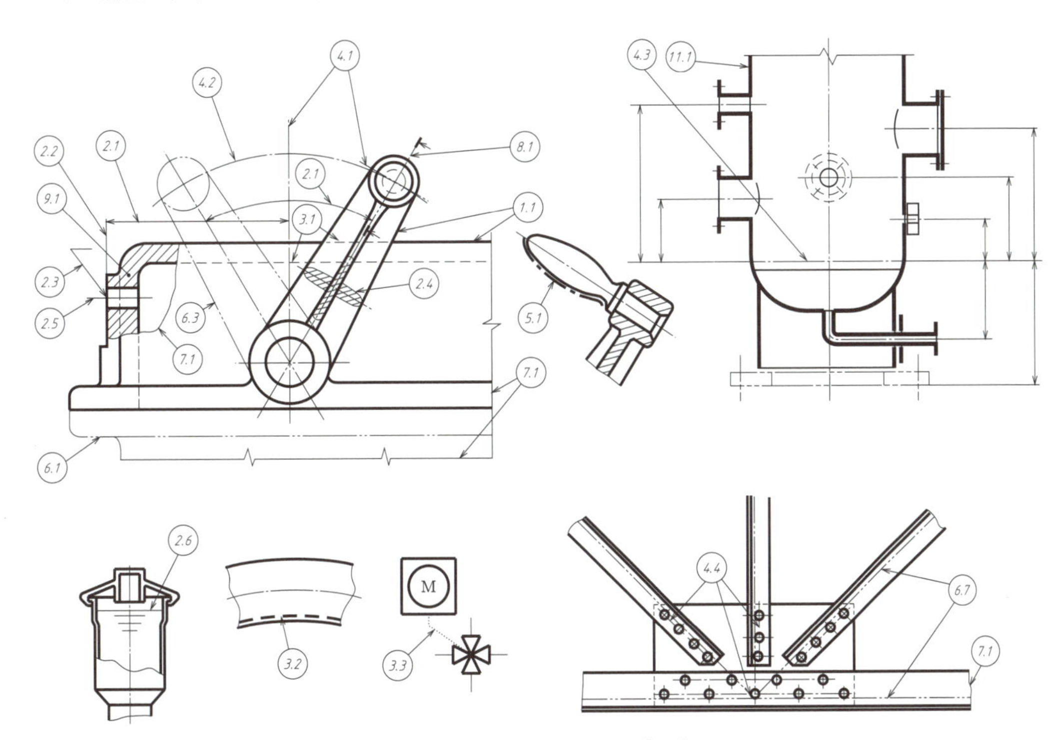

図 2.2　線の種類の使用例 [2.10]

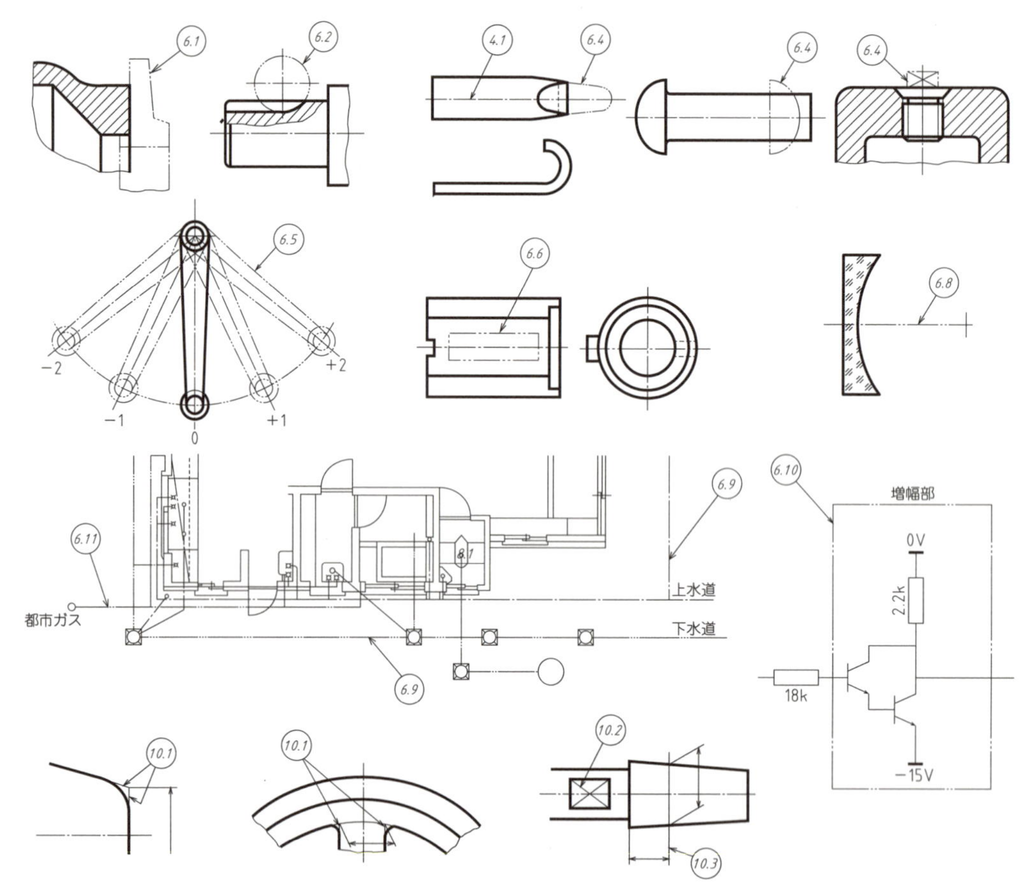

図 2.2　線の種類の使用例 (続き)[2.10]

表 2.5　線の種類と用途[2.10]

用途による名称	線の種類		線の用途	図 2.2 の照合番号
外形線	太い実線	―――	対象物の見える部分の形状を表すために用いる.	1.1
寸法線	細い実線	―――	寸法記入に用いる.	2.1
寸法補助線			寸法を記入するために図形から引き出すために用いる.	2.2
引出線(参照線を含む)			記述，記号などを示すために引き出すために用いる.	2.3
回転断面線			図形内にその部分の切り口を 90° 回転して表すために用いる.	2.4
中心線			図形に中心線 (4.1) を簡略化して表すために用いる.	2.5
水準面線			水面，液面などの位置を表すために用いる.	2.6
かくれ線	細い破線又は太い破線	--------	対象物の見えない部分の形状を表すために用いる.	3.1
ミシン目線	跳び破線	--------	布，皮又はシート材の縫い目を表すために用いる.	3.2
連結線	点線	········	制御機器の内部リンク，開閉機器の連動動作などを表すために用いる.	3.3

表 2.5　線の種類と用途 (続き)[2.10]

用途による名称	線の種類		線の用途	図 2.2 の照合番号
中心線	細い一点鎖線		a) 図形の中心を表すために用いる.	4.1 及び 4.2
			b) 中心が移動する中心軌道を表すために用いる.	4.1
基準線			特に位置決定のよりどころであることを明示するために用いる.	4.3
ピッチ線			繰返し図形のピッチをとる基準を表すために用いる.	4.4
特殊指定線	太い一点鎖線		特殊な加工を施す部分など特別な要求事項を適用すべき範囲を表すために用いる.	5.1
想像線	細い二点鎖線		a) 隣接部分を参考に表すために用いる.	6.1
			b) 工具, ジグなどの位置を参考に示すために用いる.	6.2
			c) 可動部分を, 移動中の特定の位置又は移動の限界の位置で表すために用いる.	6.3
			d) 加工前又は加工後の形状を表すために用いる.	6.4
			e) 繰返しを示すために用いる.	6.5
			f) 図示された断面の手前にある部分を表すために用いる.	6.6
重心線			断面の重心を連ねた線を表すために用いる.	6.7
光軸線			レンズを通過する光軸を示す線を表すために用いる.	6.8
パイプライン, 配線, 囲い込み線	一点短鎖線		水, 油, 蒸気, 上・下水道などの配管経路を表すために用いる.	6.9
	二点短鎖線			
	三点短鎖線			
	一点長鎖線		水, 油, 蒸気, 電源部, 増幅部などを区別するのに, 線で囲い込んで, ある機能を示すために用いる.	6.10
	二点長鎖線			
	三点長鎖線			
	一点二短鎖線			
	二点二短鎖線		水, 油, 蒸気などの配管経路を表すために用いる.	6.11
	三点二短鎖線			
破断線	不規則な波形の細い実戦又はジグザグ線		対象物の一部を破った境界, 又は一部を取り去った境界を表すために用いる.	7.1
切断線	細い一点鎖線で, 端部及び方向の変わる部分を太くした線		断面図を描く場合, その断面位置を対応する図に表すために用いる.	8.1
ハッチング	細い実線で, 規則的に並べたもの		図形の限定された特定の部分を他の部分と区別するために用いる. 例えば, 断面図の切り口を示す.	9.1
特殊な用途の線	細い実線		a) 外形線及びかくれ線の延長を表すために用いる. b) 平面であることをX字状の2本の線で示すために用いる. c) 位置を明示又は説明するために用いる.	10.1 10.2 10.3
	極太の実線		圧延鋼板, ガラスなど薄肉部の単線図示をするために用いる.	11.1

2.1.5 投影法

図2.3のように，部品のある一面から発する光を投影面に映し出すことを投影といい，映し出された図形を投影図という．図2.3では，投影面と部品の映し出す面は平行であり，投影面は光に垂直である．また，光はお互いに平行である．このような投影の仕方を正投影といい，部品の実際の長さがそのまま投影されるので，機械図面では多用されている．図2.3のように，部品の映し出す面と投影図を同じ側（みた側）に置く方法を第三角法という．JISでは，投影図は第三角法で記すことを原則としている．ただし，紙面の都合などで投影図を第三角法による正しい配置に描けない場合や，図の一部が第三角法による位置に描くとかえって図形が理解しにくくなる場合には，第一角法または相互の関係を矢印と文字を用いた矢示法を用いてもよい．どの投影法で描いたかは，図2.4 (a) のように表題欄またはその近くに記号で示す．第三角法の記号は，図 (b) である．詳しくはJISをみてほしい．

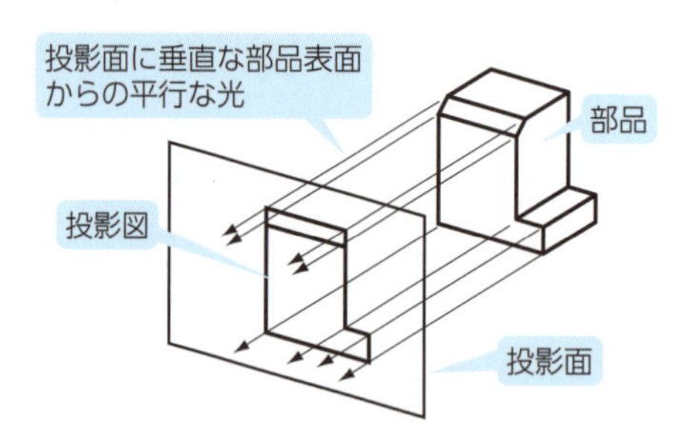

図2.3　投影法（正投影）

承認	佐藤	検図	田中	設計	中村	年月日 2009.1.1	尺度	1 : 1	投影法	
図名	JIS 製図モデル						図番	20081208		

（a）表題欄の例

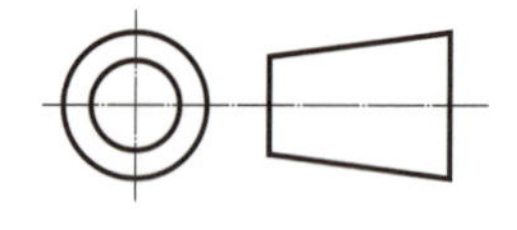

（b）第三角法の記号

図2.4　投影法の図面への指示

(1) 第三角法

第三角法で図面内に配置した例を図2.5に示す．正面からみた形 (a) を中心部に置き，右方向からみた形 (d) を右側に，左方向からみた形 (c) を左側に配置する．同じく，上面からみた形 (b) を上側に，下面からみた形 (e) を下側に配置する．後ろ側からみた形 (f) は，右方向からみた形をさらに右方向からみた形で配置する．

(2) 第一角法

第一角法はみた図形の配置の位置が第三角法と逆となる．たとえば，図2.5において，右方向からみた形 (d) を左側に（第三角法では右側），左方向からみた形 (c) を右側（第三角法では左側）に配置する．

	呼び名	みる方向
(a)	正面図	前面
(b)	平面図	上面
(c)	左側面図	左方向
(d)	右側面図	右方向
(e)	下面図	下面
(f)	背面図	背面

図 2.5　第三角法による投影図の配置と呼び方

例題 2.1

図 2.6 の三面図から立体図をスケッチせよ.

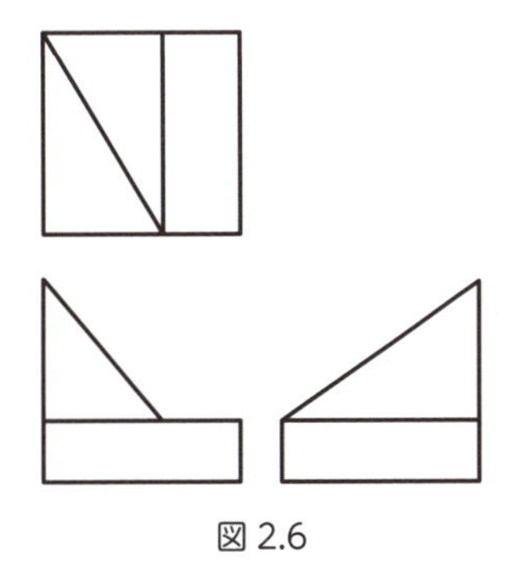

図 2.6

解答

図 2.7 (a), (b) ともに, 図 2.6 の三面図にあてはまる. 図 2.7 (b) の赤色の稜線の有無にかかわらず, 三面図では, 同じ図面となることがわかる. もちろん, 左側面図を追加すれば解消できるが, それを見落としてしまう例である. 2D 図面では, 誤認識されることがないように, 正しく描くことに注意する必要がある.

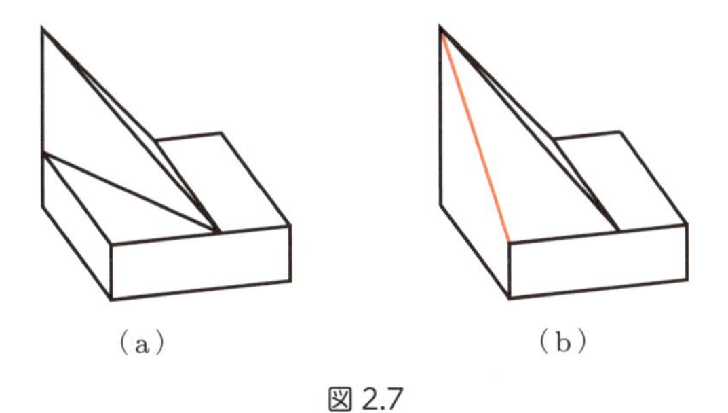

図 2.7

2.1.6 図形の表し方

(1) 主投影図の示し方

最も多く対象物の情報を与える投影図が，主投影図である．主投影図は正面図ともいうが，必ずしも正面からみた図とは限らず，部品や製品の特徴を最もよく表している投影図をいう．たとえば，自動車や船などでは横からみた図を主投影図とし，航空機では上からみた図を主投影図とする．

主投影図は，つぎのような点に注意して決定する．

- 自動車などの動く製品などは，進行方向を左側にするのがよい．
- 部品図などは，加工時に置かれる姿勢がよい．たとえば，旋盤加工の場合は，径の太い部分を左側にする．
- なるべくかくれ線を用いずに描けるようにする．

(2) そのほかの投影図の示し方

主投影図を補足するほかの投影図はできるだけ少なくし，図 2.8 のように主投影図だけで表せるものに対しては，ほかの投影図は描かない．また，互いに関連する図は，図 2.9 のようにできるかぎりかくれ線を用いなくて済むように配置する．

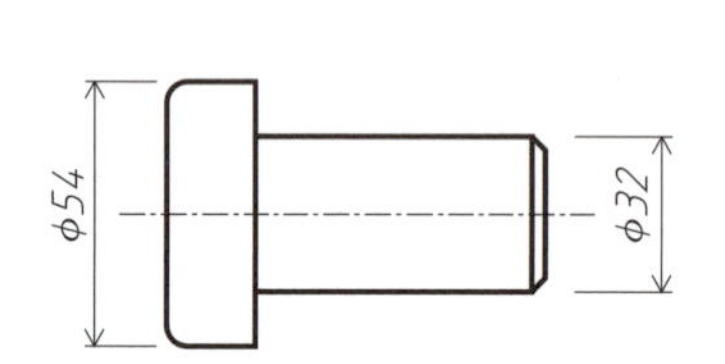

図 2.8　主投影図だけでの表示 [2.10]

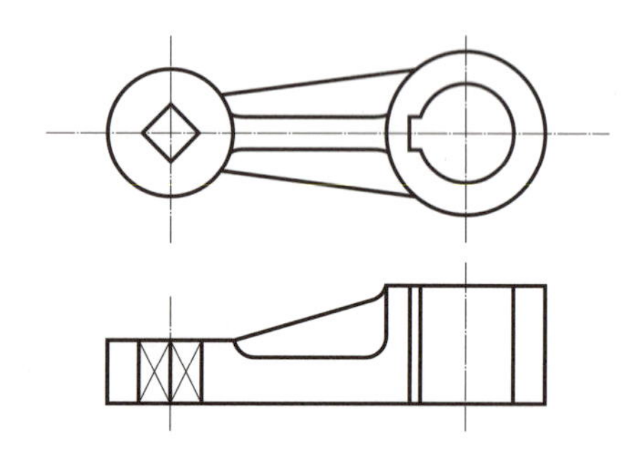

図 2.9　かくれ線をなるべく用いない配置 [2.10]

【部分投影図】

図の一部を示せば製品の全体がわかる場合には，図 2.10 のように，その必要な部分だけを部分投影図として表す．この場合には，省いた部分との境界を破断線で示す．ただし，明確な場合には破断線を省略してもよい．

【局部投影図】

主投影図のほかにも図示しなければわからないが，その部分の穴，溝など一局部だけの形を図示すれば足りる場合には，図 2.11 のように，その部分の必要な局部のみを局部投影図として表す．投影関係を示すためには，図 2.11 および図 2.12 のように，主となる図に中心線，基準線，寸法補助線などで結ぶ．

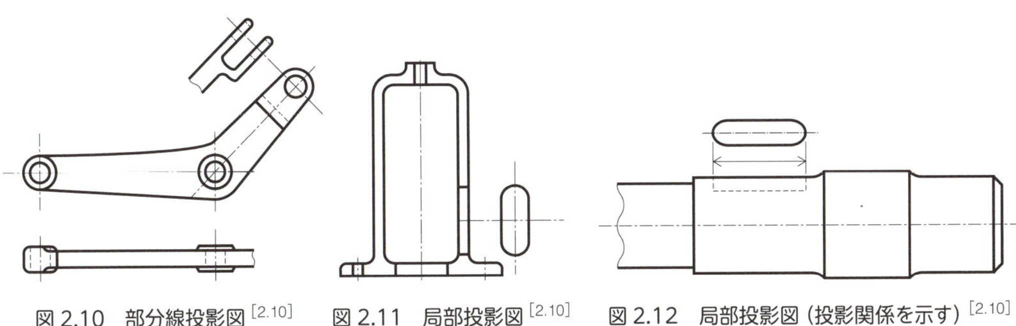

図 2.10　部分線投影図 [2.10]　　図 2.11　局部投影図 [2.10]　　図 2.12　局部投影図（投影関係を示す）[2.10]

【部分拡大図】

詳細な図示や寸法が必要な部分の図形が小さく，図面への詳細な図示や寸法の記入ができない場合には，図 2.13 のように，該当部分を細い実線で囲み，別の箇所に拡大して描く．さらに，英字の大文字で表示するとともに，その文字と部分拡大図，および尺度を記す．ただし，拡大した図の尺度を示す必要がない場合には，尺度の代わりに拡大図と記してもよい．

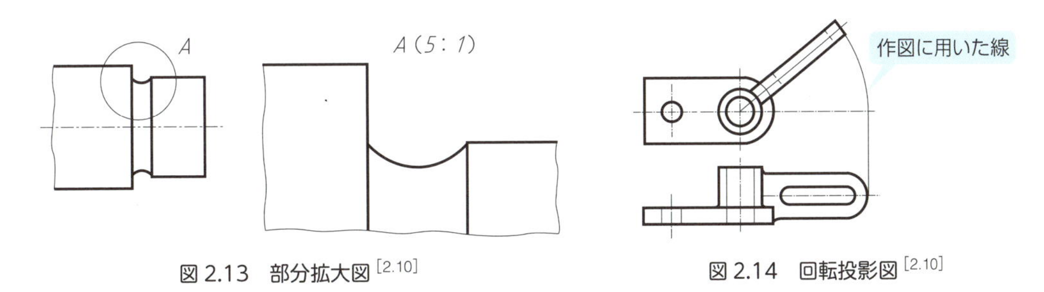

図 2.13　部分拡大図 [2.10]　　図 2.14　回転投影図 [2.10]

【回転投影図】

投影図の一部分が，ある角度をもっており，そのままでは実形を表せないときには，図 2.14 のように，その部分を回転して，その実形を図示してもよい．なお，見誤るおそれがある場合には，作図に用いた線を残す必要がある．

【補助投影図】

斜面部がある対象物で，その斜面の実形を表す必要がある場合には，下記のように補助投影図で表す．

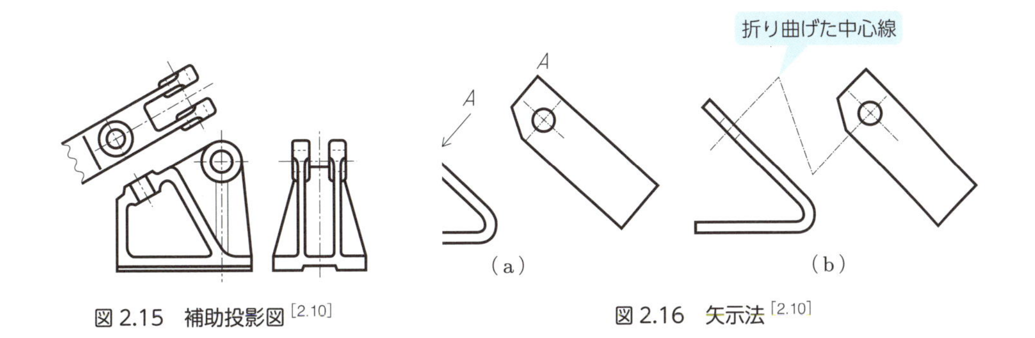

図 2.15　補助投影図 [2.10]　　図 2.16　矢示法 [2.10]

① 対象物の斜面の実形を図示する必要がある場合には，図 2.15 のように，その斜面に対向する位置に補助投影図として表す．この場合，必要な部分だけを部分投影図または局部投影図で描いてもよい．

② 紙面の関係などで，補助投影図を斜面に対向する位置に配置できない場合には，図 2.16 (a) のとおり矢示法を用いて示し，その旨を矢印および英字の大文字で示す．また，図 (b) に示すように，折り曲げた中心線で結び，投影関係を示してもよい．

【断面図の示し方】

隠れた部分をわかりやすく示すために，断面図として図示する場合がある．以下のようにすると，かくれ線を省くことができ，必要な箇所を明確に図示できる．

① **全断面図**　全断面図とは，対象物を一つの平面で切断し，その切断面に垂直な方向からみた形状をすべて描いた断面図である．通常は，図 2.17 のように，対象物の基本的な形状を最もよく表すように，切断面を決めて描く．この場合には，切断線は記入しない．また，断面形状が複雑なものや，組立図，カタログなどには，図 (b) のようにハッチングを施したほうがよい．

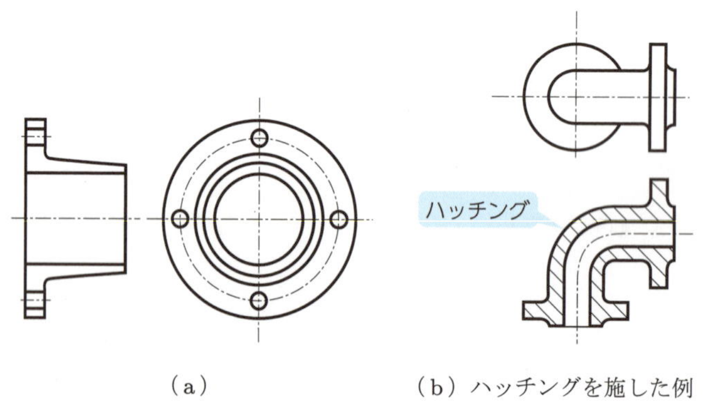

（a）　（b）ハッチングを施した例

図 2.17　全断面図 [2.10]

② **片側断面図**　対称形の対象物は，図 2.18 のように，外形図の半分と全断面図の半分とを組み合わせて表すことができる．

③ **部分断面図の外形図**　図 2.19 のように必要とする要所の一部分だけを，部分断面図として表すことができる．この場合，破断線でその境界を示す．

④ **回転図示断面図**　ハンドル，車などのアームやリム，リブ，フック，軸，構造物の部材などの細長いものの切り口は，図 2.20 のように 90° 回転して表してもよい．切断箇所の前後を破断して，その間に描く．

⑤ **組み合わせによる断面図**　二つ以上の切断面による断面図を組み合わせて行う断面図示は，図 2.21 のように表す．なお，これらの場合，必要に応じて断面をみる方向を示す矢印および文字記号を付ける．

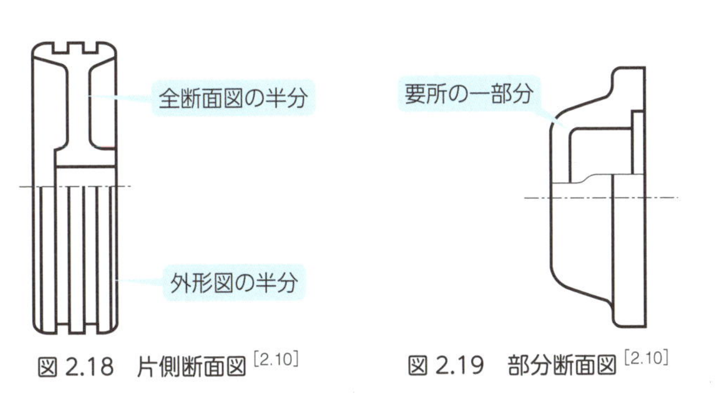

図 2.18　片側断面図 [2.10]　　図 2.19　部分断面図 [2.10]

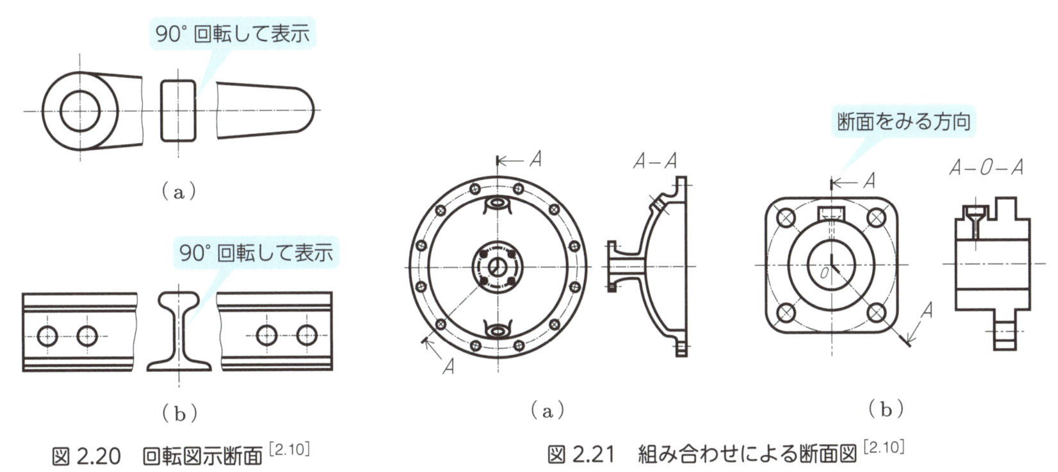

図 2.20　回転図示断面 [2.10]

図 2.21　組み合わせによる断面図 [2.10]

2.1.7 寸法記入方法

寸法は，図 2.22 のように，寸法線，寸法補助線，引出し線，端末記号，起点記号などを用いて，寸法数値によって表す．

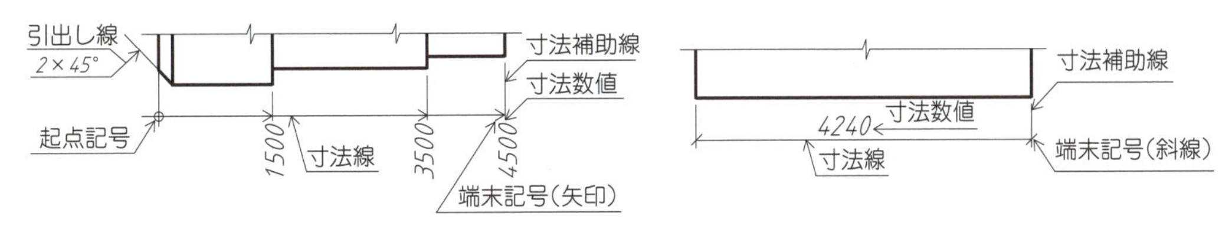

図 2.22　寸法の記入

(1) 一般原則

寸法記入に際して，とくに重要な部分を下記の①～⑬に示す．

① **必要なものを記入**　対象物の機能，製作，組み立てなどを考慮し，必要な寸法を明瞭に指示する．

② **機能寸法は必ず記入**　図 2.23 のように，対象物の機能上必要な寸法（機能寸法）F は，必ず記入する．また，NF は非機能寸法，(AUX) は参考寸法を表す．

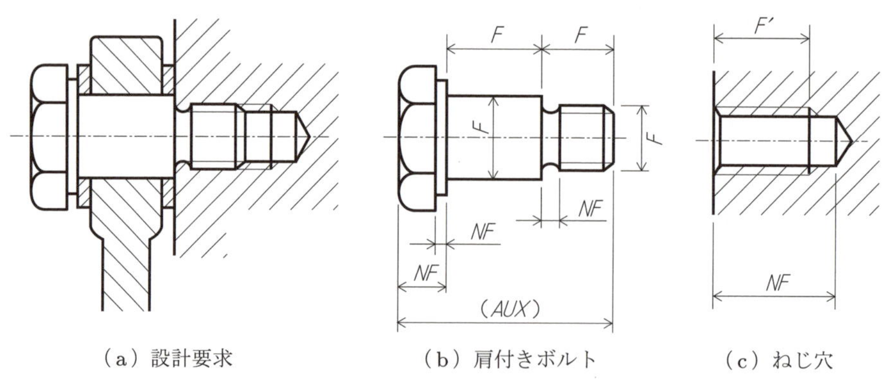

（a）設計要求　（b）肩付きボルト　（c）ねじ穴

図 2.23　機能寸法 [2.10]

③ **主投影図に集中**　図 2.24 のように，寸法記入はなるべく主投影図に記し，主投影図に表せない平面図や側面図などの寸法は補助投影図に記入する．主投影図と補助投影図の間の関連する寸法は，できるかぎりそれぞれの間に記入する．

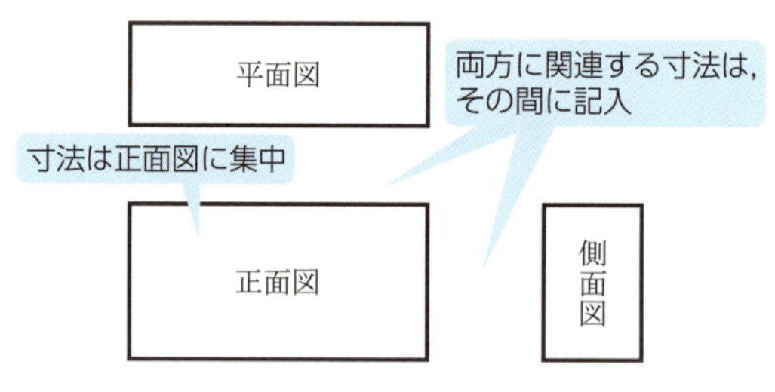

図 2.24　寸法配置

④ **計算する必要がないように記入**　図 2.25 のように，なるべく計算して求める必要がないように記入する．場合により，たとえば手配する材料の必要な量を求める参考として，全長を参考寸法で記入してもよい．参考寸法は括弧にいれて記入する．

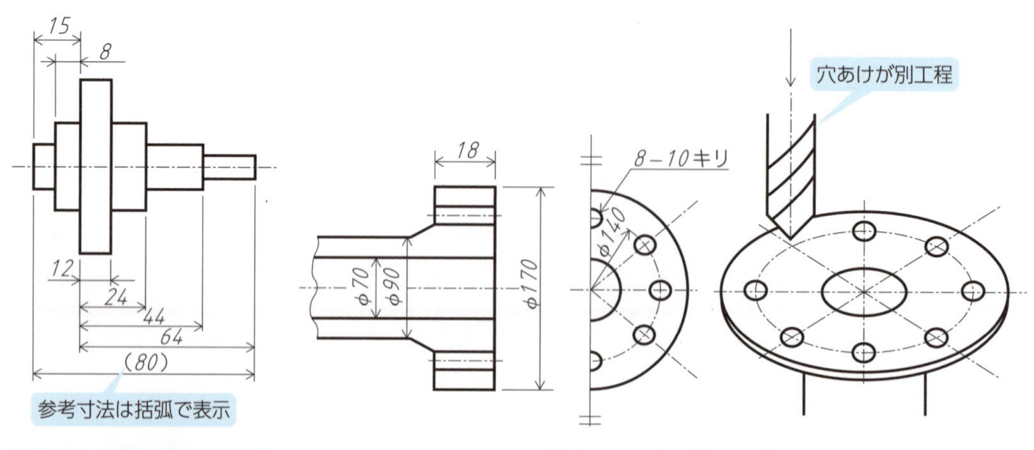

図 2.25　計算不要な寸法記入

図 2.26　工程ごとの配列

⑤ **工程ごとに配列を分けて記入**　寸法を読みやすくするためには，図 2.26 のように工程ごとに配列したり，図 2.27 のように工程によって同一図中に寸法を区分配置するのがよい．

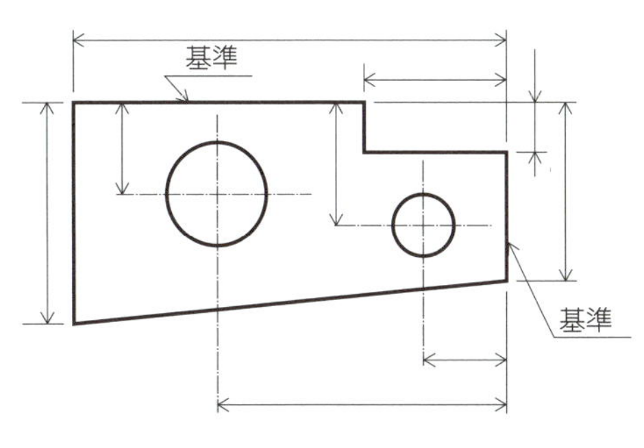

（a）特定の面を基準とした場合

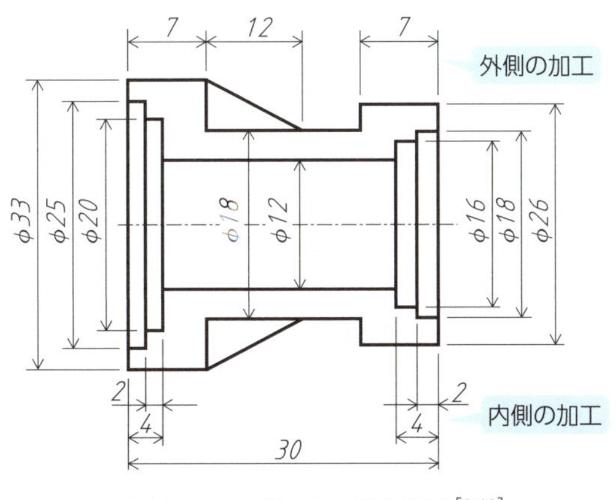

図 2.27　工程による区分配置 [2.10]

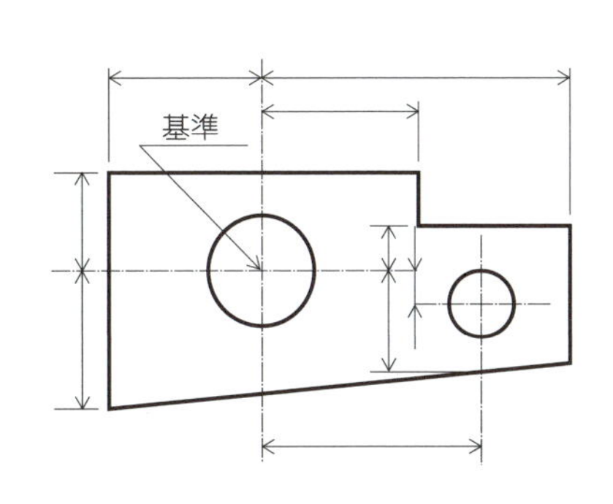

（b）穴の中心を基準とした場合

図 2.28　基準部

⑥ **基準部をもとにして記入**　基準部とは，製作または組み立て作業において，加工や寸法測定などに便利なところを選んだ基準となる線または面のことである．図 2.28 のように，特別な事情のないかぎり，寸法はこの基準部をもとにして記入する．

⑦ **重複記入の禁止**　図 2.29 のように，同一寸法を主投影図や補助投影図またはそのほかの図に記入することは，図面が複雑になるだけでなく，図面修正の際に一部のみ修正漏れが起こる危険が高いため，避ける必要がある．

⑧ **寸法の配置**　サイズ公差によって寸法の記入法を選択する．サイズ公差については，2.2 節で説明する．

- 直列寸法記入法　直列に連なる個々の寸法に与えられるサイズ公差が，逐次累積してもよいような場合は，図 2.30 のように記入する．
- 並列寸法記入法　個々の寸法のサイズ公差が，ほかのサイズ公差に影響を与えたくない場合は，図 2.31 のように寸法は並列に記入する．この際，共通側の寸法補助線の位置は，機能・加工などの条件を考慮して適切に選ぶ．

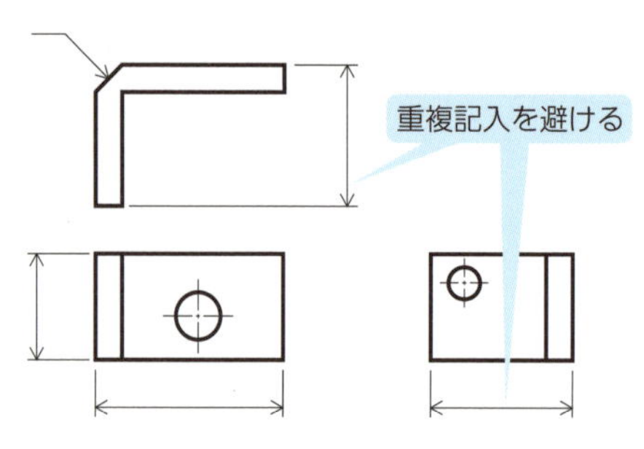

図 2.29　重複記入を避ける

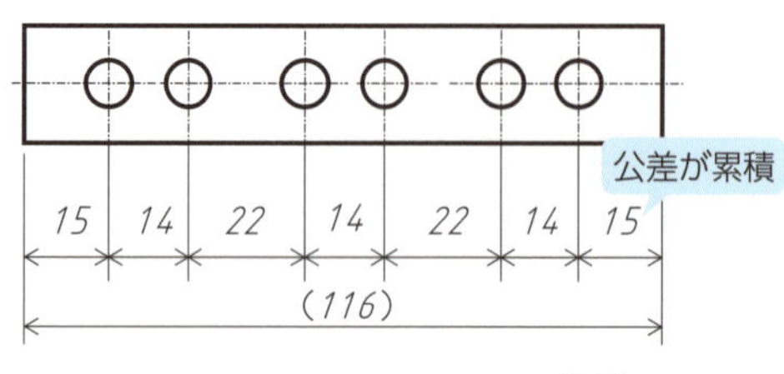

図 2.30　直列寸法記入法 [2.10]

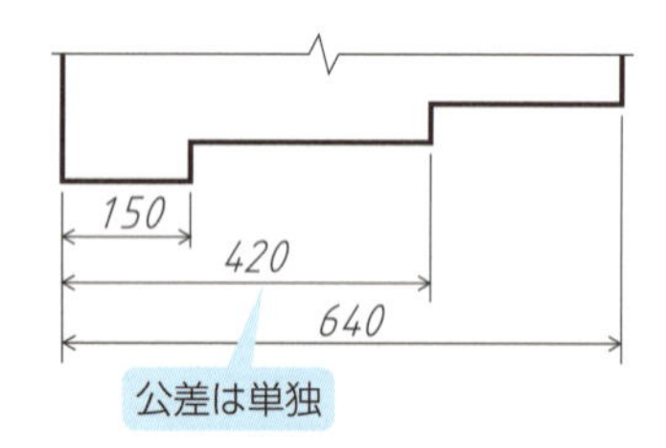

図 2.31　並列寸法記入法 [2.10]

- 累進寸法記入法　　並列寸法記入法を図 2.32 のようにすれば，1 本の連続した寸法線で簡便に表示できる．この場合，寸法の起点の位置を起点記号○，寸法線の他端を矢印で示し，寸法数値は寸法補助線に並べて記入する．また，寸法数値はほかの図と同じように，寸法線の上側の矢印の近くに記入してもよい．
- 座標寸法記入法　　穴の位置，大きさなどの寸法は，図 2.33 のように座標を用いて表にしてもよい．表に示す X，Y の数値は，起点からの寸法である．

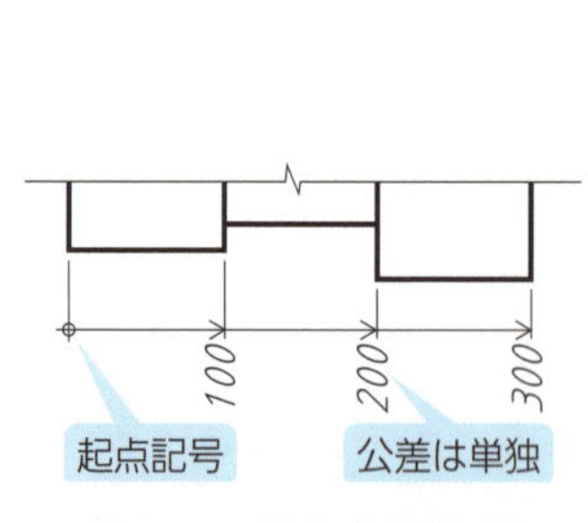

図 2.32　累進寸法記入法

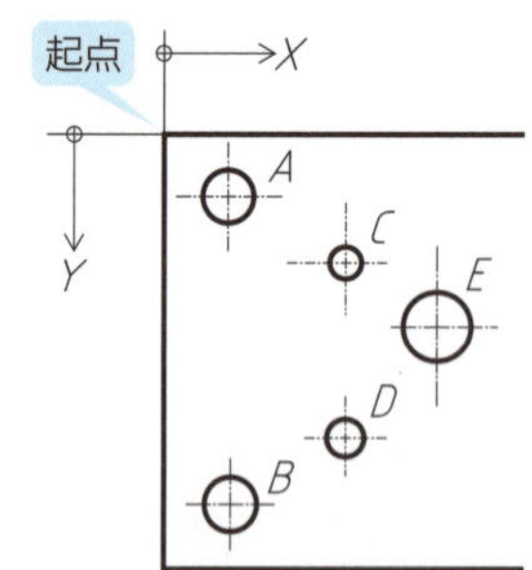

	X	Y	φ
A	20	20	15.5
B	20	160	13.5
C	60	60	11
D	60	120	13.5
E	100	90	26

図 2.33　座標寸法記入法

⑨ **半径の表し方**　　半径の大きさが，ほかの寸法から導かれる場合には，図 2.34 (a) のように，半径を示す矢印と数値なしの記号 (R) によって指示する．なお，図 (b) のように，球の半径 (SR) を表す場合も同様である．

⑩ **寸法数値は寸法線の交わらない箇所に記入**　　寸法線や寸法補助線は，図 2.35 のように，できるかぎり交差しないように記入する．また，寸法数値は図 2.36 のように，寸法線の交わらない箇所に記入する．

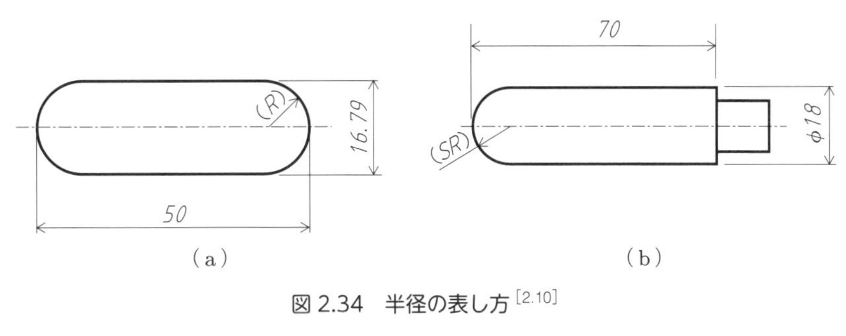

（a）　　　　　　　　　　　（b）

図 2.34　半径の表し方 [2.10]

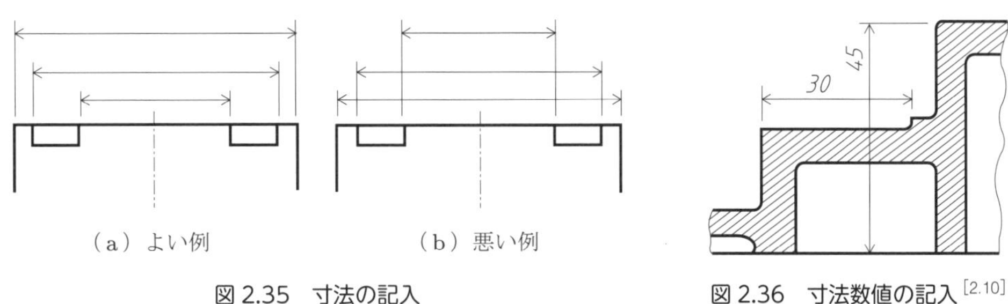

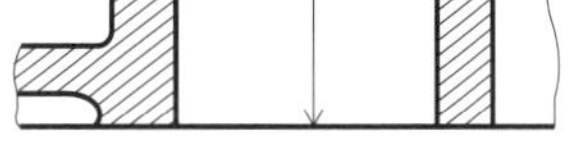

（a）よい例　　　　（b）悪い例

図 2.35　寸法の記入

図 2.36　寸法数値の記入 [2.10]

⑪ **寸法数値はそろえて記入**　寸法補助線を引いて記入する直径の寸法が対称中心線の方向にいくつも並ぶ場合には，図 2.37 のように，各寸法線はできるかぎり同じ間隔に引き，小さい寸法を内側に，大きい寸法を外側にして寸法数値をそろえて記入する．ただし，紙面の都合で寸法線の間隔が狭い場合には，寸法数値を対称中心線の両側に交互に記入してもよい．

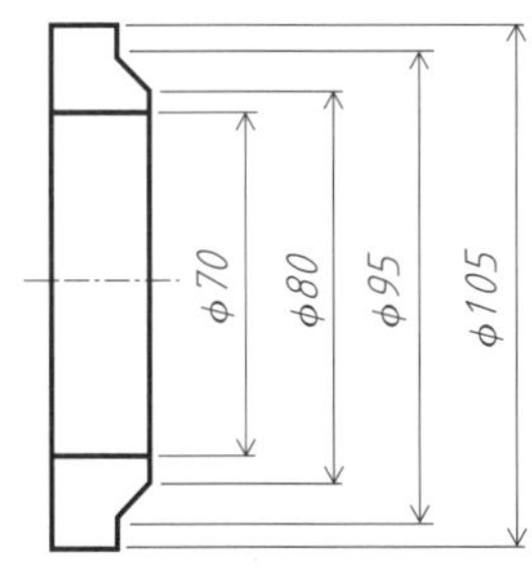

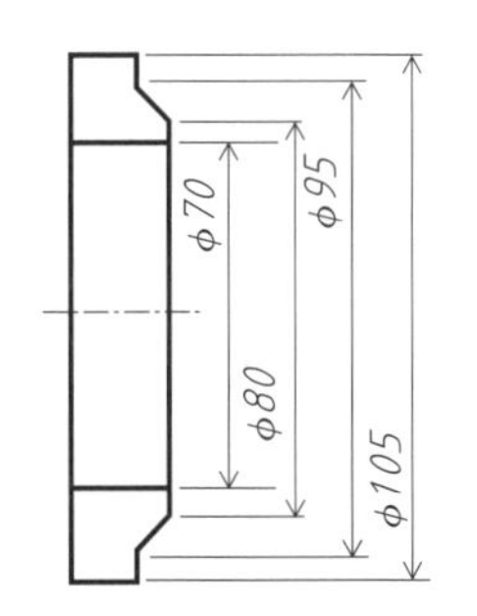

（a）寸法線の中央に記入　（b）寸法線の左右に交互に記入

図 2.37　寸法数値はそろえて記入 [2.10]

⑫ **寸法数値は線に重ならないように記入**　寸法数値は，図 2.38 (b) のように外形線に重ならない位置に記入する．ただし，外形線に重ならずに記入できない場合には，図 (c) のように，引出線を用いて記入する．

⑬ **寸法線が長い場合の寸法数値の記入**　寸法線が長く，その中央に寸法数値を記入するとわかりにくくなる場合には，図 2.39 のように，いずれか一方の端末記号（矢印）の近くに寄せて記入してもよい．

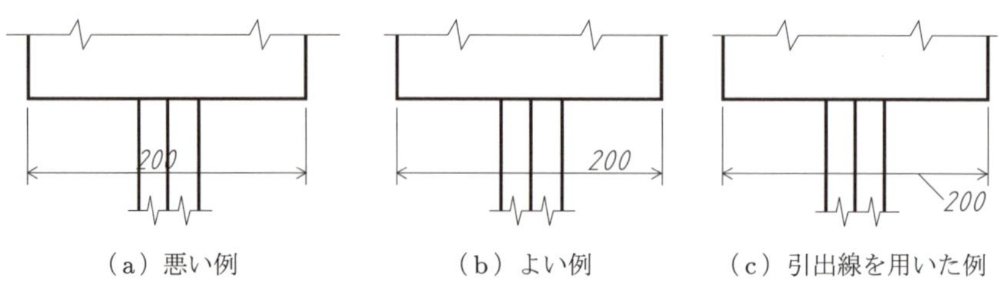

図 2.38　外形線に重ならないように記入 [2.10]

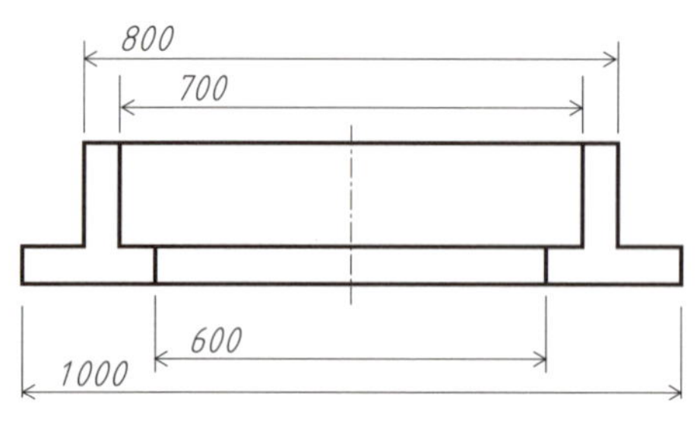

図 2.39　寸法線が長い場合 [2.10]

(2) 寸法補助記号

形状の意味を明確にするために，寸法を表す数値に表 2.6 に示す寸法補助記号を付けることがある．ただし，直径を表す ϕ（まる）および正方形の辺を表す□（かく）は，形状が明確に理解できる場合には省略する．具体的な表記方法を図 2.40～2.52 に示す．適用される寸法補助記号は，円弧の長さ記号を除いて寸法数値の前におく．

表 2.6　寸法補助記号

項　目	記号	呼び方	参照図
直径	ϕ	まる	図 2.40
半径	R	あーる	図 2.41
コントロール半径	CR	しーあーる	図 2.42
球の直径	$S\phi$	えすまる	図 2.43
球の半径	SR	えすあーる	図 2.44
正方形の辺	□	かく	図 2.45
円弧の長さ	⌒	えんこ	図 2.46
板の厚さ	t	てぃー	図 2.47
45°の面取り	C	しー	図 2.48
円すい（台）状の面取り	⌒	えんすい	図 2.49
ざぐり 深ざぐり	⌴	ざぐり ふかざぐり **注記**　ざぐりは，黒革を少し削り取るものも含む	図 2.50
皿ざぐり	∨	さらざぐり	図 2.51
穴深さ	↧	あなふかさ	図 2.52

第
2
章

第
3
章

φ40
φ30

図 2.40　直径

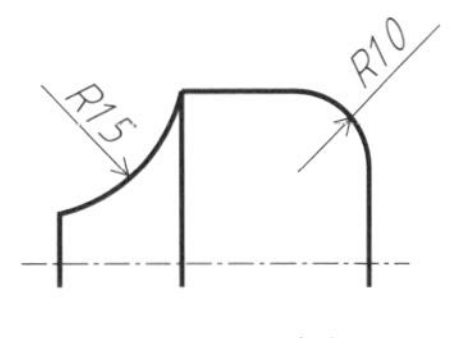

図 2.41　半径

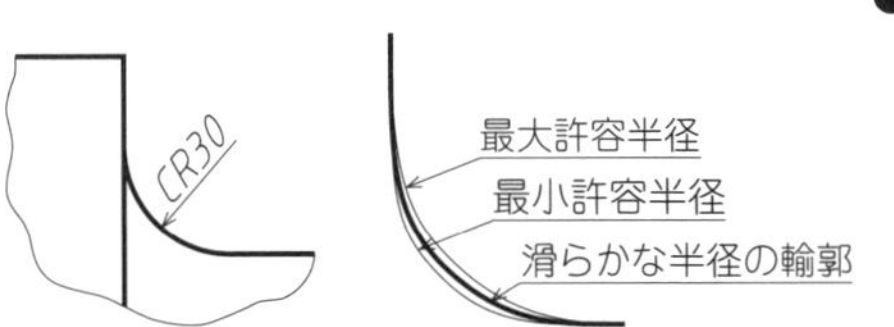

● CR の解説（コントロール半径で control radius の略号）
普通の R との違いは，CR のほうが滑らかな輪郭を要求していることである．
左図は CR30 の指示がされている．
普通公差の中級（m）であれば CR30 ± 1 となる．そこで右図の最小許容寸法 R29 と最大許容寸法 R31 の包絡線のなかに滑らかな半径の輪郭が得られる．

図 2.42　CR の参照図

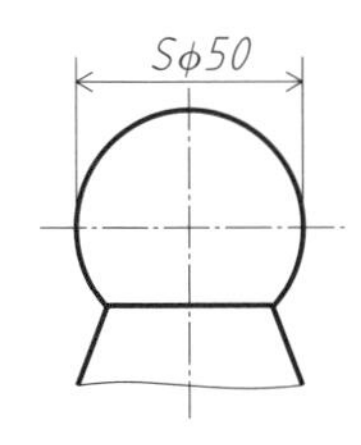

図 2.43　球の直径 [2.10]

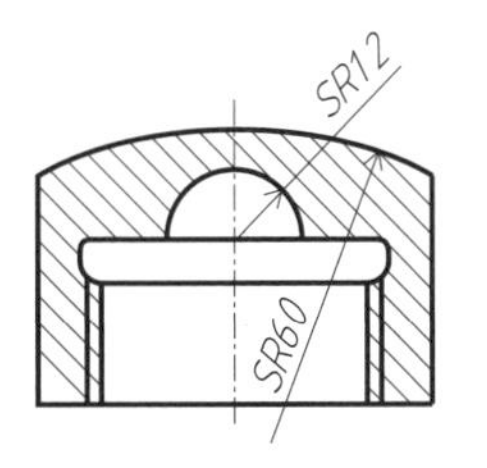

図 2.44　球の半径 [2.10]

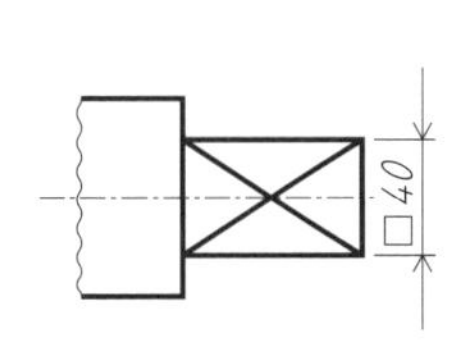

図 2.45　正方形の辺

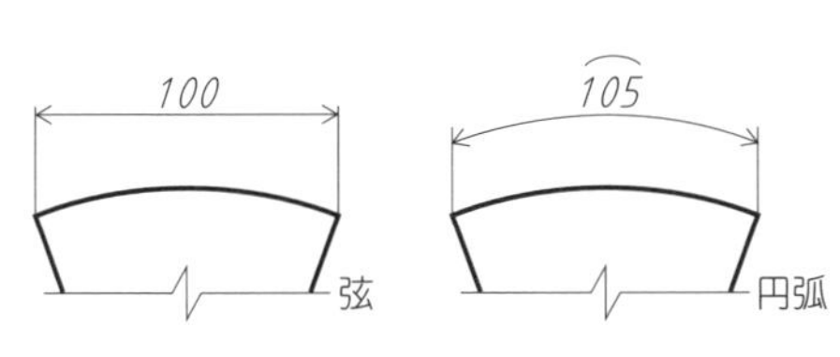

図 2.46　弦および円弧の長さ

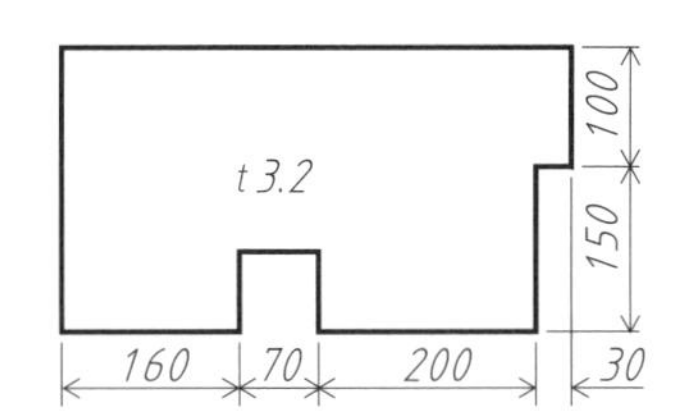

図 2.47　板の厚さ

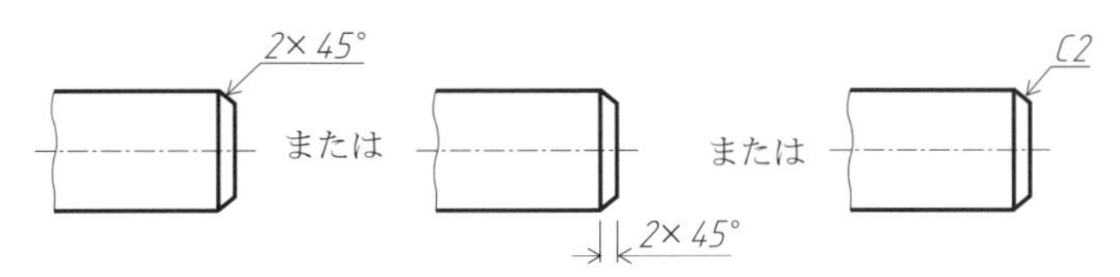

図 2.48　45° の面取り [2.10]

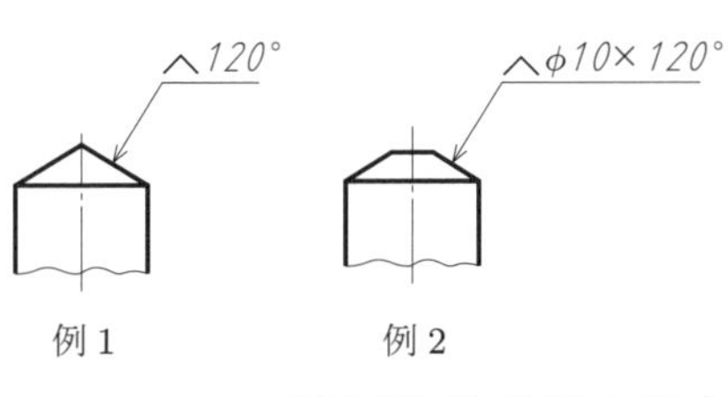

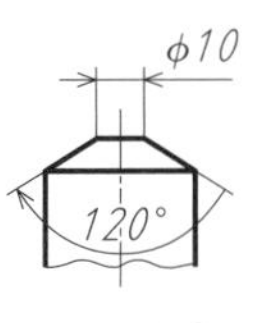

図 2.49　“⌃”（えんすい）

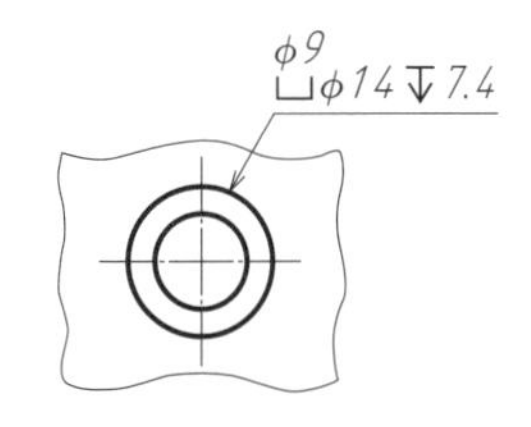

図 2.50　深ざぐり

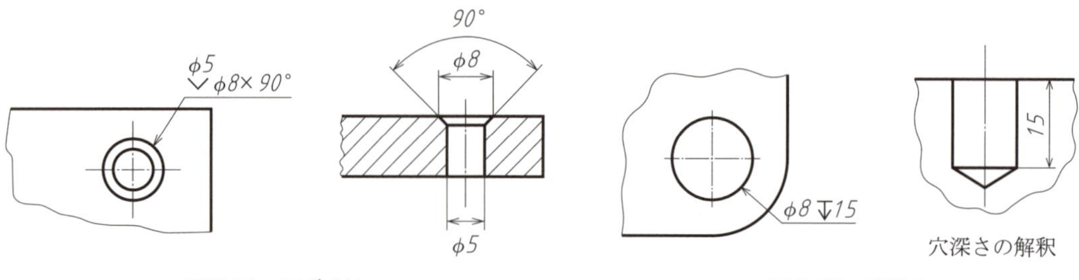

図 2.51　皿ざぐり

図 2.52　穴深さ

2.2 サイズ公差（旧称：寸法公差）

2.1 節では，製図に関する基本的な事項を述べてきた．ここからは，図面に指示するサイズ公差と幾何公差について，つぎに，サイズ公差と幾何公差の独立の関係（独立の原則），およびサイズ公差と幾何公差の相互依存関係（包絡の条件，最大実体公差方式等）について基本的な事項を述べる．

図面にもとづいて部品を製作しても，多かれ少なかれ，図面に指示されたサイズとは違ったサイズにできあがる．その違いをどのくらいまで許せるかを示したものをサイズ公差（tolerance）という．

2.2.1 主なサイズ公差の関連規格

JIS で定められている主なサイズ公差（旧称：寸法公差）の関連規格を表 2.7 に示す．ここでは，サイズ公差に関する基本的なことに絞って述べているので，必要に応じて表 2.7 の規格類を参照してほしい．例として JIS B 0403 および JIS B 0408 の概要を述べる．

● JIS B 0403（鋳造品－寸法公差方式及び削り代方式）は，鋳造品のサイズ公差，鋳造品の抜

表 2.7　主なサイズ公差の関連規格

規格番号	表　題
JIS B 0405	普通公差－第 1 部：個々に公差の指示がない長さ寸法及び角度寸法に対する公差
JIS B 0401-1	製品の幾何特性仕様（GPS）長さに関わるサイズ公差の ISO コード方式－第 1 部：公差，寸法差及びはめあいの基礎
JIS B 0401-2	製品の幾何特性仕様（GPS）長さに関わるサイズ公差の ISO コード方式－第 2 部：穴及び軸の公差等級並びに寸法許容差の表
JIS B 0403	鋳造品－寸法公差方式及び削り代方式
JIS B 0408	金属プレス加工品の普通寸法公差
JIS B 0410	金属板せん断加工品の普通公差
JIS B·0411	金属焼結品普通許容差
JIS B 0415	鋼の熱間型鍛造品公差（ハンマ及びプレス加工）
JIS B 0416	鋼の熱間型鍛造品公差（アプセッタ加工）
JIS B 0417	ガス切断加工鋼板普通許容差

けこう配，削り代などについての普通公差を規定している．

- JIS B 0408（金属プレス加工品の普通寸法公差）は，加工方法により加工精度が異なるので，打ち抜き加工と曲げおよび絞り加工に分けて普通公差を規定している．

2.2.2 サイズの種類

図 2.53 に示すように，サイズには，長さ（大きさ）サイズ L，R，ϕ，角度サイズ A，P の 2 種類がある．長さサイズおよび角度サイズは，それぞれ実表面間の長さおよび角度を示すサイズである．

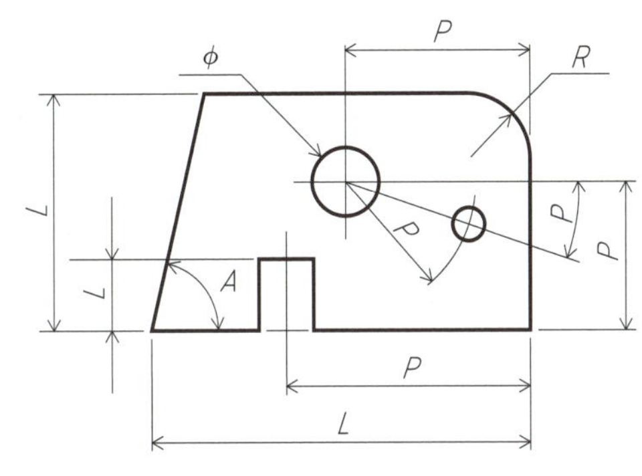

図 2.53　サイズの種類

旧 JIS では，位置寸法（軸心や中心面と実表面間，あるいは軸心間や中心面間の距離または角度を示す寸法）P があったが，位置寸法およびその後は後述の位置度公差公式（2.3.5 項参照）で指示するため，現在では使用しない．

2.2.3 サイズ公差

加工して仕上がった製品のサイズには，図示サイズ（設計値）との差（偏差）が生じていることが普通である．そこで，設計者はどのくらいの差があっても許容できるかを指示する必要がある．この差には，図示サイズより大きく仕上がった場合の差と小さく仕上がった場合の差があり，これらの合計の許容できる最大値をサイズ公差という．JIS では，「上の許容サイズと下の許容サイズとの差」をサイズ公差と定義している．図 2.54 の例では，図示サイズは 20 となり，上の許

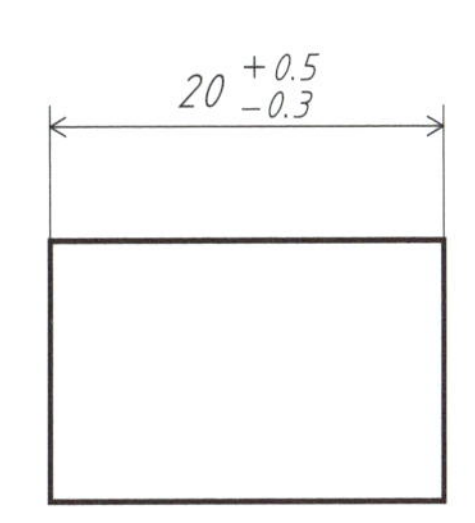

図 2.54　サイズ公差

容サイズは20.5（20＋0.5），下の許容サイズは19.7（20－0.3）である．サイズ公差は20.5－19.7＝0.8である．また，（＋0.5, －0.3）のように，標準化または規格化された公差によらないで個々に指示した公差を個別公差という．

2.2.4 サイズ公差の分類

サイズ公差の種類はそれぞれの機能，目的などにより表2.8のようになる．個々に指示した公差については2.2.3項で説明したとおりである．以下，標準化または規格化されたサイズ公差について述べる．

表2.8 サイズ公差の分類

分　類	名　称	機能，目的	項目番号
個々に指示した公差	個別公差	設計要求によりその寸法に個別に指示する公差	2.2.3項
標準化または規格化された公差	普通公差	通常の加工精度レベルでよい場合，一括指示する公差	2.2.4項(1)
	基本サイズ公差	精度に応じて20等級を使い分けする公差体系	2.2.4項(2)
	はめあいの公差	穴と軸という組み合わせで標準化された公差体系	2.2.5項

(1) 普通公差

JISによると，普通公差とは「個々に公差の指示がない長さサイズ及び角度サイズに対する公差」のことであり，通常の加工精度が要求される場合に使用する．四つの公差等級のなかから，図面に表す製品に必要な許容差の公差等級を選ぶ．個々に公差を指示せずに，一括指示をすることで，図面指示を簡単にするのが目的である．また，通常の加工精度でよい場合は，個別公差よりもコストを抑えやすいので，図面に寸法を記入する際には，機能的要求内容が許すかぎり，普通公差を適用するほうがよい．この規格は，主に金属の除去加工および板金成型加工により製作した部品の寸法に適用するものであるが，それら以外の材料の加工に対して適用してもよい．一例として，面取り部分を除く長さサイズに対する許容差を表2.9に示す．

たとえば，JIS B 0405のm級を適用する場合は，JIS B 0405-mと表題欄のなかや近くに指示する．図2.55に標題欄のなかに指示した例を示す．

表2.9 面取り部分を除く長さサイズに対する許容差

（単位 mm）

公差等級		基準寸法の区分							
記　号	説　明	0.5*以上 3以下	3を超え 6以下	6を超え 30以下	30を超え 120以下	120を超え 400以下	400を超え 1000以下	1000を超え 2000以下	2000を超え 4000以下
		許容差							
f	精　級	±0.05	±0.05	±0.1	±0.15	±0.2	±0.3	±0.5	――
m	中　級	±0.1	±0.1	±0.2	±0.3	±0.5	±0.8	±1.2	±2
c	粗　級	±0.2	±0.3	±0.5	±0.8	±1.2	±2	±3	±4
v	極粗級	――	±0.5	±1	±1.5	±2.5	±4	±6	±8

* 0.5 mm未満の図示サイズに対しては，その図示サイズに続けて許容差を個々に指示する．

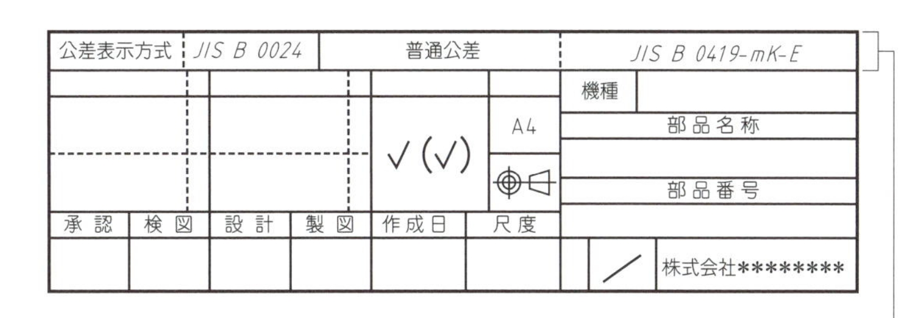

図 2.55　普通公差，普通幾何公差および公差表示方式の指示の仕方

(2) 基本サイズ公差

基本サイズ公差（standard tolerance）とは，2.2.5 項で述べるはめあいの方式の基礎となる標準化されたサイズ公差のことである．JIS では，精度のレベルによって，01 級，0 級および 1～18 級の合計 20 等級に分けて，これらの等級ごとに，各寸法区分に応じたサイズ公差の基本数値を定めている．

また，これらの公差域を当てはめる位置を示すための文字記号は，穴の場合は H7，G8 のように A～ZC の英字の大文字で，軸の場合は e7，f8 のように a～zc の英字の小文字で表す．間違いを避けるため，I，i，L，l，O，o，Q，q，W，w は使用しない．

2.2.5 はめあいの方式

はめあいとは，軸と穴の組み合わせなどにおいて，はまり具合や軸と穴のサイズ差の状態を表す用語である．そのはまり具合を一定の規定に収めることを，はめあいの方式（ISO system of limits and fits）という．機械部品では，はめあいによってその目的とする機能や静粛性，耐久性などの性能に大きな差が出ることがある．要求機能や性能（はまり具合）に応じ，はまりあう部品ごとのはまり具合を一組ずつ調整して製作していては，大量生産は実現できない．しかし，はめあいの方式の標準化された公差域クラス（サイズ許容区間の位置と公差等級を組み合わせたもの）を適用すると，はまりあう部品（軸と穴）を異なる工場で別々につくることができるので，大量生産が実現できる．はめあいの方式は，できあがった部品を限界ゲージという基準となる計器を用いてはめあい寸法を検査することを意図したものなので，限界ゲージ方式ということもある．

(1) はめあいの種類

はまりあう状態には軸と穴の直径の大きさにより，すきまばめ，しまりばめ，中間ばめの 3 種類がある．

① **すきまばめ**　図 2.56 のように，軸と穴を組み合わせたときに，つねにすきまが生じるは

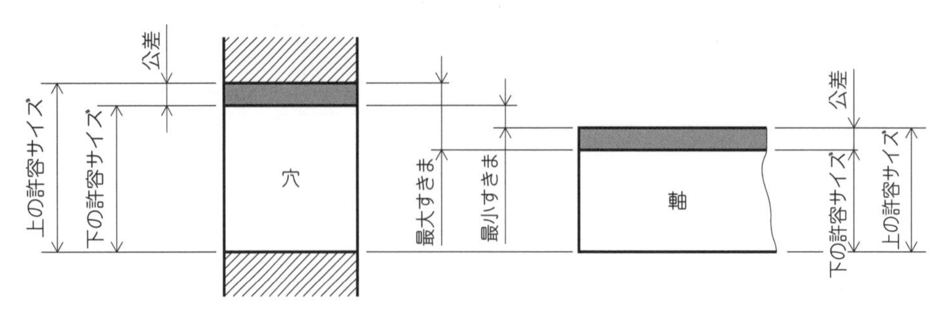

図 2.56　すきまばめ

めあい状態のことをいう．したがって，容易に取り付け，取り外しができるはめあいである．

② **しまりばめ**　図 2.57 のように，軸と穴を組み合わせたときに，つねにしめしろが生じるはめあい状態のことをいう．しめしろとは穴のサイズが軸のサイズより小さい場合の，そのサイズ差のことである．圧入，焼ばめ，冷却ばめなどにより軸部品と穴部品の一体化を図るはめあいである．したがって，一般には取り付け，取り外しができないはめあいのことをいう．

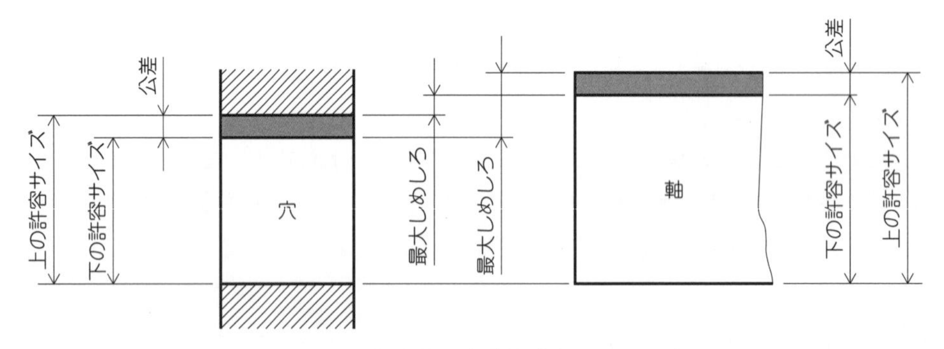

図 2.57　しまりばめ

③ **中間ばめ**　すきまばめとしまりばめの中間のはめあいで，図 2.58 のように，軸と穴を組み合わせたときに，それらの仕上がりサイズによってすきまやしめしろが生じる状態のことをいう．精密な機構で，選択組み合わせなどが必要な場合によく用いられる．

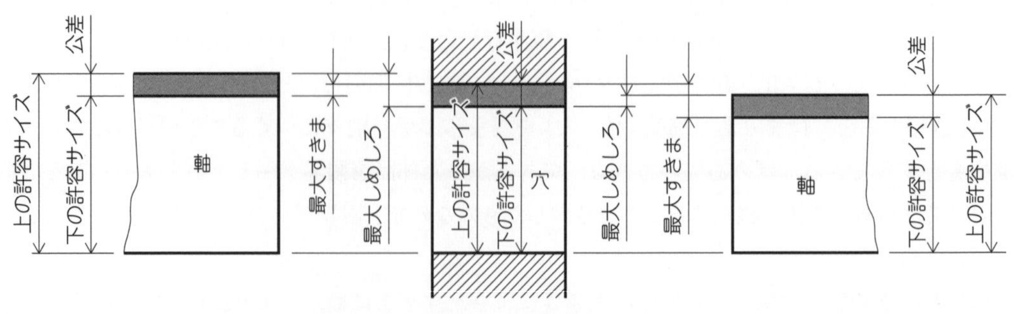

図 2.58　中間ばめ

(2) はめあいの基準

軸と軸受，歯車と歯車軸のような関係の場合，そのはまり具合が，機能や性能を左右する．このような，はまり具合を設定する方法として，穴の側を一定にして軸の側を変化させる穴基準式とよばれる方法と，逆に軸の側を一定にして穴の側を変化させる軸基準式とよばれる方法がある．穴に比べて軸は，加工が容易であること，測定が容易であること，ゲージ類が少なくて済むことなどの理由により穴基準式が一般的である．

① **穴基準はめあい**　穴基準はめあいとは穴のサイズ許容区間の位置をH級に固定し，軸の公差域の位置を変化させて組み合わせる方式である．言い換えると，下の許容差がゼロであるはめあいのことである．図示例を図2.59に示す．この場合，軸はϕ20e8，ϕ20f8などとはめあい具合の狙いにより公差域の位置を変化させて組み合わせる．

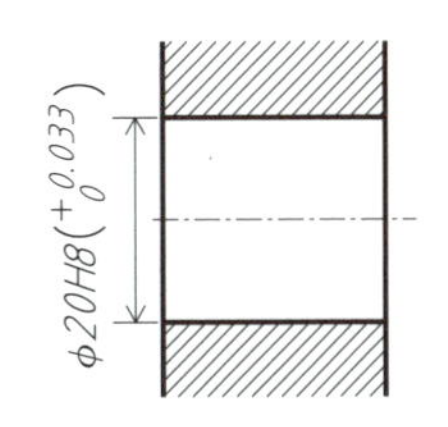

図2.59　穴基準はめあい

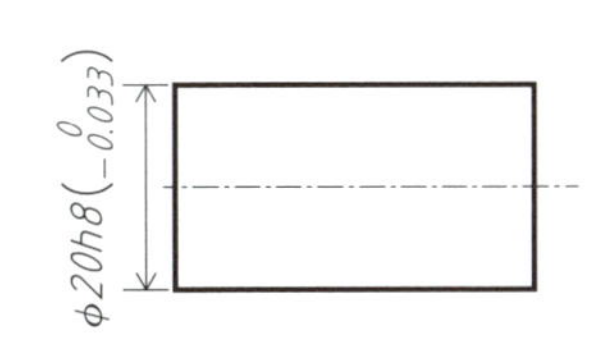

図2.60　軸基準はめあい

② **軸基準はめあい**　軸基準はめあいとは軸の公差域の位置をh級に固定し，穴のサイズ許容区間の位置を変化させて組み合わせる方式である．言い換えると，軸の上の許容差がゼロであるはめあいのことである．図示例を図2.60に示す．この場合，穴はϕ20E8，ϕ20F8などとはめあい具合の狙いによりサイズ許容区間の位置を変化させて組み合わせる．

2.3 幾何公差

2.2節ではサイズに関する偏差の許容値を示すサイズ公差について述べたが，本節では形体の偏差に関する許容値を示す幾何公差（geometrical tolerance）について要点を説明する．製品の図面を作成するにあたり，機能，性能，加工性，組立性および解体性といった設計上の要求内容に関係して，形体の偏差（幾何偏差）がどのくらいまで許容できるかを指示する必要がある．その許容値を示すものを幾何公差という．幾何偏差については2.3.3項を参照されたい．

サイズ公差と幾何公差は車の両輪にたとえられ，どちらが欠けても設計意図を的確に表現できない非常に重要な公差である．形体とは，幾何偏差の対象となる点，線，軸線，面，または中心面をいう．

ここでは，幾何公差に関する基本的なことに絞って説明する．JISで定めている主な幾何公差の関連規格を表2.10に紹介するので，必要に応じて表2.10の規格類を参照されたい．

表 2.10 主な幾何公差の関連規格

規格番号	表 題
JIS B 0621	幾何偏差の定義及び表示
JIS B 0021	製品の幾何特性仕様（GPS）－幾何公差表示方式－形状，姿勢，位置及び振れの公差表示方式
JIS B 0022	幾何公差のためのデータム
JIS B 0023	製図－幾何公差表示方式－最大実体公差方式及び最小実体公差方式
JIS B 0024	製品の幾何特性仕様（GPS）－基本原則－ GPS に関する概念，原則及び規則
JIS B 0025	製図－幾何公差表示方式－位置度公差方式
JIS B 0027	製図－輪郭の寸法及び公差の表示方式
JIS B 0029	製図－姿勢及び位置の公差表示方式－突出公差域
JIS B 0419	普通公差－第 2 部：個々に公差の指示がない形体に対する幾何公差
JIS B 0031	製品の幾何特性仕様（GPS）－表面性状の図示方法
JIS B 0672-1	製品の幾何特性仕様（GPS）－形体— 第 1 部：一般用語及び定義
JIS B 0672-2	製品の幾何特性仕様（GPS）－形体— 第 2 部：円筒及び円すいの測得中心線，測得中心平面並びに測得形体の局部寸法
JIS B 0060-5	デジタル製品技術文書情報－第 5 部：3DA モデルにおける幾何公差の指示方法

2.3.1 公差表示方式の基本原則

サイズ公差と幾何公差の独立の関係（独立の原則），およびサイズ公差と幾何公差の相互依存関係（包絡の条件，最大実体公差方式など）について基本的な事項を説明する．

(1) 独立の原則

図面上に指定したサイズ公差および幾何公差に対する要求事項は，それらの間に特別な相互依存性が指定されない場合，独立に適用する．つまり，サイズ公差と幾何公差は，それぞれ独立で，関係ないものとして扱う．したがって，図面には必ずサイズ公差と幾何公差の両方を指示しなければならない．相互依存性を指定する場合には，本項 (2) で説明する包絡の条件または 2.3.6 項で説明する最大実体公差方式などを適用する．

① **独立の原則と長さサイズ公差**　長さサイズ公差は，2 点測定（二つの実表面の点間の最短距離の測定のこと．たとえば，面積をもった実表面間を測定すると，その面積での平面の偏差も測定値に加えられることになり，長さサイズではなくなる）による形体の当てはめサイズだけを規制し，円筒形体の真円度，真直度，または平面の表面の平面度といった形状偏差は規制しない．図 2.61 (b) の解釈図のように，形状偏差に関係しない 2 点測定により，長さサイズは 19.7～20.5 の間に仕上がっていればよい．

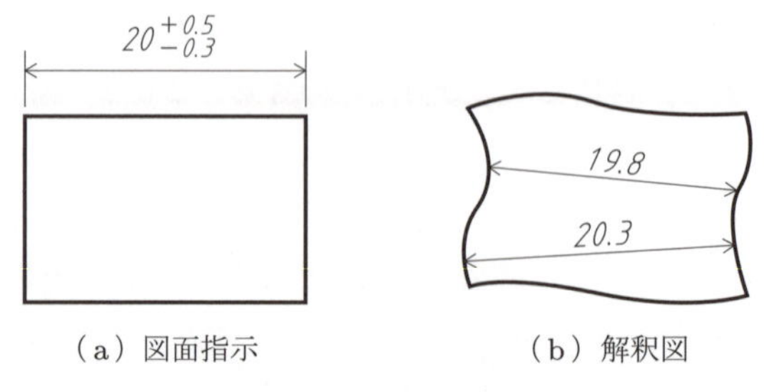

（a）図面指示　（b）解釈図

図 2.61 長さサイズ公差

② **独立の原則と角度サイズ公差**　角度サイズ公差は，図 2.62 (b) の解釈図のように，実際の面ではなく，線または表面を構成している接触線と接触線の間の角度を規制する（たとえば，面積をもった実表面間を測定すると，その面積での平面の偏差も測定値に加えられることになり，実際の角度サイズではなくなる）．すなわち，長さサイズ公差の 2 点測定の考え方が角度サイズ公差でも同様に適用される．

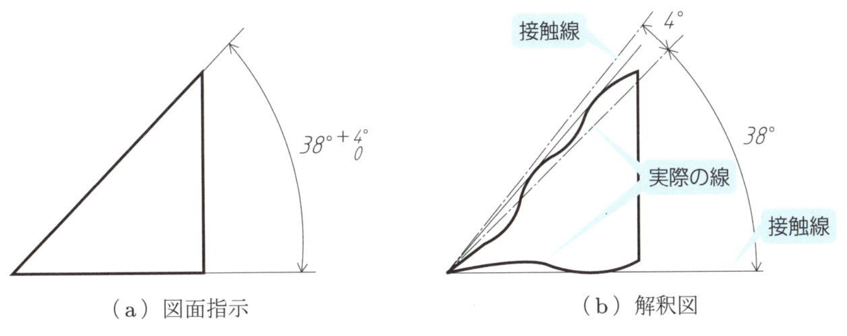

（a）図面指示　　（b）解釈図

図 2.62　角度サイズ公差

③ **独立の原則と幾何公差**　①，②で説明したように，サイズ公差は仕上がった部品の幾何偏差に関係しない．反対に，幾何偏差は，仕上がりサイズに関係なく指示された幾何公差内に仕上がっていればよい．図 2.63 の例では，幾何公差である真円度および真直度は，仕上がり直径のサイズに関係なく，それぞれ 0.02 以内，0.06 以内に仕上がっていればよいことになる．

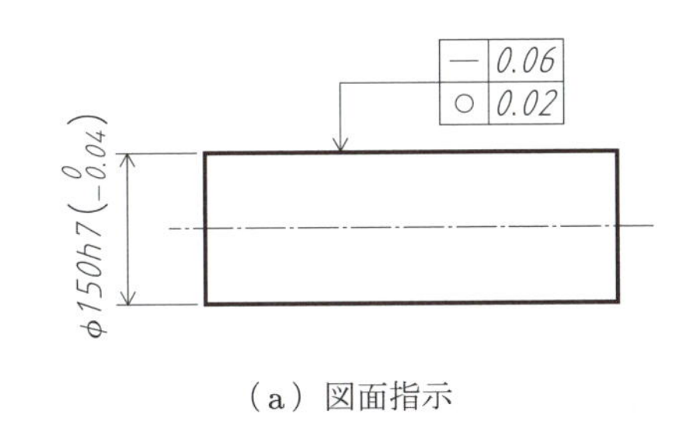

（a）図面指示

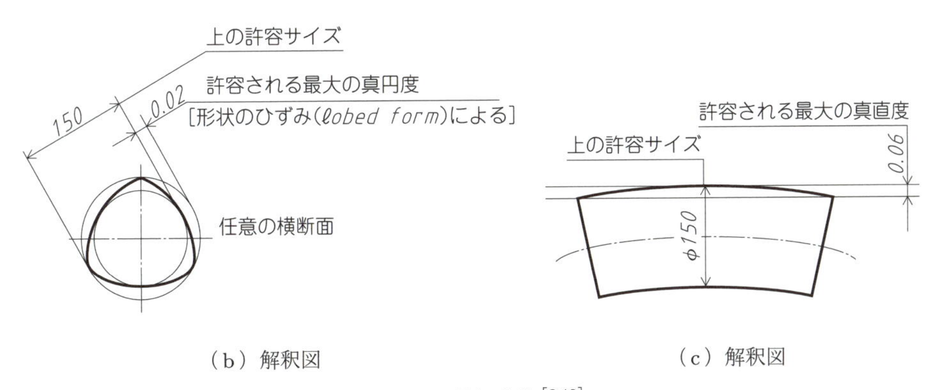

（b）解釈図　　（c）解釈図

図 2.63　幾何公差 [2.10]

(2) サイズ公差と幾何公差の相互依存性

サイズ公差と幾何公差が互いに影響を与えることを，相互依存性という．相互依存性は，包絡の条件または最大実体公差方式※を用いて指示できる．

① **包絡の条件による指示と解釈**　包絡の条件❶を適用する場合は，図2.64の図面指示のように記号Ⓔで指示をする．円筒面または平行2平面によって決められる一つの単独形体（サイズ形体）に対して適用する．この条件を指示した場合は，形体が最大実体サイズ（穴の下の許容サイズや，軸の上の許容サイズ）における完全形状の包絡面を超えてはならないことを意味する．図の例では，ϕ150の完全形状の包絡面を超えてはならないことになる．包絡の条件による指示は，2.2.5項で述べた，はまりあう穴や軸のような形体で最もよく用いられる．

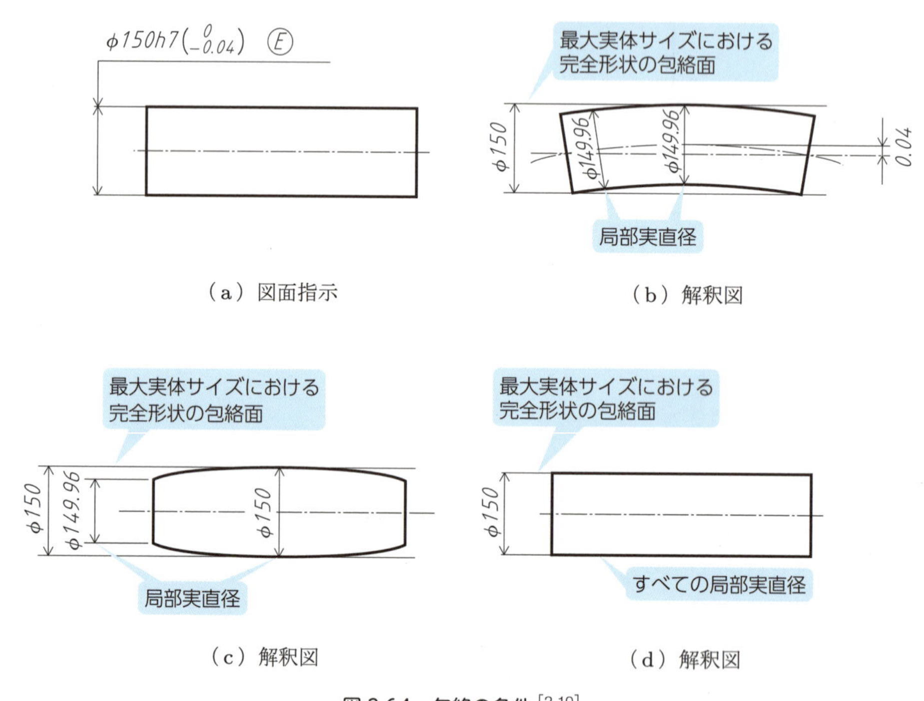

図2.64　包絡の条件[2.10]

ポイント　❶この包絡の条件はASME Y14.5:2009（米国機械学会規格）で定められているテーラーの原理“ルール #1”と同じ意味である．

② **最大実体公差方式による指示と解釈**　最大実体公差方式を適用する場合は，図2.65のように真直度公差をゼロとし，記号Ⓜで指示する．仕上がりサイズと最大実体サイズとの差分だけ曲がってもよいことを表している．たとえば，図2.64(b)の解釈図のように，仕上がりサイズがϕ149.96の場合，軸線は0.04だけ曲がってもよいことを示している．しかし，

※最大実体公差方式の規格であるJIS B 0023は，1996年以降，本書執筆時点まで改正されていないため，「サイズ」が使われていない．ただし，ほかの製図関連規格では大きさ（サイズ）に関わる「寸法」は「サイズ」に切り替わっているため，最大実体公差でも大きさに関わる「寸法」を「サイズ」と表記している．

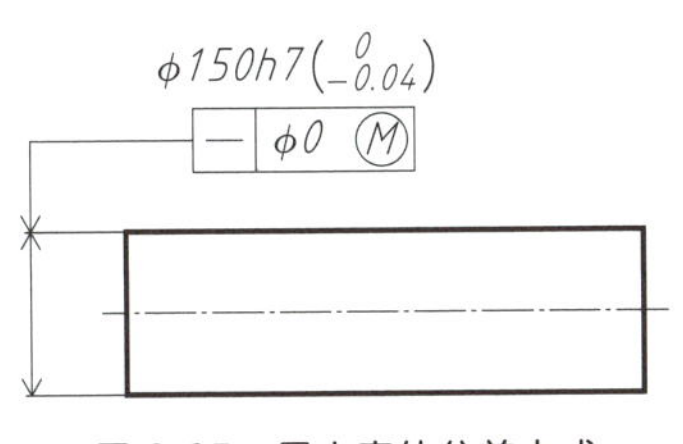

図 2.65　最大実体公差方式

すべての個々の実直径が最大実体サイズの φ150 である場合には，図 2.64 (d) の解釈図のように，軸線の真直度がゼロの完全な円筒形状でなければならない．

③ **機能上の要求事項**　相互依存性について①と②は，機能上の要求事項が異なるような図面指示であるが，実は図 2.64，2.65 は同じ要求事項を表している．①と②での解釈をまとめると，いずれも円筒形体の表面が最大実体サイズ φ150 の完全形状の包絡面を超えてはならず，いかなる実サイズも φ149.96 より小さくてはならないということである．言い換えると，円筒軸全体が，完全形状で φ150 の包絡円筒の境界の内部にあり，円筒軸の個々の実直径は φ149.96〜φ150 の間のサイズ公差内に仕上がっていることを表す．

このように，サイズ公差によって幾何公差（真円度，真直度など）を制限したい場合は，相互依存性を考慮する必要がある．

(3) 公差表示方式の指示方法

独立の原則を適用する図面には，図 2.55 で示した表題欄のなか，または付近の公差表示方式の欄に JIS B 0024，または，JIS B 0024 (ISO 8015) と記載する．

2.3.2 幾何公差のためのデータム

(1) データム

幾何公差を用いて設計意図を的確に表現するためには，部品のどこに基準を設定するかを伝える必要がある．データムとは，製図において，対象物に幾何公差を指示するときに，その公差域の位置や姿勢を規制するために設定した理論的に正確な幾何学的基準（データムは実在しない架空のものであり，部品とは別のものである）のことである．この幾何学的基準とは，正確な点（データム点），直線（データム直線），軸直線（データム軸直線），平面（データム平面），中心平面（データム中心平面）などを指す．データムにもとづいて幾何公差の公差域の位置や姿勢などを確定するので，データムは非常に重要である．ただし，データムを必要としない幾何公差もある（2.3.3 項の表 2.12 参照）．データムに関する用語を図 2.66 に示す．

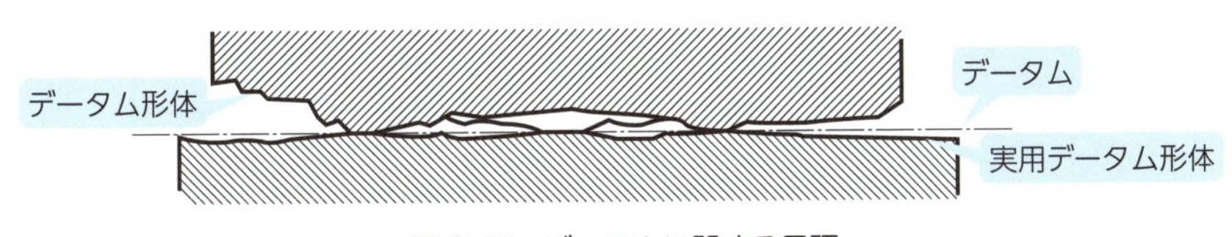

図 2.66　データムに関する用語

(2) データム形体

データム形体とは，データムの姿勢，位置などを設定するために用いる対象物（部品）の実際の形体（仕上がった部品の表面，穴など）のことをいう．

(3) 実用データム形体

実用データム形体とは，データム形体に接してデータムの設定を行う場合に用いる，定盤，軸受，マンドレルなどの十分に精密な形状を有する実際の表面のことで，加工，測定および検査をする場合に，データムを実際に具体化したものである．データムシミュレータともいう．

(4) データム記号およびデータムの指示方法

データムは，図2.67のように，アルファベットの大文字（*A*，*B*，*C* など）を正方形の枠で囲み，データム三角記号と線で結んで指示する．データム三角記号は塗りつぶしても，塗りつぶさなくてもよい．ただし，同じ図面のなかでの混用は避け，どちらかに統一する．

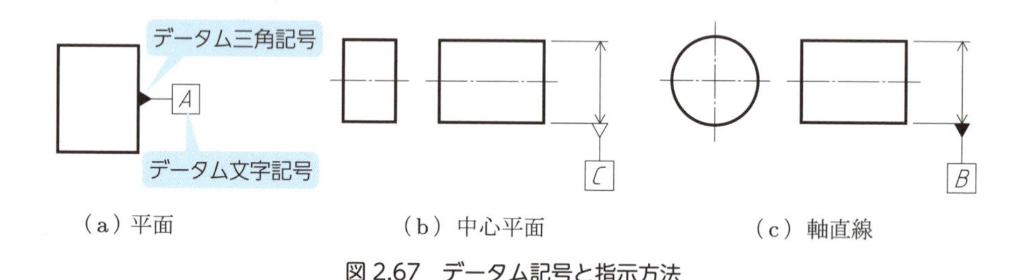

図2.67　データム記号と指示方法

(5) データムターゲット

データムターゲットとは，データムを設定するために，加工，測定および検査用の装置，器具などに接触させる対象物（部品）上の点，線または限定した領域のことをいう．

すなわち，部品の表面全体の使用が，加工，組付け，検証などにおいて適切でない場合，たとえば，突起部を回避する場合，中高（なかだか）の面の不安定さを回避する場合などがあり，加工上の基準設定時のばらつき，品質検証などのばらつき（不安定さ）を回避することを目的として適用する．

適切なデータムターゲットの運用は加工物の安定，加工および測定の段取り工数の削減などに大きな効果がある．表2.11にデータムターゲットの種類と記号を，図2.68にデータムターゲットが領域の例を示す．

表2.11　データムターゲットの種類と記号

データムターゲットの記号		
事　項		記　号
データムターゲット記入枠		A1　φ A1
データムターゲット	点	X
	線	X—X
	領域	

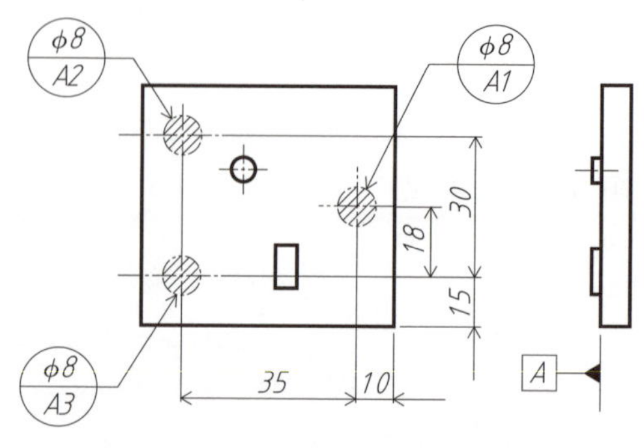

図2.68　データムターゲットが領域の例

2.3.3 幾何偏差と幾何公差

幾何偏差には，形状偏差，姿勢偏差，位置偏差，振れ偏差の 4 種類がある．幾何公差はそれらの幾何偏差に対応して形状公差，姿勢公差，位置公差，振れ公差の 4 種類に大別される．図 2.69 に，直角度を例に幾何偏差と幾何公差の関係を示す．

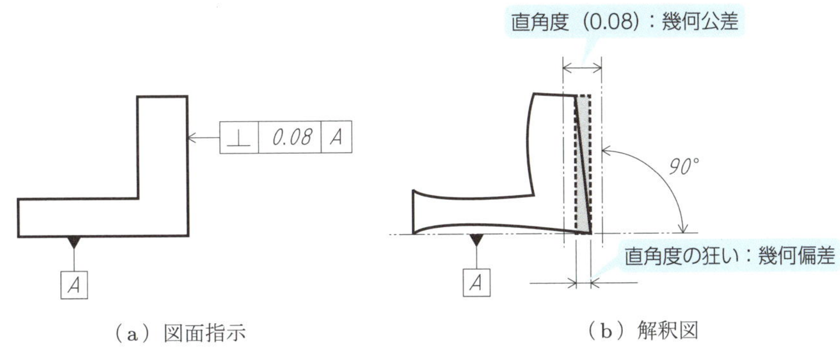

図 2.69　幾何偏差と幾何公差の関係

(1) 幾何公差の種類とその記号

実際に運用する幾何公差は，表 2.12 のように 14 種類に分けられる．この表のなかで赤字で表

表 2.12　幾何公差の種類とその記号

幾何公差特性の分類と記号				
適用する形体	データム	公差の種類		記　号
単独形体	不要	形状公差	真直度公差	—
			平面度公差	▱
			真円度公差	○
			円筒度公差	⌭
単独または関連形体	不要または必要		線の輪郭度公差	⌒
			面の輪郭度公差	⌓
関連形体	必要	姿勢公差	直角度公差	⊥
			平行度公差	//
			傾斜度公差	∠
		位置公差	位置度公差	⌖
			同軸度公差または同心度公差	◎
			対称度公差	⌯
		振れ公差	円周振れ公差	↗
			全振れ公差	⌰

＊線と面の輪郭度公差は姿勢公差および位置公差としても用いられる．同軸度は軸線を，同心度は中心点を規制する．

した7種類の公差は，JISで普通幾何公差として規格化されている（2.3.4項を参照）．

(2) 幾何公差の定義と公差域および指示方法

例として，平面度公差の公差域の定義と指示方法を表2.13に示す．ほかの幾何公差については，JISを参照してほしい．

表2.13　平面度公差

記号	公差域の定義	指示方法および説明
⏥	公差域は，tだけ離れた平行二平面によって規制される．	実際の（再現した）表面は，0.08だけ離れた平行二平面の間になければならない． ⏥ 0.08

(3) 幾何公差の図示方法

図2.70に幾何公差を図示した一例を示す．幾何公差はつぎの三つの要点に従って記載する．

- データムが必要な場合は，データムを指示する文字記号およびデータム三角記号を用いて図示する．
- 幾何公差は公差記入枠を用いて図示する．
- 公差記入枠内は左より，幾何公差記号，公差値，データム文字記号の順に記入する．

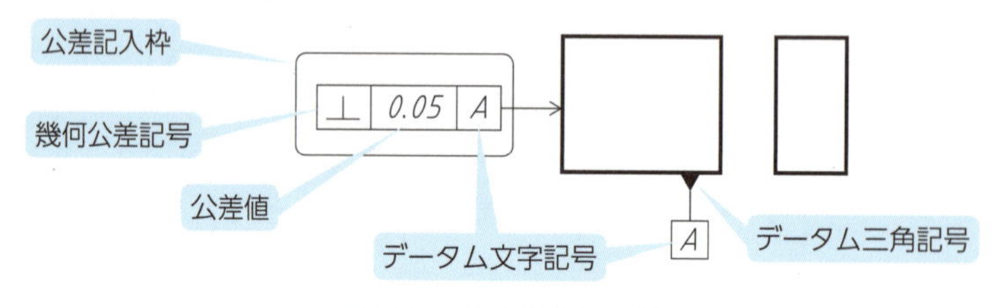

図2.70　直角度公差の例

2.3.4 普通幾何公差

普通幾何公差は，個々に幾何公差を指示する必要がない形体を規制する場合に用いる幾何公差で，JISでは図面指示を簡単にするために三つの公差等級で規定している．通常の工場の，普通の努力で達成できる形状，姿勢，位置などに関する精度を規格化したものである．この規格を適用することで，個々の幾何公差の指示が不要になるので，図面の煩雑さが回避でき，図面指示を簡単にできる．また，手配先の選定が容易になり，検査を減らすことができるので，発注，検査などの業務の簡素化にもつながる．したがって，設計者は個々の幾何公差の適用を考慮する前に，必ずこの規格を適用できるかを検討することが重要である．

(1) 公差等級および幾何公差

普通幾何公差では，真直度，平面度，真円度，直角度，平行度，対称度，振れ度の7種類の幾何公差に対して，H級，K級，L級という三つのレベルの公差等級を規定している．この7種以外の幾何公差については，必要に応じて個別に指示することになる．一例として，真直度および平面度の普通公差について表2.14に紹介する．公差をこの表から選ぶときには，真直度は該当する線の長さを，平面度は長方形の場合には長い方の辺の長さを，円形の場合には直径をそれぞれ呼び長さとする．

表2.14　真直度および平面度の普通公差

(単位 mm)

公差等級	呼び長さの区分					
	10以下	10を超え30以下	30を超え100以下	100を超え300以下	300を超え1000以下	1000を超え3000以下
	真直度公差および平面度公差					
H	0.02	0.05	0.1	0.2	0.3	0.4
K	0.05	0.1	0.2	0.4	0.6	0.8
L	0.1	0.2	0.4	0.8	1.2	1.6

この規格を適用する場合は，図2.56に示した表題欄のなか，または付近に，以下のような指示をする．

① JIS B 0419のK級を適用する場合：JIS B 0419-K

② JIS B 0419のK級とJIS B 0405のm級を適用する場合：JIS B 0419-mK

③ 上記の②に加えて，すべての単一のサイズ形体に包絡の条件を適用する場合：
JIS B 0419-mK-E

(2) 採否について

この規格を適用した場合，とくに明示した場合を除いて，普通公差（普通公差，普通幾何公差）を超えた工作物でも，工作物の機能が損なわれない場合には，自動的に不採用にしてはならない．なぜなら，製品のできばえが該当する公差値を少し逸脱した程度では使用できる場合があるからである．普通公差は，各寸法に個別の公差を与えるのでなく，表2.14のように，ある幅をもった区分の寸法群に一つの公差を与えているので，めやすともいえる公差値である．このことは，一括指示する普通公差の役割（機能）を明確にしたものである．

2.3.5 位置度公差方式

位置度公差方式とは，サイズ公差方式のように寸法（図示サイズ）に公差を与えるのでなく，サイズとは別に，理論的に正確な寸法により指示された位置に公差域をおく方式のことである．このようにすることで，公差の累積の問題が解消される．また，2.3.6項で説明する最大実体公差方式の機能とその表記の土台となる方式である．JISでは，位置度公差方式について，理解しやすくするために，穴，ボルトあるいは平行側面をもつ溝，キーなどのような規則正しい形状をもつ形体の場合についてのみ述べている．適用する形体は点，軸線および中心面である．

(1) 位置度公差方式の設定および図示の仕方

位置度公差方式を使用する場合は，図2.71のように理論的に正確な寸法と公差域，データムで指示をする．理論的に正確な寸法は，[8]や[30]のように長方形で囲んだ数字で示す．各形体の相互関係または一つ以上のデータムに関連する点，軸線，中心面などの形体の位置に関して，理論的に正確な寸法と公差域を定める．理論的に正確な寸法とは，公差をもたない寸法のことである．公差域の中心は，論理的に正確な位置と一致するようにおく．位置度公差方式は，寸法ではなく位置の偏差を規制するので，基準となるデータムが必要である．

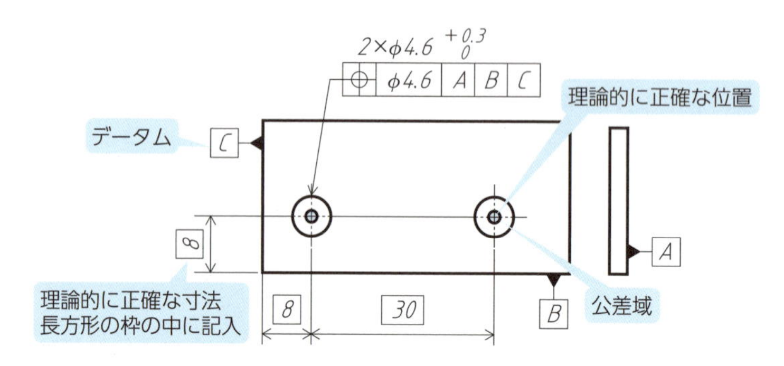

図2.71　位置度公差方式の設定および図示の仕方

(2) 位置度公差方式の利点

① 公差の累積が生じない．

② 位置度公差を容易に計算し求めることができる．

③ 円筒公差域の適用によって，寸法にサイズ公差を指示した正方形の公差域に比べると，公差域は2.3.7項で述べる表2.17のように公差値で1.4倍，面積比で1.57倍に増加する．

(3) 公差の組み合わせ

図2.72のような，ϕ10の穴が三つある形体で，それぞれの形体である穴そのものの位置度公差と，三つの穴の位置（パターン）の位置度公差が，それぞれの独立の要求事項を満たす必要がある場合を考える．このような複数の公差の組み合わせを指示する場合は，一般的に複合位置度公差方式といわれ，データムに対して，形体のパターンとしての位置関係が緩く，形体グループ内の形体相互の位置関係を厳しく要求する場合に用いる．このように，公差の組み合わせが必要な設計要求は頻繁に生じるが，寸法に公差を指示したサイズ公差方式では明確な表現ができないので，複合位置度公差方式は非常に有用な方式である．図示例を図2.72に，解釈図を図2.73に示す．要求事項，解釈は，以下のようになる．

① 形体相互について

- 3 × ϕ10の穴の実際の軸線は，ϕ0.07の円筒公差内になければならない．
- 個々の穴の位置度の公差域は互いに理論的に正確な位置に配置され，その中心軸線はデータムAに垂直である．

位置度がϕ0.07の公差域の中心軸線はデータム面Aに垂直であれば，これ以外のデータムの拘束はない．したがって，3 × ϕ0.07の円筒公差域は図2.73に示した位置関係を保って一体的

図 2.72　公差の組み合わせ（複合位置度公差方式）

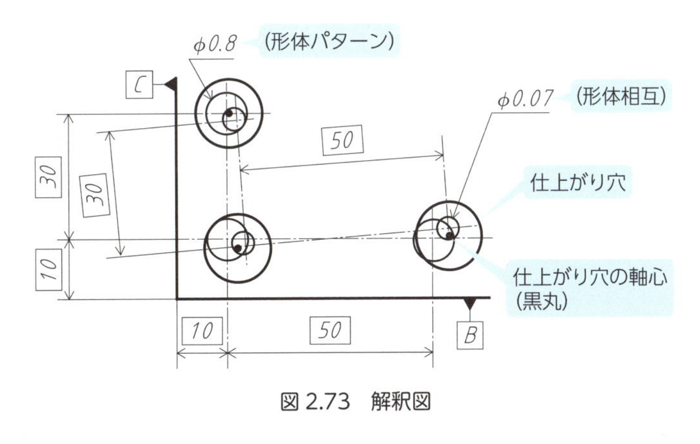

図 2.73　解釈図

に回転を含めて，X 方向，Y 方向に自由に浮動できる．

② パターンについて

$3 \times \phi10$ の穴の実際の軸線は，$\phi0.8$ の円筒公差内になければならない．なお，その位置度の公差域はデータム A に対して垂直であり，データム B，C に対して理論的に正確な位置に固定される．

2.3.6 最大実体公差方式

JIS の定義によれば，組み立てられる形体のそれぞれが，上の許容サイズの軸や下の許容サイズの穴のような最大実体サイズで，位置偏差などの幾何偏差も最大であるときに，組み立て後のすきまは最小になる．反対に，組み立てられる形体の当てはめサイズが最小実体サイズで，幾何偏差がゼロのときに，組み立て後のすきまは最大になる．以上から，はまりあう部品の仕上がりサイズが両許容サイズ内で，それらの最大実体サイズにない場合には，指示した幾何公差を増加させても組み立てに支障をきたすことはない．これを最大実体公差方式 MMR（maximum material requirement）といい，図 2.74 のように記号Ⓜで指示するとしている．

“幾何公差を増加させる”という意味は，形体が最大実体状態 MMC から離れて仕上がったとき，離れた分（追加公差）を図面に指示した幾何公差に追加できるいうことである．MMC や追加公差については，後で詳しく説明する．つまり，最大実体公差方式とは，幾何公差値が一定ではなく，変動する動的公差として指示できるということである．したがって，部品の組み立て性や互換性を保証しつつ，使用可能な公差領域を最大限に利用できるので，経済効果を増加させることができる．以下に，図 2.74 を例にして最大実体公差方式について説明する．この図では，穴のある板と軸のある板が組み合わさると想定している．

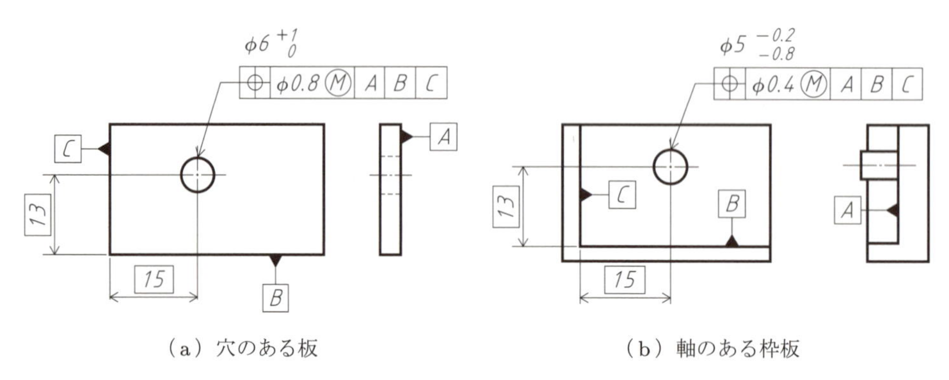

図 2.74　最大実体公差方式

(1) 最大実体状態と最大実体サイズ

最大実体状態 MMC（maximum material condition）とは，内径すべてが下の許容サイズに仕上がった穴や，外径すべてが上の許容サイズに仕上がった軸のように，その部品が最大実体をしている状態のことである．図 2.74 は，穴の場合は φ6.0，軸の場合は φ4.8 が最大実体状態である．簡単にいうと，その部品が最も重い状態のことである．最小実体状態 LMC（least material condition）とは MMC とは逆に，その部品が最も軽い状態のことである．以上をまとめたものが表 2.15 である．

表 2.15　用語と図示例のサイズの関係

状　態	サイズ	穴	軸
最大実体状態 MMC	最大実体サイズ MMS	6.0（下の許容サイズ）	4.8（上の許容サイズ）
最小実体状態 LMC	最小実体サイズ LMS	7.0（上の許容サイズ）	4.2（下の許容サイズ）

(2) 追加公差と動的公差について

追加公差とは，仕上がりサイズと最大実体寸法との差分のことである．穴の場合は「仕上がりサイズ－下の許容サイズ（最大実体サイズ）」となり，軸の場合は「上の許容サイズ（最大実体サイズ）－仕上がりサイズ」で求めることができる．また，動的公差は図示された公差に追加公差を加えたものである．

図 2.74（a）の穴について，追加公差および動的公差がどのように変動するかを表 2.16 に示す．軸の場合は省略した．

表 2.16 を用いて，横軸を仕上がりサイズ，縦軸を動的公差（位置度公差）にして，グラフにしたものが図 2.75 である．このグラフを動的公差線図という．最大実体公差方式の適用により，

公差領域の増加する様子がよくわかる．この増加した部分が追加公差領域で，この領域が，最大実体公差方式が経済性の増大をもたらす（良品の範囲が拡大する）部分である．最大実体公差方式を適用しない場合は，穴の仕上がりサイズが ϕ6 から ϕ7 まで変動しても位置度公差値は ϕ0.8 で一定であるが，最大実体公差方式を適用することで，仕上がりサイズによっては位置度公差値は 1.8 まで許容できる．具体的に，どのように公差領域が広がるかを表したのが 2.3.7 項で説明する表 2.17 である．

表 2.16　追加公差と動的公差の公差値および実効サイズ

仕上がり寸法	下の許容サイズ	追加公差	図示の公差	動的公差	実効サイズ
6.0	6.0	0.0	0.8	(0.8)	5.2
6.2	6.0	0.2	0.8	1.0	5.2
6.4	6.0	0.4	0.8	1.2	5.2
6.6	6.0	0.6	0.8	1.4	5.2
6.8	6.0	0.8	0.8	1.6	5.2
7.0	6.0	1.0	0.8	1.8	5.2

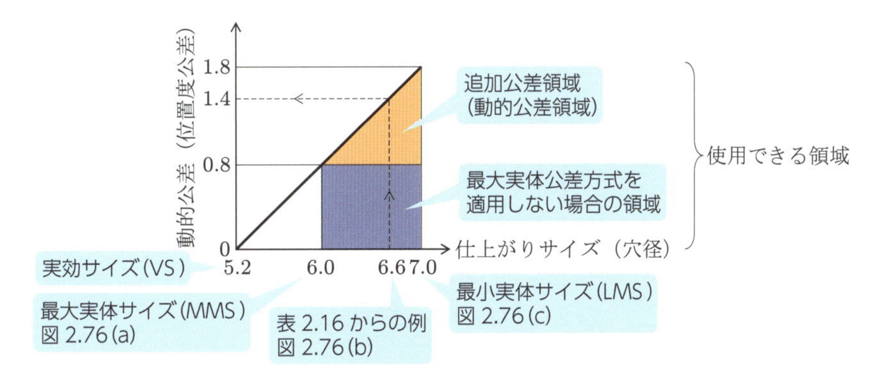

図 2.75　動的公差線図

(3) 実効サイズ

実効サイズ VS（virtual size）とは，実効境界の大きさを示すサイズのことで，追加公差と並んで最大実体公差方式の機能をよく表している重要な意味をもつ用語である．穴の場合は，「最大実体サイズ－幾何公差（姿勢公差または位置公差）」で，図 2.76（a）では 6 － 0.8 ＝ 5.2 となる．または，「仕上がりサイズ－動的公差」でも表せ，図（b）では 6.6 － 1.4 ＝ 5.2 となる．軸の場合は，「最大実体サイズ＋幾何公差（姿勢公差または位置公差）」や，「仕上がりサイズ＋動的公差」で求められる．

図 2.76 からわかるように，実効サイズは一定値（ϕ5.2）となる．図は穴がそれぞれ ϕ6（最大実体寸法），ϕ6.6，ϕ7（最小実体サイズ）の仕上がりの場合を示している．軸の場合も，穴と同様に考える．

実効サイズの重要な意味は，穴の場合でいうと，穴の中心が指示された幾何公差（図 2.76 の動的公差）内にあれば，穴のサイズが許容限界サイズ内でのいかなる仕上がりサイズでも，穴の内面は実効サイズの円筒面（実効境界）の内側には存在しないということである．言い換えると，極限状態（最悪状態）における部品でも，実効境界を侵害していないということである．このこ

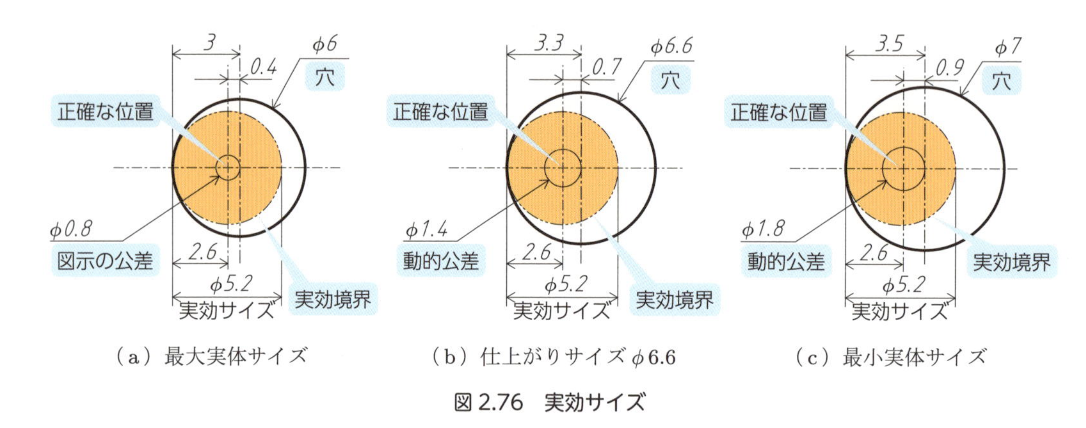

（a）最大実体サイズ　（b）仕上がりサイズ φ6.6　（c）最小実体サイズ

図 2.76　実効サイズ

とと，実効サイズは一定値であるということを利用して，部品検査を容易にするための機能ゲージ（極限状態をシミュレートしたもの）の図示サイズとして用いられる．

(4) 最大実体公差方式の指示

最大実体公差方式は，図 2.77 のように，幾何公差値の後，およびデータム文字記号の後に記号Ⓜで指示をする．

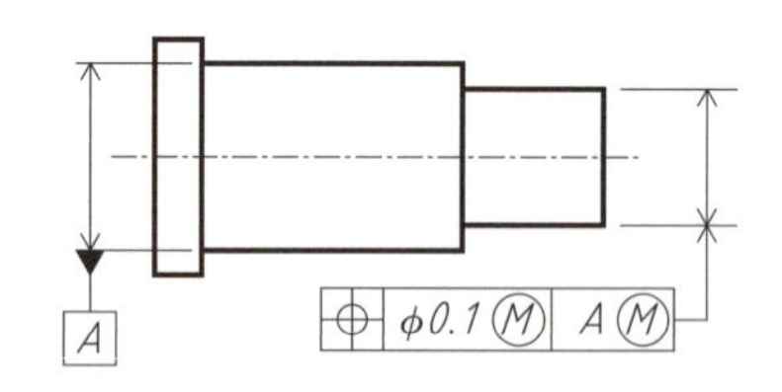

図 2.77　最大実体公差方式の図示

(5) 最大実体公差方式の適用

設計者は，つねに対象とする公差およびデータムに最大実体公差方式の適用ができるかどうかを決めなければならない．最大実体公差方式は，使用可能な公差領域を最大限に利用できる利点がある．ただし，運動学的リンク機構，歯車，しまりばめなどの軸と穴，および機能的ねじ穴とねじ軸など，公差を増加することによって機能が損なわれるおそれがある場合には，適用しないほうがよい．

(6) 最大実体公差方式の検証

最大実体公差方式を適用した部品の検証方法には，機能ゲージによる方法と，3 次元測定器等を用いた実測による方法がある．

① **機能ゲージによる方法**　機能ゲージとは，実効サイズを図示サイズとして，最大実体公差方式が適用された形体の姿勢または位置を検証するものである．一般の限界ゲージは通り，止まりの機能をもつサイズ検証用であるが，機能ゲージは幾何公差（姿勢または位置）を検証する特殊な通りゲージ（GO ゲージ）である．機能ゲージが通れば合格（実効境界を侵害していない），通らなければ不合格（実効境界を侵害している）というように，合否は容易に判定できる．

② **実測による方法**　一般的な 3 次元測定器を用いて，穴などの形体の位置を測定し，位置度公差の誤差量を計算する．その誤差量と動的公差より求めた許容位置度を比較して合否を判定する．

2.3.7 各方式の公差域の大きさ

図 2.78 に各公差方式の指示方法を示す．ここでは，サイズに公差を指示した場合をサイズ公差方式という．また，各公差方式による公差域の違いは，表 2.17 のとおりである．

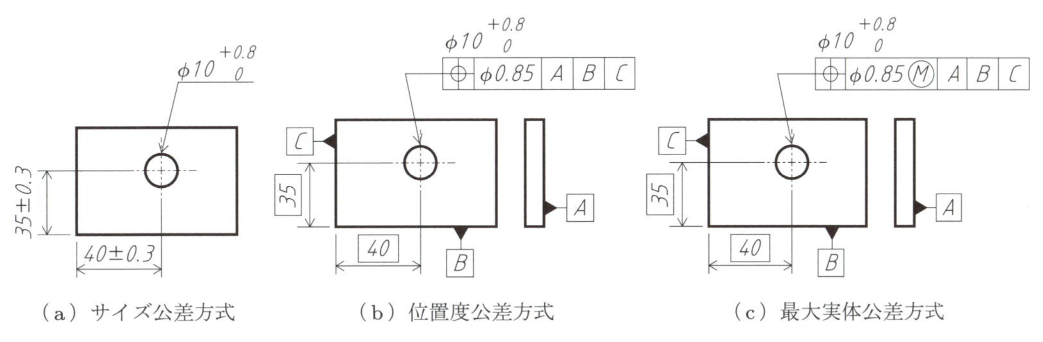

（a）サイズ公差方式　（b）位置度公差方式　（c）最大実体公差方式

図 2.78　各方式の図示例

表 2.17　各公差域模式図

公差方式	サイズ公差方式	位置度公差方式	最大実体公差方式
増加分		57%増加	さらに追加公差分増加
公差域模式図	0.6 0.6	(0.6) φ0.85 (0.6)	(φ0.85) φ1.65(MAX)

2.4 表面性状の図示方法

断面曲線，粗さ曲線およびうねり曲線を総称して表面性状（surface texture）という．表面性状は，作動性，騒音，耐摩耗性などの部品の機能や性能を左右する重要な特性である．したがって，図面に表面性状を指示する必要がある．ここでは，よく用いられる，粗さ曲線をもとに定義した表面粗さパラメータの求め方や図示方法について概略を説明する．

2.4.1 表面性状の種類

図2.79に示す断面曲線から長波長成分を遮断して得た図2.80のような輪郭曲線を粗さ曲線という．断面曲線は，大きなうねり（長波長成分）に加えて小さな波が存在するのが普通である．うねり（長波長成分）は工作機械による場合が多く，小さい波は刃の振動，切れ具合，送り速度などによる場合が多い．

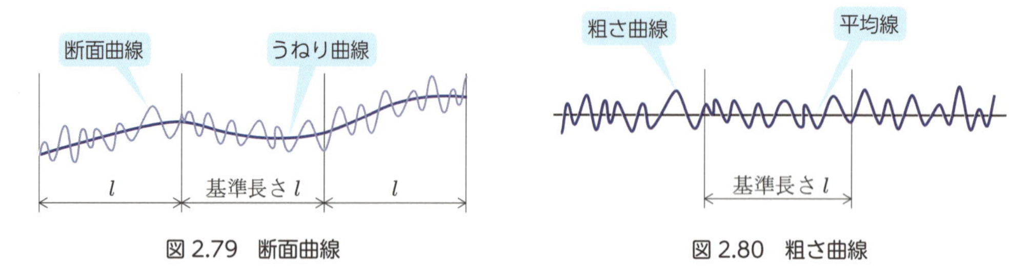

図2.79　断面曲線　　図2.80　粗さ曲線

(1) 断面曲線

断面曲線（primary profile）とは，実表面の断面を測定した曲線に，所定の低域フィルタを適用して得られる曲線をいう．図2.79のように大きなうねり（長波長成分）に沿った小さな波の線が断面曲線である．

(2) 粗さ曲線

粗さ曲線（roughness profile）とは，所定の高域フィルタによって，図2.79の断面曲線から長波長成分を遮断して得た曲線をいう．図2.80のように，断面曲線から大きなうねり（長波長成分）を除去した曲線が粗さ曲線である．この粗さ曲線をもとに，種々の表面粗さパラメータを定義する．

(3) うねり曲線

うねり曲線（waviness profile）とは，断面曲線から短波長線分である表面粗さの成分を低域フィルタによって除去した曲線である．

2.4.2 表面粗さパラメータ

表面粗さ（surface roughness）パラメータとは，部品の表面の粗さを示す各種の数値[2]で，2.4.1項(2)の粗さ曲線をもとに決定する．ここでは，表面粗さパラメータのなかで，従来よりよく用いられてきた算術平均粗さ Ra について説明する．Ra は，粗さ曲線から平均線の方向に基準長さ l を抜き取り，この抜き取り部分の平均線から粗さ曲線までの偏差の絶対値を合計し平均した値（マイクロメートル）である．Ra は図2.81のように示すことができ，式で表すとつぎのようになる．

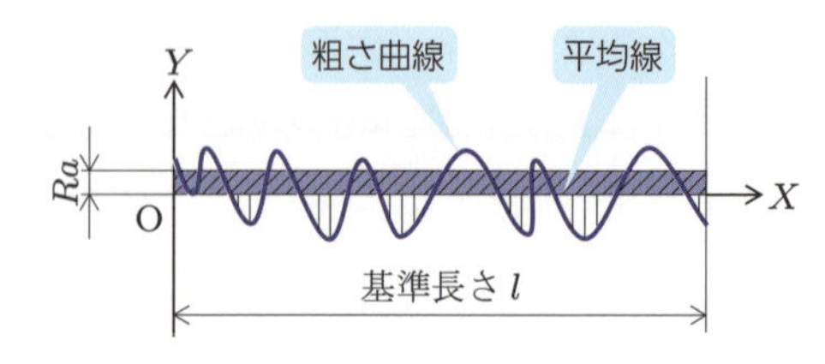

図2.81　算術平均粗さ（Ra）

$$Ra = \frac{1}{l}\int_0^l |f(x)|\,dx$$

部品に傷があると粗さ曲線に大きな波が表れるが，Ra ではその傷が測定結果に及ぼす影響が小さくなるので，信頼性のある測定値が得られる．

> **ポイント** ❷表面粗さパラメータには，算術平均粗さ Ra のほかに，最大高さ粗さ Rz，十点平均粗さ $RzJIS$，要素の平均長さ RSm，負荷長さ率 $Rmr(c)$ がある．

2.4.3 図示記号および図示の仕方

表面性状は図 2.82 のように，図面の下辺や右辺から読むことができるように，外形線あるいは寸法補助線に接するように図示する．または，引出線を用いてその参照線（引出補助線）に接するように図示してもよい．図示記号が傾いた姿勢で図示してはならない．

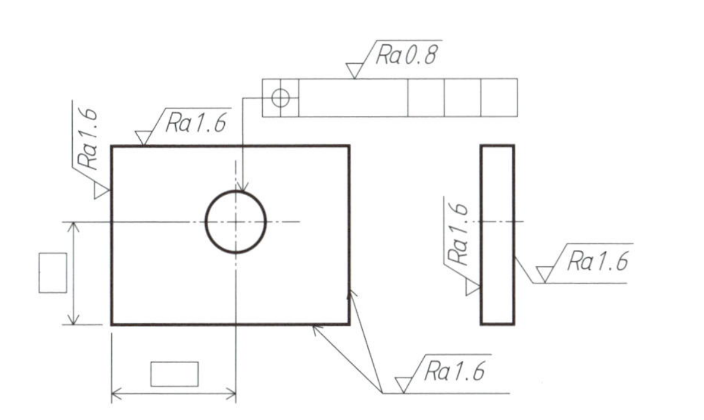

基本図示記号	√
除去加工をする場合	(記号)
除去加工をしない（許さない）場合	(記号)

図 2.82　図示記号および図示の仕方

例題 2.2

図 2.83 は一部の指示を幾何公差で示したものである．誤った表記が 3 か所あるのであげよ．

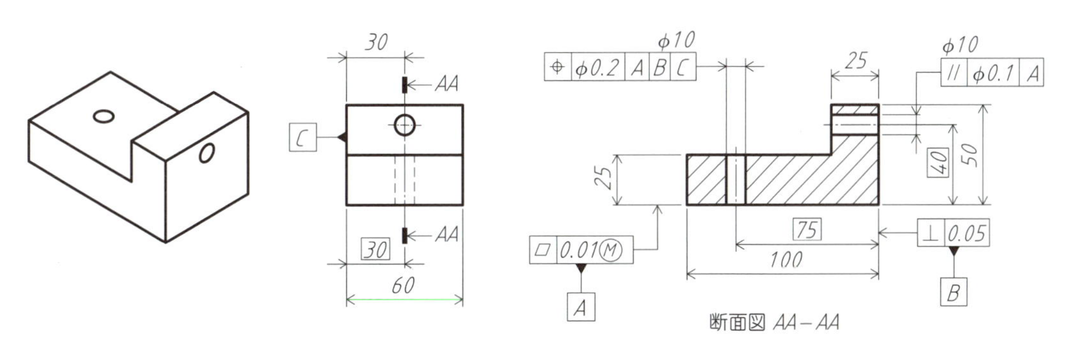

図 2.83

解答

① 平面度が指示された面は，直径や幅のようなサイズの指示がないため，最大実体公差方式は適用できない．よってⓂはつかない．

② 直角度はデータムが必要な幾何公差である．どこに対して直角かを示すため，記入枠にデータムが指示されていなければならない．

③ 平行度は位置度公差方式のように位置の規制をする幾何公差ではないため，基準からの距離が理論的に正確な寸法にはならない．

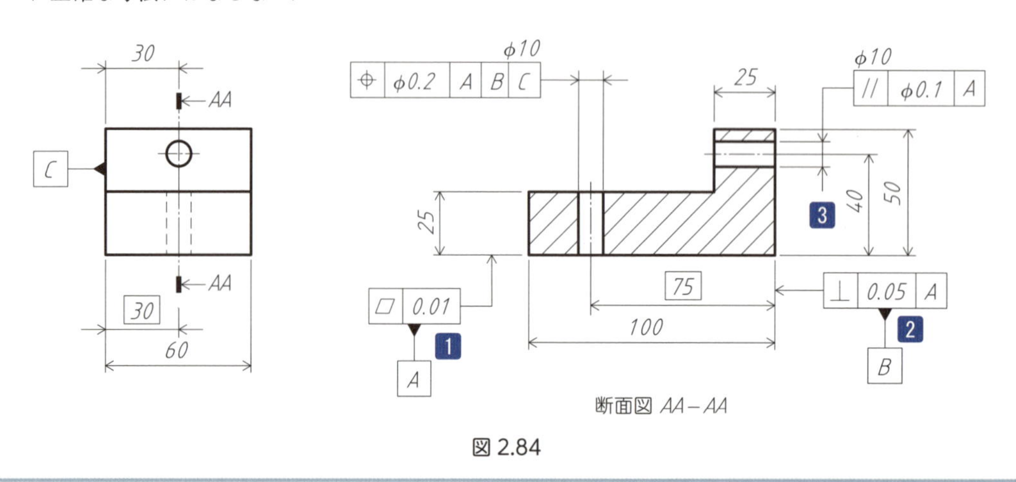

図 2.84

2.5 2D 図面から 3D 図面へ

2.5.1 現　状

2D 図面は，3 次元物体を平面上に表現するものである．製品の外国生産がますます進む現在，開発からサービス，廃棄にいたるまでのものづくりの効率化のために，3 次元 CAD の普及・使用が当然となりつつある．しかし，2D 図面で使用していた製図法や公差などの表記方法は，基本的には 3D 図面でも同様に求められる．さらに，3D データのみで材料，表面粗さ，処理などの属性情報を含めた設計者の意図をすべて伝えることは，現状では難しく，3D データと 2D 図面の両方をあるいは，2D 図面のみを用いているケースがまだまだ多いのが実情である．

2.5.2 課題と今後

ものづくりの上流（情報の作成，発信サイド）においては，従来の 2D 図面が担っていたさまざまな情報を 3D 図面にすべて盛り込めるか，とくに製造や検査に関する情報を十分に伝達できるか，そして，それらの諸情報の表現方法を統一できるかという大きな課題がある．

つぎに，さまざまなデータ形式を受け取る下流（情報の利用，受信サイド）においては，デー

タの互換性が確保できる環境を築けるか，情報を容易に利用するための表示機器類の用意をできるかなどの課題がある．

2.5.3 これからの図面

前項の課題は依然として存在し，3D 図面と 2D 図面が共存，および共用が続く状況にある．ただし，近年は自動車業界の標準規格 SASIG に加えて ISO（国際標準化機構）の規格である ISO16792 の正式発行や，JIS の 3D 図面表記の規格である JIS B 0060 の発行など，3D 図面に関する規格の整備が進んでいる．

さらに，国際的に統一された規格である GPS（geometrical product specifications）の普及が進んでいる．GPS の基本概念は，事象が数学的に定義でき，解釈にあいまいさがなく，測定が一義的に行われ，測定の不確かさを加味して合否判定を行うというものである．

そして，GPS の概念の普及と CAD をはじめとする各種ソフトウェアの性能向上により，現状ではまだ難しいとされている「製品製造情報（PMI：product and manufacturing information）」の各工程間でのデータ互換が実現しつつある．製品製造情報とは，公差や注記，材質，仕上げなどの各種図面指示の総称であり，PMI の有効活用によるさらなるものづくりの効率化が見込まれている．

2.5.4 3DA モデルの例図

図 2.85 に SOLIDWORKS による 3DA モデルの表記例を紹介する．記載されている公差やデータムは，人間が視覚的に判断するだけのものではなく，たとえば検査システムのようなソフトウェアが自動的に設定に必要な情報を読み込むのにも使用される．

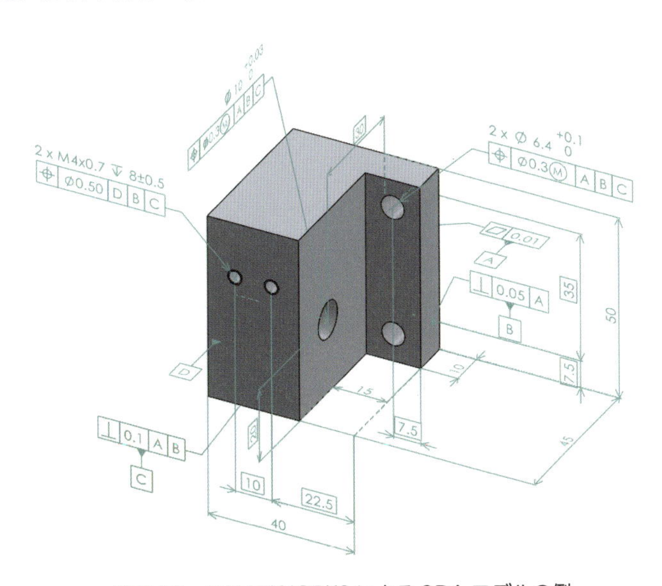

図 2.85　SOLIDWORKS による 3DA モデルの例

今後は，図そのものや属性情報の表現といった視覚的な情報（グラフィカル PMI）だけでなく，後工程のシステムに利用，つまりデータ互換可能な情報（セマンティック PMI）が含まれた3D図面，すなわち「3DAモデル（3D Annotated model：三次元製品情報付加モデル）」が望まれている．

参考文献

[2.1] 藤本 元 ほか，「初心者のための機械製図（第5版）」，森北出版，2020.

[2.2] 林 洋次 ほか，「機械製図」，実教出版，2013.

[2.3] 大西清，「製図学への招待（第4版）」，理工学社，2004.

[2.4] 桑田浩志，「新しい幾何公差方式」，日本規格協会，2004.

[2.5] 桑田浩志，「ものづくりのための寸法公差方式と幾何公差方式」，日本規格協会，2007.

[2.6] 米国機械学会，「寸法及び公差記入法（ASME Y14.5:2009）」，日本規格協会，2009.

[2.7] 五十嵐正人，「形状・姿勢・位置公差マニアル」，総合技術センター，1982.

[2.8] 五十嵐正人，「幾何公差システムハンドブック」，日刊工業新聞社，1992.

[2.9] 桑田浩志，「設計のツールとしての幾何公差方式」，日刊工業新聞社，2003.

[2.10] 日本規格協会 編，「JISハンドブック　製図」，日本規格協会，2024.

[2.11] 大西清，「最新・機械設計精度マニアル」，新技術開発センター，1990.

[2.12] L.W.Foster 著，五十嵐正人，松下光祥 訳，「ANSI,ISO規格による設計製図マニュアル」，日刊工業新聞社，1972.

[2.13] 桑田浩志 編，「製品の幾何特性仕様GPS」，日本規格協会，2012.

第3章 公差設計

最近の設計現場の新たな動きとして，競争力のある商品を開発するために，限界設計とコストダウンを両立し，開発のスピードアップを可能にする公差設計の必要性が改めて認識されてきている．

公差設計では，つぎの三つのポイントが重要である．

① 商品の仕様・品質・コストを総合的に考慮して，各部品の公差値を決める．

② 図面に公差情報を正確に表現する．

③ できあがった部品および組立品の状態（工程能力）を確認・分析し，フィードバックする．

各企業で3次元CADによる設計が進み，最近では3次元公差設計ソフトも登場してきているが，このようなソフトを活用する前に，公差設計に関して十分な理解が必要である．

本章では，公差設計の位置付けや効果，および公差の設定方法について，統計的手法を用いた例を含めて基礎を説明する．

Key Word　公差設計，ばらつき，ワーストケース，二乗和平方根，工程能力指数，てこ比，がた，3次元公差設計ソフト

3.1 公差設計のPDCA

工作機械の性能向上はめざましいが，同じ方法で加工した部品でも，その寸法や形状には微小なばらつきが発生する．たとえば，プレス機械を同じ条件で動かし続けても，気温や湿度といった環境の変化，連続して加工することによる金型の摩耗などによって加工される部品にはばらつきが生まれる．組み立てにおいても，機械，人によらず，その状態にはばらつきがある．このばらつきを小さくするように，設計と製造の両面から取り組むが，それでもばらつきをゼロにはできない．このばらつきの許容範囲（＝公差）を，製品の仕様やコストなどを総合的に考えて，設計者が最終的に決定していく作業が公差設計である．

公差設計で中心となるのは，計算をして“公差値を決めること”であるが，これだけでは会社全体として機能しない．部品や製品ができあがったら，設定した公差が適切だったのかどうかを評価し，つぎの製品へとフィードバックする仕組みが必要となる．これが図3.1に示すような公差設計のPDCAである．

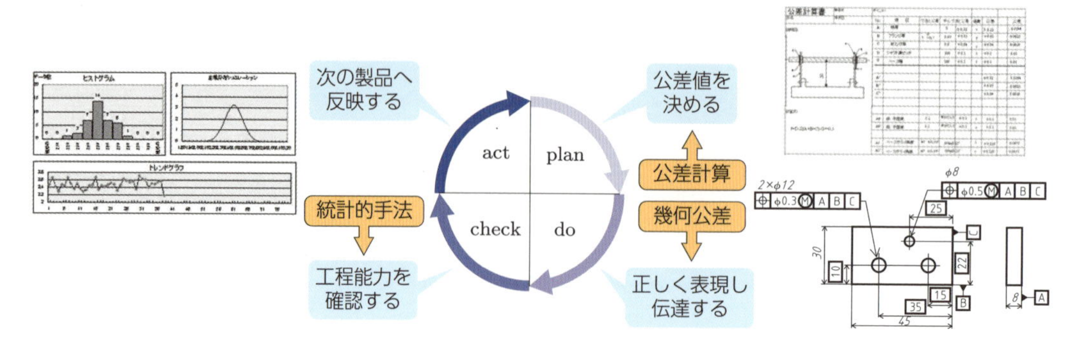

図 3.1　公差設計の PDCA

製品の仕様やコストなどを，総合的にバランスよく考えて公差値を決める公差計算は，PDCA の plan である．つぎに，図面を受けとる側が誤った解釈をしないように，図面上に公差の情報を正確に表現して確実に伝達することが重要となる．とくに近年では，国際的な 3D モデル化の要求も含めて，幾何公差を活用することが必須となっている．これが do に相当する．そして，図面に沿って加工された部品や組み立てられた製品の実体を確認するのが，check である．設定した公差値が工程能力（3.7 節参照）に見合ったものだったのか，公差の表現方法が適切だったのかなどを確認し，その結果に不十分な点があれば修正していく必要がある．これが act に相当する．量産に入ってから公差値を変更することは非常に困難なため，plan と do の段階で十分な検討を実施し，check では確かに適切であったことの確認ができ，act でさらに高度な製品開発を行うことが望ましい．

公差設計の PDCA を確実に回していきながら，公差の質を向上させていくことが，非常に重要な取り組みとなる．

3.2 公差とは

3.2.1 公差と公差設計

部品個々の寸法には必ずばらつきがあり，一般的にはばらついてもよい範囲が公差と考えられているが，この考えは公差を受け入れる製造者側からの解釈である．設計者側からみれば，製品仕様と製造条件およびコストを考慮したバランス感覚にもとづき，設計者自らが設定するものを公差（許容範囲）という．

実際の設計においては，図 3.2 のように公差が決められる．

完成品仕様がある範囲に入るためには，サブ組み立て主要寸法がある範囲に入ることを要求され，そこから各部品の公差が決定される．これが，本来の①設計の流れであり，設計者の意図が反映されている．完成品からは小型・高機能化などに向けて，できるだけ厳しい公差を要求したいが，部品側からはつくりやすくしたいので逆に公差をゆるめてほしいという要望が入る．これ

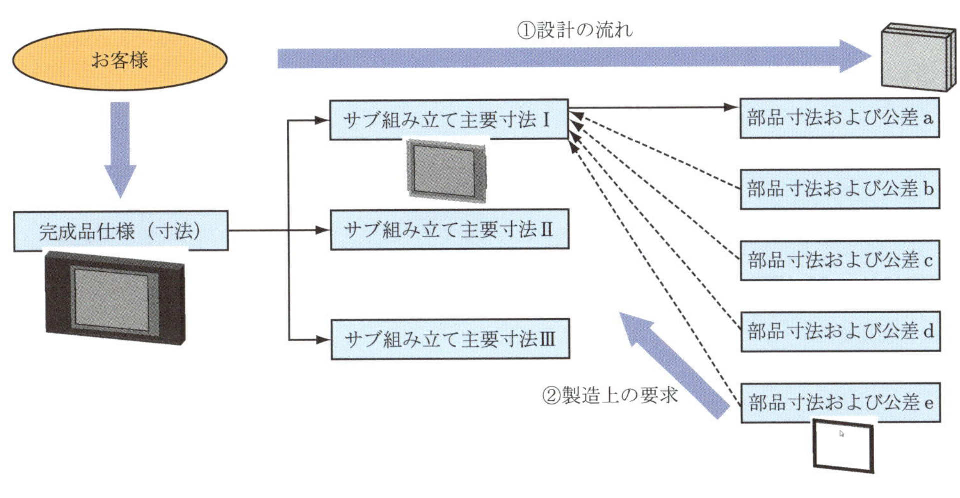

図 3.2 公差設定の流れ

が，②製造上の要求である．当然，部品個々の公差を大きくすれば完成品の不具合の発生する危険が高まり，場合によっては，トータルコストが大きくなってしまうことも考えられる．これら①設計の流れと②製造上の要求とを，経済性（コスト）という一つの共通の軸に投影してながめ，そのバランスをとって公差が決められる．その際に，統計的考察も加えて計算し，公差を設定することを公差設計とよぶ．

最近でも，部品はすべて設計者の指示どおりにつくられているにもかかわらず，“組み立てられない”や“組み立てられても動作しない”といった場合があると聞く．その原因の多くに，設計者が公差設計を正しく理解し実践していないことがある．このようなことが，F コスト（失敗コスト）の増加，次期開発商品の遅れ（設計者の手離れの悪さ）などの悪循環につながる．

さらには，さまざまな要因により，②が設計者に伝わりにくくなっているのも事実である．①と②の情報交換がスムーズにできるシステムの構築が必須である．

3.2.2 設計者の公差知識の実際

最近は，多くの企業において公差設計が正しく教育されているとはいえない．従来からの類似部品に設定していた公差をそのまま用いていたり，KKD（勘，経験，度胸）で適当に決めてしまっている設計者も少なくない．しかし，そのようなものに頼っていては，近年の商品開発に対する国際競争力は維持できない．

3.2.3 公差設計のメリット

公差設計を身につければ，つぎのメリットが得られる．

① 公差計算理論と判断基準を有した正しい設計ができるようになる．

② これまで公差設計を実施していなかった会社には，大きなコストメリットが得られる．

③ 設計品質問題を理論的に未然に解決できる．
④ 他者の設計に対して，正しい評価ができるようになる（検図）．

3.3 品質とばらつき

よい品質の商品やサービスを提供するのが企業に与えられた責務であり，これなくしては企業の安定も成長もないといっても過言でない．機械設計技術者にとって，よい品質の商品を設計することが最終目標である．

商品が完成してから不良品が発生した際に，その原因を追究すると，設計段階でのばらつき（製造誤差）を正しく考慮していない場合が多い．よい品質の商品を実現するために，最初に取り組まなければならないのが，ばらつきをコントロールすることである．そのためには，ばらつきの発生する原因や性質を知り，ばらつきの大きさを定量的に求めることが必要である．

3.4 ばらつきの原因

3.4.1 ばらつきの分類

製造工程でばらつきが発生する原因を大きく分けると，作業者，機械・設備，原料・材料，作業方法の四つになる．いずれも英語の頭文字が M であることから，これらを「4M」とよぶ．この 4M は，厳密に一定の状態にすることは不可能で，つねに変化する．

① 作業者（man）　人が変われば，経験やクセなどにより微妙な違いは出る．同じ人でも朝と夕方の違いなどでコンディションが変われば，できばえに違いは出る．
② 機械・設備（machine）　作業者と同様，同じ作業をする機械でも，機械が変わればクセも違い，同じ機械でも故障や不調など状態は絶えず変化する．
③ 原料・材料（material）　購買先が違えば品質は異なる．同じメーカーでもロットによる違いがある．
④ 作業方法（method）　組み立てる順番，作業指示の与え方の違いによって，完成した製品の品質は変わってくる．

このようにばらつきのある 4M が組み合わさった状態で仕事は行われているので，品物や仕事のできばえにばらつきが出るのは当然である．このばらつきをできるだけ小さくして，一定の幅のなかに抑えていこうとするのが品質管理の考え方である．

ばらつきには，管理しても避けられない偶然原因によるばらつきと，正しく管理すれば避けられる異常原因によるばらつきの二つがある．

(1) 偶然原因によるばらつき

同じ材料・設備・作業者・方法で製造しても，完全に同じものはできない．このように避けられないばらつきを偶然原因によるばらつきという．偶然原因によるばらつきの大きさと規格値の比は工程能力指数（3.7.1 項参照）とよばれ，工程の安定度合評価の尺度として使われている．

(2) 異常原因によるばらつき

標準が守れなかったり，設備が壊れてしまったり，作業者が変わったり，違う材料を使ったりして，突然ばらつきが大きくなることがある．このように，主として管理の不備に起因するばらつきを，異常原因によるばらつきとよぶ．ポカミスなどもこれに含まれる．

3.4.2 ばらつきの対策

ばらつきの原因を知ってその対策を講じる場合，異常原因によるばらつきは，偶然原因によるばらつきと違い，正しく管理することで防止することが可能である．

偶然原因によるばらつきに対しては，設計段階で製造部門と十分な打ち合わせを行うことで，その量を予測し，特性がそれだけばらついても差し支えのないように公差設計を実行していくことが重要である．設計上，どうしてもばらつきを小さくしなければいけない場合には，加工精度の高い方法や加工業者を採用したり，高精度の部品を使用するなどで，ばらつきを小さくするか，全数選別して許容のばらつき内に入るもののみを使用するなどの方法をとる必要がある．しかし，いずれの場合もコストアップは避けられない．

3.5 ばらつきの表し方とその性質

3.5.1 特性値の分布

特性は数値で示され，特性値とよばれる．特性値には，不良率や欠点数などの計数値と，長さや重量などの計量値がある．計量値のデータがどの分布をしているかをみるためには，ヒストグラムを用いる．ヒストグラムとは，取られたデータの最大値と最小値の間を適当な区間に分割し，その区間ごとのデータ数（度数）をカウントしてグラフにしたものである．図 3.3 にヒストグラムの例を示す．

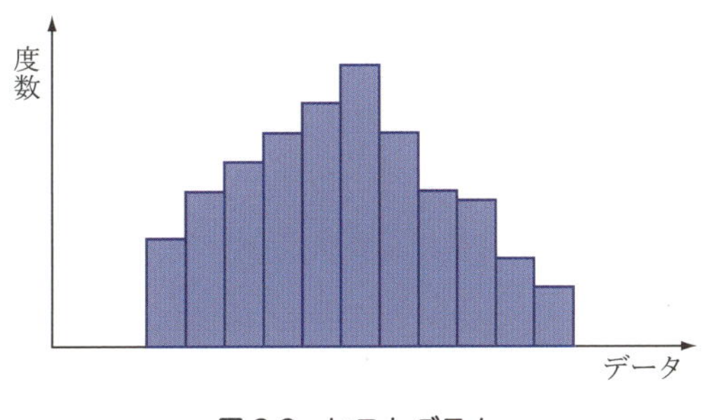

図 3.3　ヒストグラム

特性値の分布にはつぎにあげるようないろいろなパターンがあり，分布の形をみることで工程の姿を知ることができる．

(1) 一般型

一般型は図 3.4 のような分布であり，安定した工程から得られる分布は，左右対称の形で中央が高く，中央から離れるに従って低くなっている．正規分布も一般型の一つである．

(2) 二山型

二山型は図 3.5 のような分布であり，二つの異なる工程でつくられる場合などに起こりやすい．4M でデータを層別に分けて分析することが大切である．

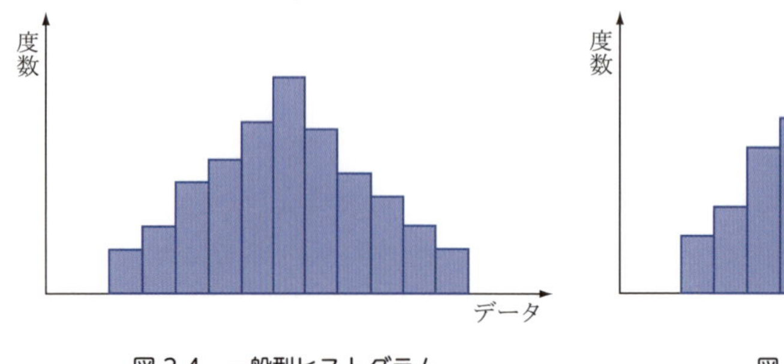

図 3.4　一般型ヒストグラム

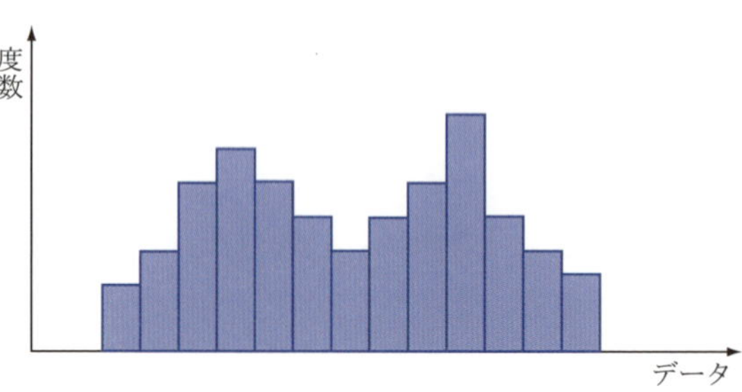

図 3.5　二山型ヒストグラム

(3) 絶壁型

絶壁型は図 3.6 のような分布であり，ばらつきが大きいものに対し，全数選別をして規格外のものを取り除いた場合にみられる．

(4) 歯抜け型

歯抜け型は図 3.7 のような分布であり，区間の幅が測定単位と合っていない場合に起こりやすい．

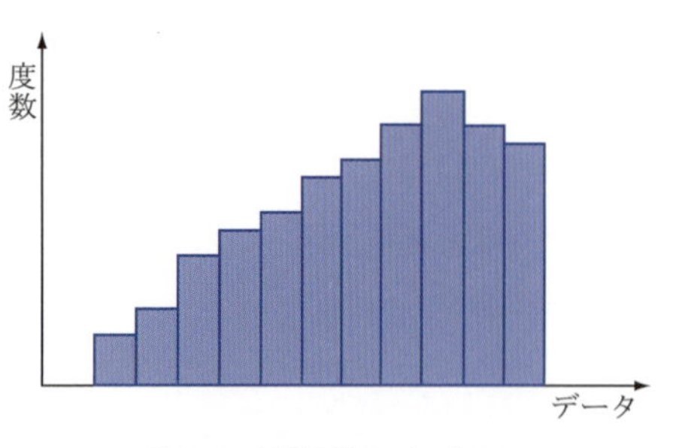

図 3.6　絶壁型ヒストグラム

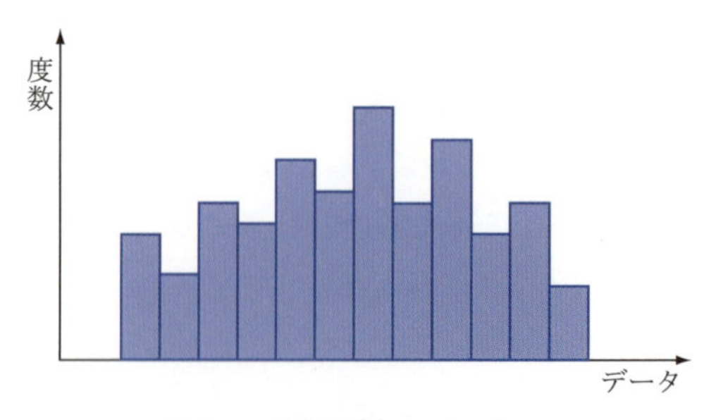

図 3.7　歯抜け型ヒストグラム

(5) 離れ小島型

離れ小島型は図 3.8 のような分布であり，工程中になんらかの異常が発生したとき，あるいは測定にミスがあった場合にみられる．

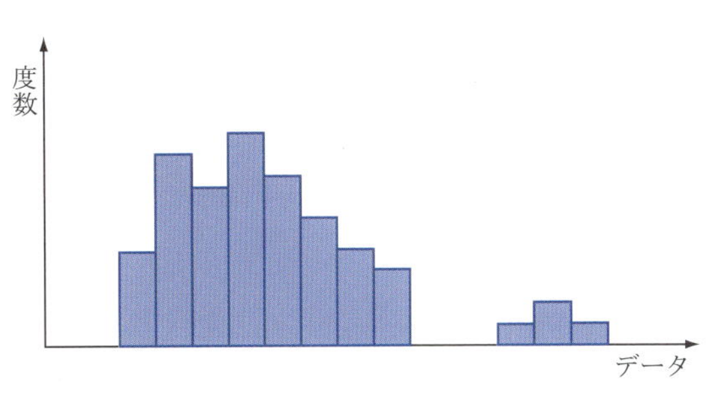

図 3.8　離れ小島型ヒストグラム

3.5.2 母集団とサンプル

母集団とは，情報を得たいと考えている対象の全体を指す．実際には，対象の全体を測定することは現実的ではなく，平均値と標準偏差の真の値を知ることはできない．そのため，母集団からサンプルを取り出して測定し，そのデータから平均値や標準偏差を計算して母集団を推測する（図 3.9）．また，厳密には母集団とサンプルでは，平均値や標準偏差を表す記号を区別する．

一般に表示される正規分布のグラフは，サンプルのデータで計算された統計量から推測した母数をもとに，母集団をシミュレーションしたものなので，その正規分布の平均値には μ，標準偏差には σ を使う．

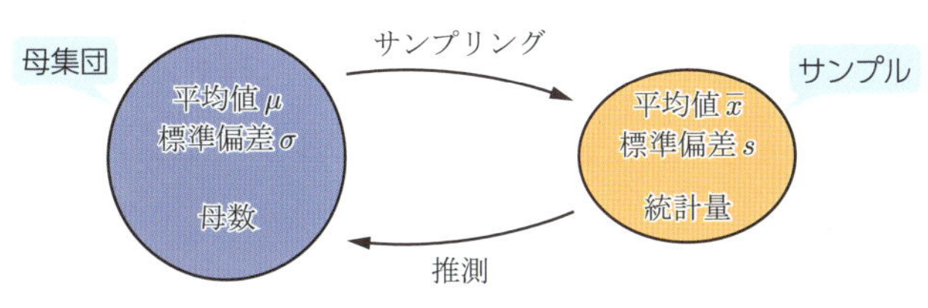

図 3.9　母集団とサンプル [3.1]

3.5.3 平均値と標準偏差の求め方

(1) 平均値の求め方

平均値は日常生活でもよく使うので，その概念は理解しやすいだろう．単純に，データ全部を合計してデータ数で割れば平均値を求められる．データが全部で n 個の場合には，次式のようになる．

$$\text{平均値 } \bar{x} = \frac{x_1 + x_2 + x_3 + \cdots + x_n}{n} = \frac{\Sigma x_i}{n}$$

この計算式で求めた平均値はサンプルの統計量であるが，正規分布とみなす場合には μ で表す．

(2) 標準偏差の求め方

標準偏差とは，ばらつきの大きさを数値で表したものである．偏差とは個々のデータと平均値との差のことで，平均値からの距離とも考えられる（図 3.10）．そこで，全データの偏差を合計し，

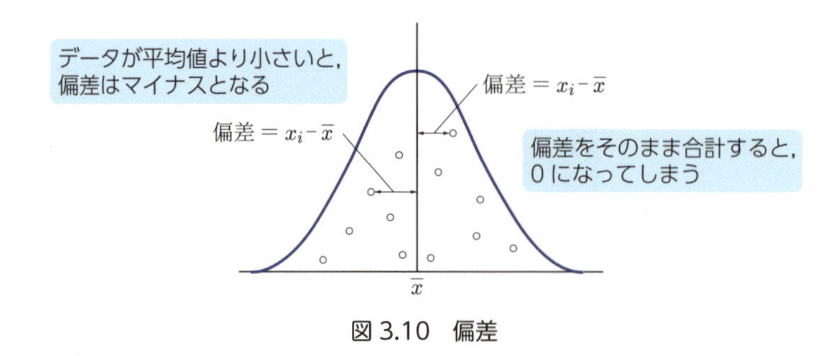

図 3.10 偏差

データ数で割った値をばらつきの指標にしようと考えてみる．つまり，偏差の平均値（データの平均値と混同しないように）である．

ただし，偏差の平均値を計算する際，全体の平均値と個々のデータの差を単純に計算すると，平均値より小さいデータの場合には偏差がマイナスの値となってしまう．そのため，全データの偏差を合計すると 0 になってしまうので，ばらつきの指標には使えない．

そこで，個々のデータの偏差を 2 乗し，マイナスにならないようにする．そして，それらを合計して平均値を計算する．ただし，平均値といっても偏差の合計を割る数値はサンプル数から 1 を引いた $n-1$（これを自由度という）にする．さらに，偏差を 2 乗しているので，もとの単位に戻すために平方根をとる．

こうして計算された値を標準偏差といい，計算式はつぎのようになる．

$$\text{標準偏差}\ s = \sqrt{\frac{\Sigma(x_i - \bar{x})^2}{n-1}}$$

計算された標準偏差はサンプル統計量だが，正規分布とみなす場合には σ で表す．

3.5.4 正規分布

ねらいがあってつくられたものの分布は，中心値のまわりにある幅をもってばらつき，その分布は釣鐘型の左右対称の形をしている．この分布を正規分布といい，理論的に重要な分布である．サンプル数 n の数を無限大まで増加させていくと，分布の形はかぎりなく正規分布に近づいていく．正規分布は，平均 μ と標準偏差 σ で表すことができる．

(1) 標準正規分布

いろいろな形をする正規分布のなかで，平均値 $\mu = 0$，標準偏差 $\sigma = 1$ の場合を，とくに標準正規分布（standard normal distribution）とよんでいる．標準正規分布全体を 1 としたときの割合（=確率）を求めた表 3.1 の正規分布表より，ある値より右側（または左側）が何%であるかの確率が容易に求められる．

(2) 標準正規分布の重要な確率

平均値が 0，標準偏差が 1 の $N(0,\ 1^2)$ の標準正規分布で，ばらつきが 1σ，2σ，3σ の内側に入るデータの確率は図 3.11 のとおりである．

たとえば，μ の両側に $\pm 1\sigma$ をとれば，その範囲に入るものは，全データの 68.3%（外側に

表 3.1　標準正規分布表

K_ε	0	1	2	3	4	5	6	7	8	9
0	0.500000	0.496011	0.492022	0.488033	0.484047	0.480061	0.476078	0.472097	0.468119	0.464144
0.1	0.460172	0.456205	0.452242	0.448283	0.444330	0.440382	0.436441	0.432505	0.428576	0.424655
0.2	0.420740	0.416834	0.412936	0.409046	0.405165	0.401294	0.397432	0.393580	0.389739	0.385908
0.3	0.382089	0.378281	0.374484	0.370700	0.366928	0.363169	0.359424	0.355691	0.351973	0.348268
0.4	0.344578	0.340903	0.337243	0.333598	0.329969	0.326355	0.322758	0.319178	0.315614	0.312067
0.5	0.308538	0.305026	0.301532	0.298056	0.294598	0.291160	0.287740	0.284339	0.280957	0.277595
0.6	0.274253	0.270931	0.267629	0.264347	0.261086	0.257846	0.254627	0.251429	0.248252	0.245097
0.7	0.241964	0.238852	0.235762	0.232695	0.229650	0.226627	0.223627	0.220650	0.217695	0.214764
0.8	0.211855	0.208970	0.206108	0.203269	0.200454	0.197662	0.194894	0.192150	0.189430	0.186733
0.9	0.184060	0.181411	0.178786	0.176186	0.173609	0.171056	0.168528	0.166023	0.163543	0.161087
1.0	0.158655	0.156248	0.153864	0.151505	0.149170	0.146859	0.144572	0.142310	0.140071	0.137857
1.1	0.135666	0.133500	0.131357	0.129238	0.127143	0.125072	0.123024	0.121001	0.119000	0.117023
1.2	0.115070	0.113140	0.111233	0.109349	0.107488	0.105650	0.103835	0.102042	0.100273	0.098525
1.3	0.096801	0.095098	0.093418	0.091759	0.090123	0.088508	0.086915	0.085344	0.083793	0.082264
1.4	0.080757	0.079270	0.077804	0.076359	0.074934	0.073529	0.072145	0.070781	0.069437	0.068112
1.5	0.066807	0.065522	0.064256	0.063008	0.061780	0.060571	0.059380	0.058208	0.057053	0.055917
1.6	0.054799	0.053699	0.052616	0.051551	0.050503	0.049471	0.048457	0.047460	0.046479	0.045514
1.7	0.044565	0.043633	0.042716	0.041815	0.040929	0.040059	0.039204	0.038364	0.037538	0.036727
1.8	0.035930	0.035148	0.034379	0.033625	0.032884	0.032157	0.031443	0.030742	0.030054	0.029379
1.9	0.028716	0.028067	0.027429	0.026803	0.026190	0.025588	0.024998	0.024419	0.023852	0.023295
2.0	0.022750	0.022216	0.021692	0.021178	0.020675	0.020182	0.019699	0.019226	0.018763	0.018309
2.1	0.017864	0.017429	0.017003	0.016586	0.016177	0.015778	0.015386	0.015003	0.014629	0.014262
2.2	0.013903	0.013553	0.013209	0.012874	0.012545	0.012224	0.011911	0.011604	0.011304	0.011011
2.3	0.010724	0.010444	0.010170	0.009903	0.009642	0.009387	0.009137	0.008894	0.008656	0.008424
2.4	0.008198	0.007976	0.007760	0.007549	0.007344	0.007143	0.006947	0.006756	0.006569	0.006387
2.5	0.006210	0.006037	0.005868	0.005703	0.005543	0.005386	0.005234	0.005085	0.004940	0.004799
2.6	0.004661	0.004527	0.004397	0.004269	0.004145	0.004025	0.003907	0.003793	0.003681	0.003573
2.7	0.003467	0.003364	0.003264	0.003167	0.003072	0.002980	0.002890	0.002803	0.002718	0.002635
2.8	0.002555	0.002477	0.002401	0.002327	0.002256	0.002186	0.002118	0.002052	0.001988	0.001926
2.9	0.001866	0.001807	0.001750	0.001695	0.001641	0.001589	0.001538	0.001489	0.001441	0.001395
3.0	0.001350	0.001306	0.001264	0.001223	0.001183	0.001144	0.001107	0.001070	0.001035	0.001001
3.1	0.000968	0.000936	0.000904	0.000874	0.000845	0.000816	0.000789	0.000762	0.000736	0.000711
3.2	0.000687	0.000664	0.000641	0.000619	0.000598	0.000577	0.000557	0.000538	0.000519	0.000501
3.3	0.000483	0.000467	0.000450	0.000434	0.000419	0.000404	0.000390	0.000376	0.000362	0.000350
3.4	0.000337	0.000325	0.000313	0.000302	0.000291	0.000280	0.000270	0.000260	0.000251	0.000242
3.5	0.000233	0.000224	0.000216	0.000208	0.000200	0.000193	0.000185	0.000179	0.000172	0.000165
3.6	0.000159	0.000153	0.000147	0.000142	0.000136	0.000131	0.000126	0.000121	0.000117	0.000112
3.7	0.000108	0.000104	9.96E-05	9.58E-05	9.20E-05	8.84E-05	8.50E-05	8.16E-05	7.84E-05	7.53E-05
3.8	7.24E-05	6.95E-05	6.67E-05	6.41E-05	6.15E-05	5.91E-05	5.67E-05	5.44E-05	5.22E-05	5.01E-05
3.9	4.81E-05	4.62E-05	4.43E-05	4.25E-05	4.08E-05	3.91E-05	3.75E-05	3.60E-05	3.45E-05	3.31E-05
4.0	3.17E-05	3.04E-05	2.91E-05	2.79E-05	2.67E-05	2.56E-05	2.45E-05	2.35E-05	2.25E-05	2.16E-05
4.1	2.07E-05	1.98E-05	1.90E-05	1.81E-05	1.74E-05	1.66E-05	1.59E-05	1.52E-05	1.46E-05	1.40E-05
4.2	1.34E-05	1.28E-05	1.22E-05	1.17E-05	1.12E-05	1.07E-05	1.02E-05	9.78E-06	9.35E-06	8.94E-06
4.3	8.55E-06	8.17E-06	7.81E-06	7.46E-06	7.13E-06	6.81E-06	6.51E-06	6.22E-06	5.94E-06	5.67E-06
4.4	5.42E-06	5.17E-06	4.94E-06	4.72E-06	4.50E-06	4.30E-06	4.10E-06	3.91E-06	3.74E-06	3.56E-06
4.5	3.40E-06	3.24E-06	3.09E-06	2.95E-06	2.82E-06	2.68E-06	2.56E-06	2.44E-06	2.33E-06	2.22E-06
4.6	2.11E-06	2.02E-06	1.92E-06	1.83E-06	1.74E-06	1.66E-06	1.58E-06	1.51E-06	1.44E-06	1.37E-06
4.7	1.30E-06	1.24E-06	1.18E-06	1.12E-06	1.07E-06	1.02E-06	9.69E-07	9.22E-07	8.78E-07	8.35E-07
4.8	7.94E-07	7.56E-07	7.19E-07	6.84E-07	6.50E-07	6.18E-07	5.88E-07	5.59E-07	5.31E-07	5.05E-07
4.9	4.80E-07	4.56E-07	4.33E-07	4.12E-07	3.91E-07	3.72E-07	3.53E-07	3.35E-07	3.18E-07	3.02E-07

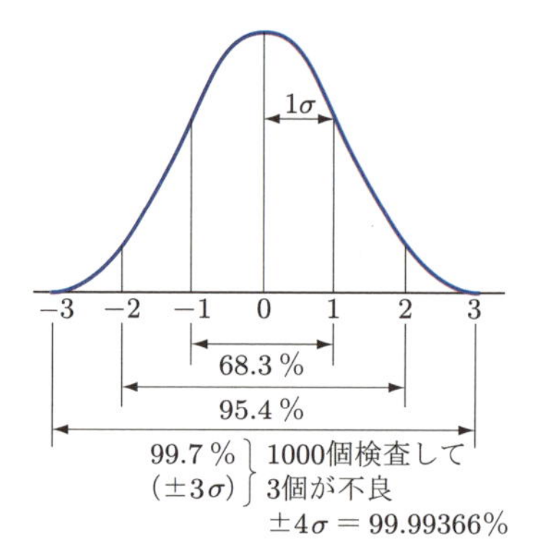

図 3.11　標準正規分布の確率

31.7%）になる．同様に，± 2σ をとれば 95.4%，± 3σ をとれば 99.7% 入ることになる（表 3.1 の標準正規分布表を参照）．

3.5.5 標準正規分布表の使い方

図 3.12（a）の標準正規分布の横軸の目盛りは，標準偏差の何倍に当たるかを示す値であり，ある値 K_ε より右側にある確率 ε を求めることができる．

表 3.1 の標準正規分布表は，片側の確率を求めてある．正規分布は左右対称であるため，両側を求めるときは，2 倍すればよい．この特徴を利用して，平均値 μ と標準偏差 σ がわかれば，100 個検査すると，何個不良になるか（規格と比較して規格外に出る確率はどのくらいか）がわかる．

たとえば，$K_\varepsilon = 2.05\sigma$ 以上の確率 ε を求めてみよう．表 3.1 より，K_ε の 2.0 は①，0.05 は②とし，その交差したところにある値が ε となる．つまり，2.05σ 以上は，0.020182 ≒ 2% であり，± 2.05σ から外れる確率は，2% × 2 = 4% となる（図 3.12）．

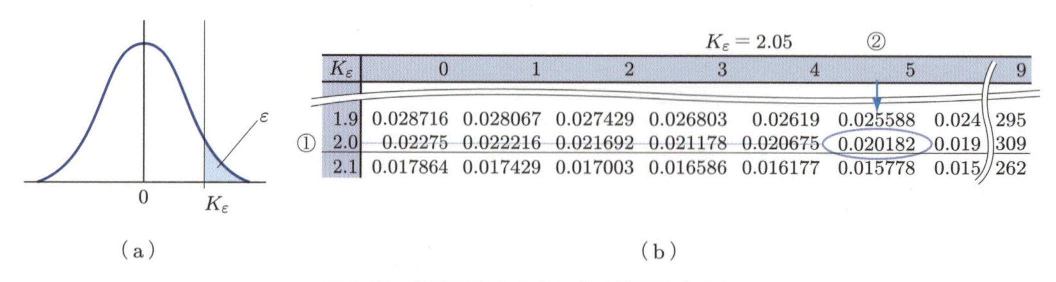

K_ε	0	1	2	3	4	5		9
1.9	0.028716	0.028067	0.027429	0.026803	0.02619	0.025588	0.024	295
2.0	0.02275	0.022216	0.021692	0.021178	0.020675	0.020182	0.019	309
2.1	0.017864	0.017429	0.017003	0.016586	0.016177	0.015778	0.015	262

（a）　（b）

図 3.12　標準正規分布表による確率の求め方

3.5.6 不良率の推定

通常，われわれのデータで，標準正規分布 $N(0,\ 1^2)$ を示すものはほとんどない．データ（品質特性）は，μ，σ についてそれぞれ固有の値を示している．しかし，出現する確率を計算してあるのは標準正規分布だけであるから，規準化という手段をとって，どのような正規分布であっても標準正規分布表を適用できるようにしている.

すなわち, $N(10,\ 2^2)$ とか, $N(0.5,\ 0.03^2)$ といった正規分布を, いずれも $N(0,\ 1^2)$ に変換する. こうすることで, どのような正規分布であっても, 標準正規分布表を自在に利用することが可能になる.

$$K_\varepsilon = \frac{x - \mu}{\sigma} \tag{3.1}$$

この式は, ある値 x と平均値 μ との差が, 標準偏差 σ の何倍かという意味であり, こうすることにより $N(0,\ 1^2)$ に置き換えることができる.

【規準化の例】

ある部品の実測データが, 図 3.13 のように $N(11.5,\ 0.12^2)$ であった. 上側の許容値が 11.7 の場合,

$$K_\varepsilon = \frac{11.7 - 11.5}{0.12} = 1.67$$

であり, 標準正規分布表から 0.04746 が導かれ, 不良率が 4.7% であることがわかる.

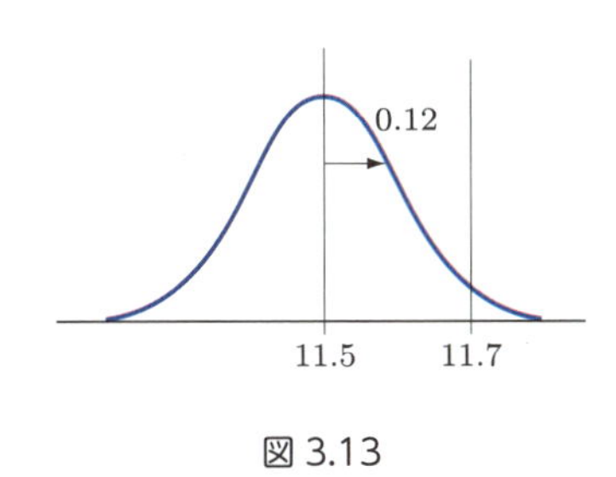

図 3.13

3.6 統計的取扱いと公差の計算

3.6.1 ワーストケースと二乗和平方根

公差の概念は, 機械工業における量産方式の発達とともに固まってきた. 量産する部品に対しては, まず互換性を備えていることが要求される. 互換性とは, その部品集合のなかのものであれば, どの部品をもってきても問題が発生しないということである. これを, 公差設計の視点でいえば, 複数の部品から構成される製品にとって, すべての部品の公差が最悪状態 (最大または最小) で組み立てられた場合を計算している状態をいう. この計算方法を, ワーストケースとよぶ.

それに対して, 3.3〜3.5 節で説明したとおり, ばらつきとその扱いからくる統計理論をベースにした計算方法を, 二乗和平方根とよぶ. すなわち, ある確率では不良品が発生する可能性があるとするものである.

3.6.2 分散の加法性と公差の計算方法

二乗和平方根においては，統計理論にもとづく分散の加法性を用いて計算する．

分散の加法性については，つぎのとおりである．xが平均値μ_1，分散$\sigma_1{}^2$，yが平均値μ_2，分散$\sigma_2{}^2$の正規分布に従うとき，つぎのように表せる．

$$x : N(\mu_1,\ \sigma_1{}^2) \tag{3.2}$$

$$y : N(\mu_2,\ \sigma_2{}^2) \tag{3.3}$$

xとyが互いに独立ならば，xとyとを足した分布および引いた分布$x \pm y$は，

$$\text{平均値} : \mu_1 \pm \mu_2 \tag{3.4}$$

$$\text{分　散} : \sigma_1{}^2 + \sigma_2{}^2 \tag{3.5}$$

の正規分布をするという定義がある．

$$N(\mu_1 \pm \mu_2,\ \sigma_1{}^2 + \sigma_2{}^2) \tag{3.6}$$

これが分散の加法性である．

すなわち，分散の加法性では次式が与えられる．

$$\text{分　散} : \sigma^2 = \sigma_1{}^2 + \sigma_2{}^2 + \cdots + \sigma_n{}^2 \tag{3.7}$$

公差と標準偏差とは直接に関係はないが，公差を標準偏差のある倍数，たとえば6倍を基準と考えることが一般的に行われている．したがって，公差Tについても式(3.7)がそのままあてはまり，次式となる．

$$\text{公　差} : T^2 = T_1{}^2 + T_2{}^2 + \cdots + T_n{}^2 \tag{3.8}$$

$$T = \sqrt{T_1{}^2 + T_2{}^2 + \cdots + T_n{}^2} \tag{3.9}$$

例題 3.1

図3.14において，すきまχの値を，ワーストケースと二乗和平方根で求めよ．ただし，各部品寸法と公差は，つぎのとおりである．

$A = 13 \pm 0.5,\qquad B = 4 \pm 0.2,\qquad C = 5 \pm 0.2,\qquad D = 3 \pm 0.2$

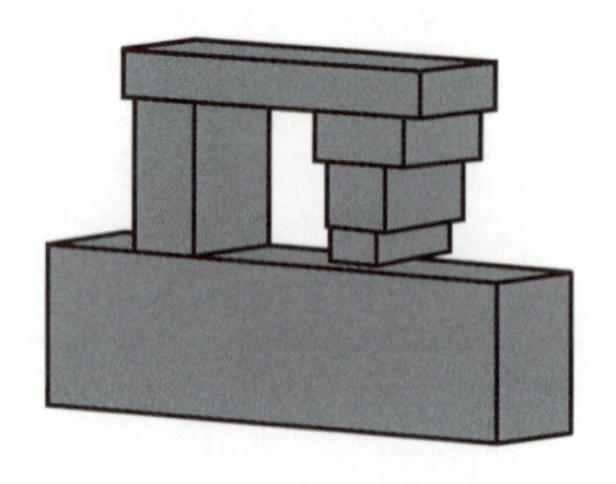

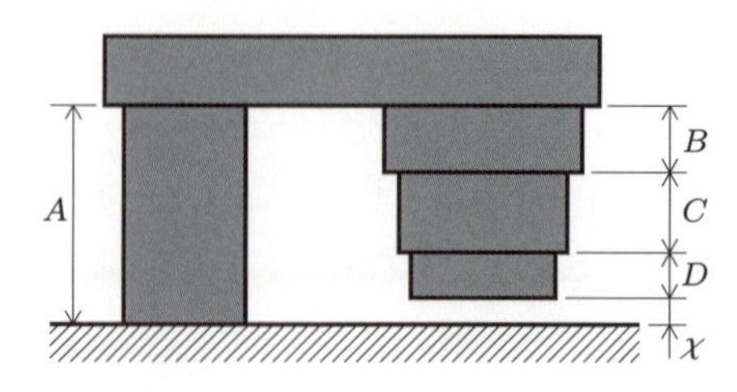

図3.14

解答

まず，すきまχの寸法値はつぎのようになる．

$$\chi = A - (B + C + D) = 13 - (4 + 5 + 3) = 1 \tag{3.10}$$

ワーストケースによる公差はつぎのようになる．

$$0.5 + 0.2 + 0.2 + 0.2 = 1.1 \tag{3.11}$$

二乗和平方根による公差はつぎのようになる．

$$\sqrt{0.5^2 + 0.2^2 + 0.2^2 + 0.2^2} = 0.61 \tag{3.12}$$

したがって，ワーストケースでは1 ± 1.1，二乗和平方根では，1 ± 0.61となる．つまり，ワーストケースでは，χは最小で-0.1となり，部品が0.1干渉することになる．

例題 3.2

図3.15において，つぎの二つの条件が与えられているとき，B，C，Dが同一部品とした場合の寸法と公差を，ワーストケースと二乗和平方根で求めよ．

$$\chi = 0.5 \pm 0.45, \qquad A = 8 \pm 0.3$$

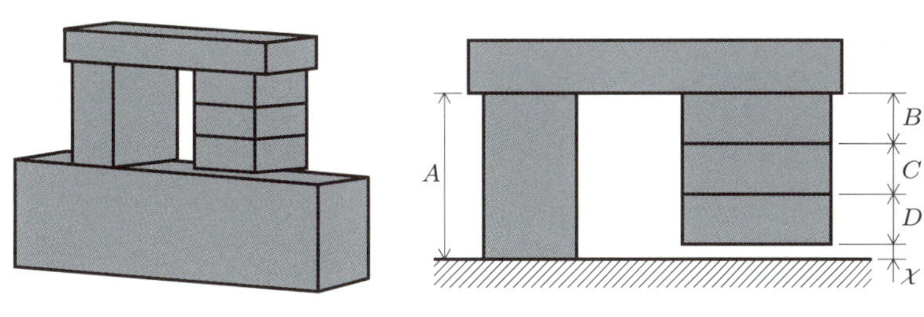

図3.15

解答

まず，すきまχの寸法値はつぎのようになる（$B = C = D$）．

$$\chi = A - (B + C + D) \tag{3.13}$$

$$0.5 = 8 - (B + C + D)$$

$$B = C = D = (8 - 0.5) \div 3 = 2.5$$

ワーストケースによる公差はつぎのようになる．

$$0.3 + (T + T + T) = 0.45 \tag{3.14}$$

$$3T = 0.15$$

$$T = 0.05$$

二乗和平方根による公差はつぎのようになる．

$$0.3^2 + T^2 + T^2 + T^2 = 0.45^2 \tag{3.15}$$

$$3T^2 = 0.45^2 - 0.3^2$$

$$T^2 = 0.0375$$

$$T = 0.19$$

したがって，ワーストケースでは2.5 ± 0.05，二乗和平方根では2.5 ± 0.19となる．

例題3.2のように，ある値χを0.5 ± 0.45にしなければならないような設計条件は頻繁に存在している．それを満たすように各部品の寸法と公差を設定するが，その際にワーストケースと二乗和平方根のどちらで考えるかによって，各部品の公差値が大きく異なる．当然，二乗和平方根のほうが公差値を大きくでき，つまり部品の加工が容易になり，コストダウンにつながる．

公差はものをつくる前に決めておく値である．そのためには，設計者と生産技術者が十分に情報交換することが必要になる．しかし，さまざまな要因によって，製造上の要求が設計者に伝わりにくくなっているのも事実である．このため，設計上の要求と製造上の要求の情報交換が円滑に進むシステムの構築が必須である．PDCAにおけるplan，doを十分な検討の上で実施することが，実績と自信に裏付けされたcheck，actへとつながる．

実際に公差設計に取り組んでいる複数の企業では，ワーストケースと二乗和平方根を基本として，さらに企業独特のルール（ノウハウ）にもとづいて公差設計を進めている．

3.7 工程能力

3.7.1 工程能力とは

工程能力とは，標準どおりの作業が行われたとき，その工程で製造される品物の品質特性が，規格をどの程度満足しているかをはかる尺度である．一般的には工程能力指数（C_pやC_{pk}）の形で表される．

工程能力指数は，C_p（process capability index）という記号を用いて次式で計算される．

$$C_p = \frac{U - L}{6\sigma} = \frac{T}{6\sigma} \tag{3.16}$$

ここで，U：規格上限値，L：規格下限値，T：規格の幅（公差域），σ：標準偏差である．

これは，図3.16のように規格の幅$U - L$が，分布の標準偏差σの6倍，すなわち不良発生率が約0.27%になる場合に，ちょうど$C_p = 1$になるように指数化したものである．また，表3.2は，C_p値と分布の状態および不良率の一覧表である．

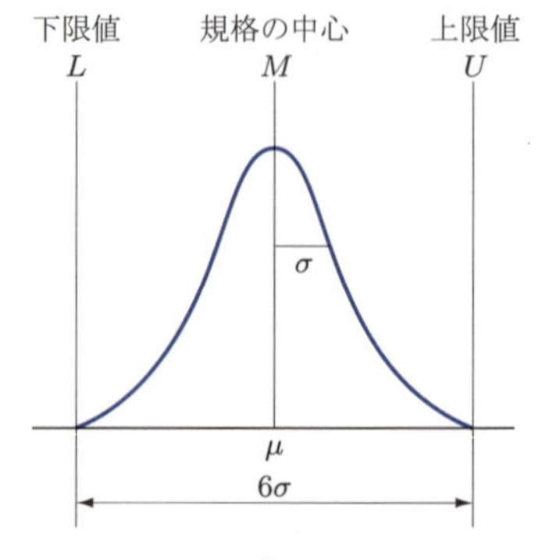

図3.16 工程能力指数 C_p

表 3.2　$C_{\rm p}$ 値と不良率

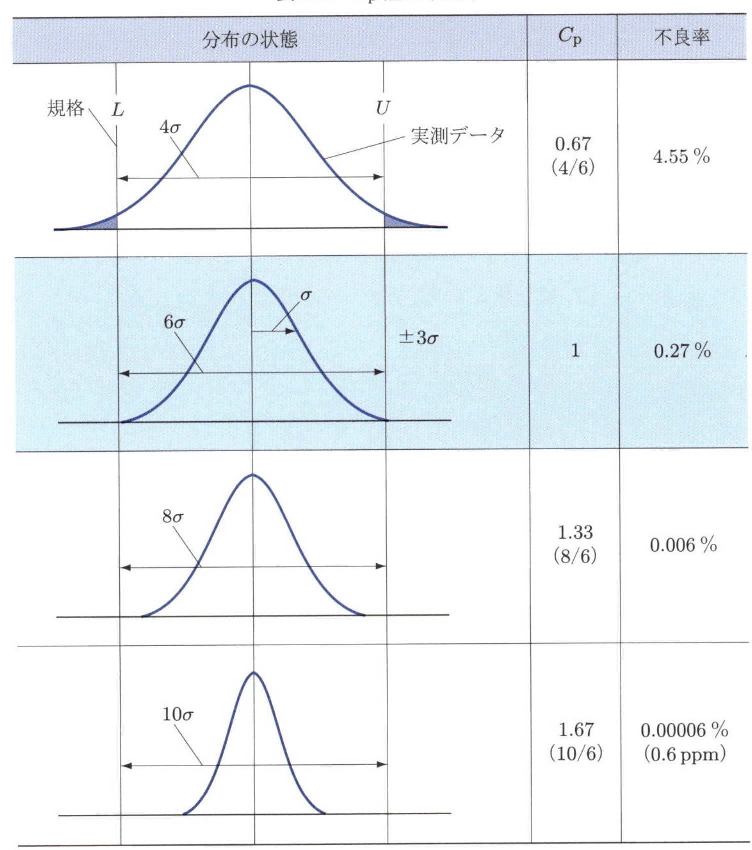

分布の状態	$C_{\rm p}$	不良率
規格 L U 4σ 実測データ	0.67 (4/6)	4.55 %
6σ σ $\pm 3\sigma$	1	0.27 %
8σ	1.33 (8/6)	0.006 %
10σ	1.67 (10/6)	0.00006 % (0.6 ppm)

3.7.2 工程能力の判断

工程能力指数を評価することで，工程能力の有無を判断できる．一般に $C_{\rm p} = 1$ が境界であり，それを下回ると対策が必要になる．式 (3.16) からも，対策は，

① 工程の見直し（ばらつき低減）

② 規格の再検討（公差を広げる）

③ 選別

などがあげられる．

実際の現場では，同一製品の部品において，非常に厳しい公差を設定して全数検査分類で対応している部品もあれば，公差の余裕があり余っている部品も複数あるなど状況はさまざまである．余裕のある公差があらかじめ予測できているなら，その公差を厳しい公差の部品に分ければ，トータルとしてバランスのとれた設計となる．ただし，量産に入ってからでは②は非常に困難となる．いかに，設計段階で公差値を適正につくり込むかが重要である．

3.7.3 工程能力指数 C_p と C_pk

実際の製品の平均値 μ は，規格の中心値 M と異なる場合が多い．そこで，工程能力指数として C_p ではなく，C_pk を用いる．図 3.17 のように，μ が M の右側になった場合は，次式で計算する．

$$C_\mathrm{pk} = \frac{U - \mu}{3\sigma} \tag{3.17}$$

C_pk は，平均値 μ から規格が厳しいほうの側（図 3.17 では U 側）までの幅が小さいほうを 3σ で割った値である．もちろん，L 側が厳しい場合は，分子が $\mu - L$ となる．

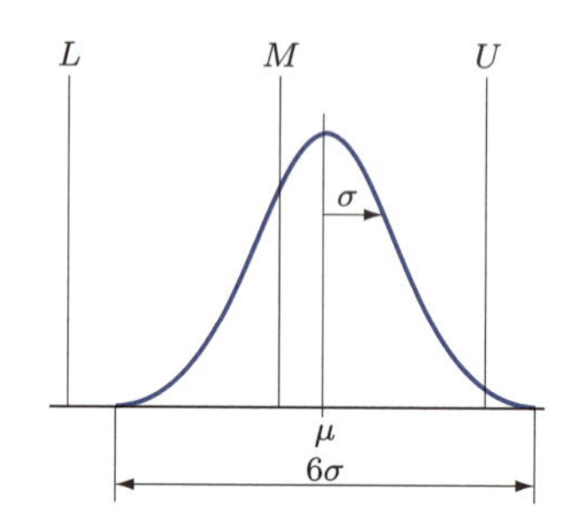

図 3.17　工程能力指数 C_pk

C_p を計算する目的は，規格幅に対する工程変動（ばらつき）のレベルを評価することである．一般には，工程の平均値を調整するのは比較的容易なため，もし平均値を規格の中心へ調整できたなら，その程度は工程能力が向上するというめやすとなる．

一方，実際の工程では，平均値が規格中心でない場合が多いため，C_p で工程不良率を推定したのでは，実際よりも甘い評価になってしまう．そこで，平均値がずれている方向に厳しい規格側で C_pk を評価する．したがって，C_pk から全体の不良率を推定すると，不良率は実際のものより高くなるが，これは安全側で判断するという目的である．もちろん，平均値が規格中心から大きく離れている場合には，上側と下側の両方の不良率を計算して合計したほうが，実際の不良率に近い値が得られる．

【工程能力指数の例】

ある部品の実測データが，図 3.18 のように $N(11.5,\ 0.12^2)$ であった．上側の許容値が 11.7 の場合，工程能力指数 C_pk は，つぎのようになる．

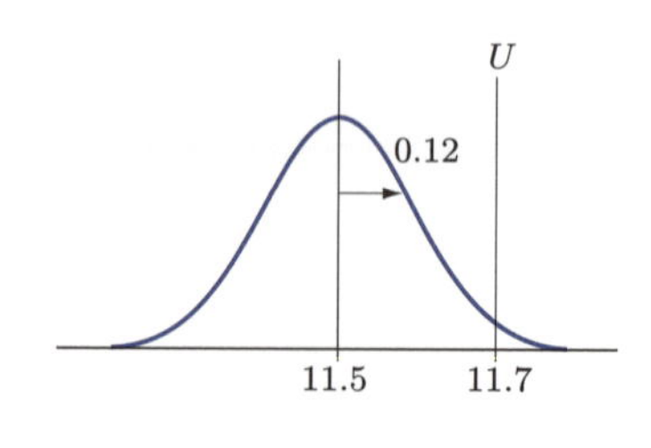

図 3.18

$$C_{\mathrm{pk}} = \frac{11.7 - 11.5}{3 \times 0.12} = 0.56 \tag{3.18}$$

3.8 公差設計の実践レベル

公差の計算においては，部品の寸法と製品の要求する位置関係からてこ比（支点からの距離の比率）の計算が必要であり，かつ部品間のがた（部品と部品のすきま関係）の考察が重要となる．実際には，てこ比とがたおよびそれらを組み合わせた取り組みが必要になるが，基本的な部分を例題に取り組みながら理解していこう．

3.8.1 がたとてこ比

図 3.19 に示すように，がた G とは，穴（穴径 A）とピン（ピン径 B）で位置決めを行うような場合，次式となる．

$$G = \frac{A - B}{2}$$

長穴（図中※）を用いた場合は，穴幅 A' とピン径 B で決まる．

$$G' = \frac{A' - B}{2}$$

一方，図 3.20 に示すように，てこ比 L とは支点からの距離の比率であり，次式のように表される．

$$L = \frac{L_2}{L_1}$$

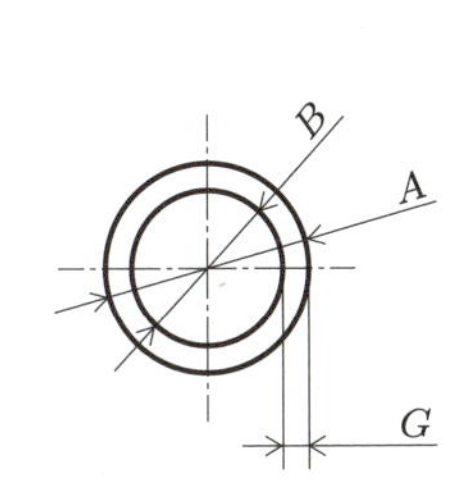

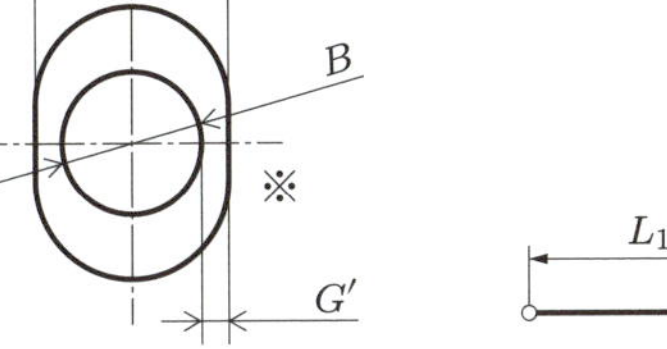

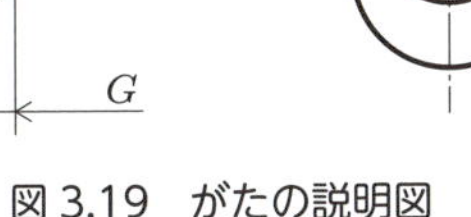

図 3.19　がたの説明図

図 3.20　てこ比の説明図

例題 3.3

図 3.21 のモデルにおいて，2 箇所の案内ピン部のがたの影響による先端の移動量を求めよ．ただし，各寸法の公差は± 0 として，がたのみの影響を考え，ねじ部のがたの影響は無視する．

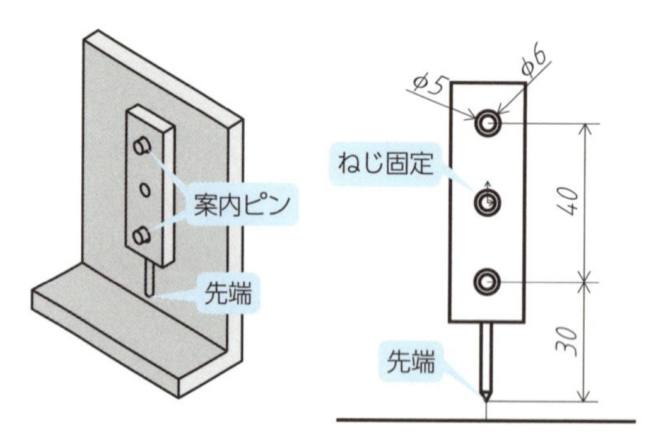

図 3.21　がたとてこ比の例

解答

ねじで締め付けた際には，回転して図 3.22 (a) の状態になるが，計算の便宜上，図 (b)，(c) の二つの状態に分割して考えると理解しやすい．

図 (b) の下部がたによる先端の移動量 β_1 は，つぎのようになる．

$$\beta_1 = 0.5 \times \frac{70}{40} = 0.875$$

ここで，0.5 ががた，70/40 がてこ比である．図 (c) の上部がたによる移動量 β_2 も同様につぎのようになる．

$$\beta_2 = 0.5 \times \frac{30}{40} = 0.375$$

したがって，がたの影響のみによる先端の移動量 β は，つぎのようになる．

$$\beta = \beta_1 + \beta_2 = 1.25$$

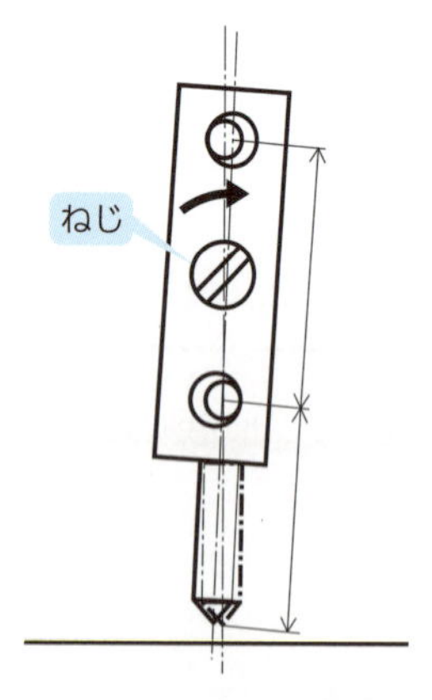

（a）ねじの締め付け状態

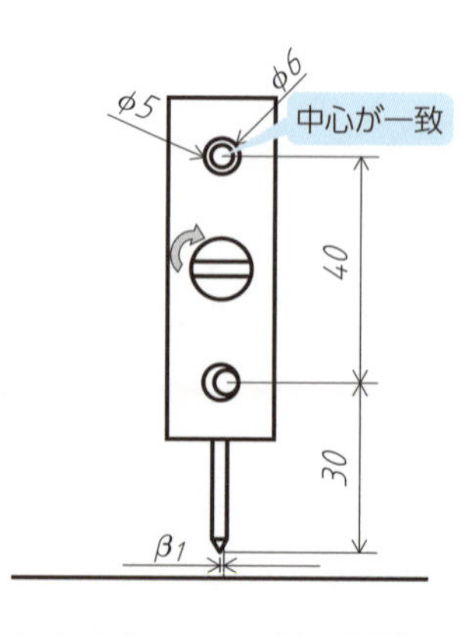

（b）下部がたによる移動量 β_1

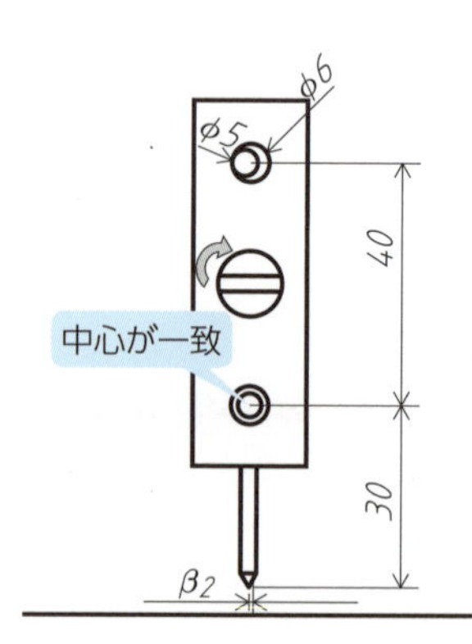

（c）上部がたによる移動量 β_2

図 3.22　先端の移動量

公差の計算では，各部のがたおよび各部品の公差値に上記のそれぞれの係数（てこ比）を掛けて計算することとなる．これらは，設計者の意図および周辺構造に大きく左右されるため，実際の設計場面においては，十分な考察が必要となる．

3.9 3次元公差設計ソフト

本項では，日々の公差設計業務を効率化するための3次元公差設計ソフト「TOL J」について紹介する．本ソフトウェアは，前節までで説明してきた公差設計理論を有した方々が使用することを目的としている．図3.23は，TOL Jを用いて，ある小型歯車装置の機能上重要なすきま0.05の公差計算をしている画面である．

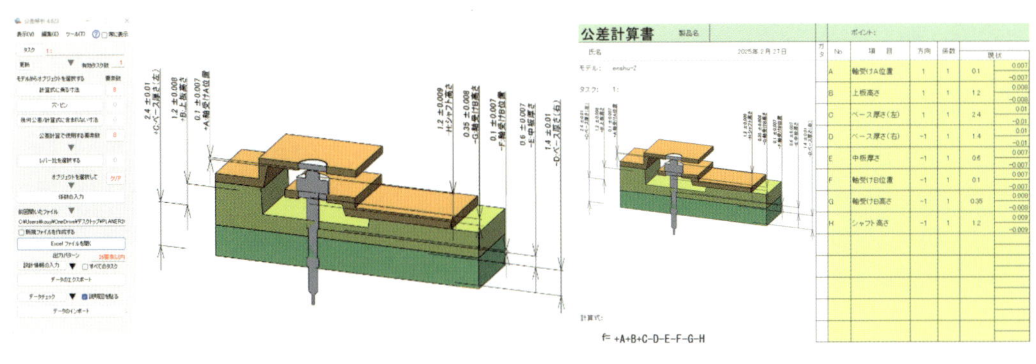

	計算方法	中央値	現状		現状判定（ガタ考慮無し）	現状判定（ガタ考慮）
計算結果	Σ	0.05	±0.066		×	×
	√	0.05		±0.0236	O	O
	√＊係数	0.05		±0.0354	O	O
	(Σ+√)/2	0.05		±0.0448	O	O
	一様分布	0.05		±0.0408	O	O
	Σ（片振り公差）	0.05	0.066 −0.066		×	×

図3.23　TOL Jによる公差計算イメージ

TOL Jには以下の特徴がある．

① 複数の3次元CADソフト上で，とにかく簡単に公差設計が行える．

② ワーストケース，二乗和平方根に加え，これまでの日本企業のなかで培われてきたノウハウにもとづいた複数の公差計算方法による結果を出力できる．

③ 一次公差計算結果を算出した後，設計目標値を満足するために，各部品への公差の自動割り振り機能をもっている．

④ がた・てこ比を考慮した計算ができる．

⑤ 改良前と改良後において公差値がどのように変わったのか，また寄与率や不良率がどのように変化したのかといったレポート機能が優れている．

⑥ 検図者（他者）が確認しやすい表示機能が多数準備されている．

世の中には，いくつかの「3次元公差解析ソフト」はあるが，TOL Jは「3次元公差設計ソフト」として，設計者が設計現場のなかで活用することを想定し，設計者の要望をすべて盛り込み，かつ検図者もその公差設計の様子を素早く理解できるものとなっている．「公差設計の見える化」が実現できることから，大学や高専においては，公差設計教育用として，複数の企業いては，教育と実践の両方で活用が進んでいる．

第2章「JIS 製図法」のなかで説明されたとおり，現在，大企業を中心に 3DA（3D 図面）の活用が進められている．こういった取り組みが実現し，設計者が当たり前に 3D モデルのなかに公差情報を入力することになれば，3次元公差設計ソフトの活躍もますます増えることになるだろう．

演習問題

3.1 図 3.24 でつぎの二つの条件が与えられているとき，B～G が同一部品（寸法と公差が同じ）とした場合の寸法と公差を，ワーストケースと二乗和平方根のそれぞれについて計算せよ．ただし，$\chi = 0.6 \pm 0.45$，$A = 15.0 \pm 0.15$ とする．

（1） B～G の値（寸法）を計算せよ．

（2） ワーストケースにより公差値を計算せよ．

（3） 二乗和平方根により公差値を計算せよ．ただし，公差値は少数第4位を四捨五入すること．

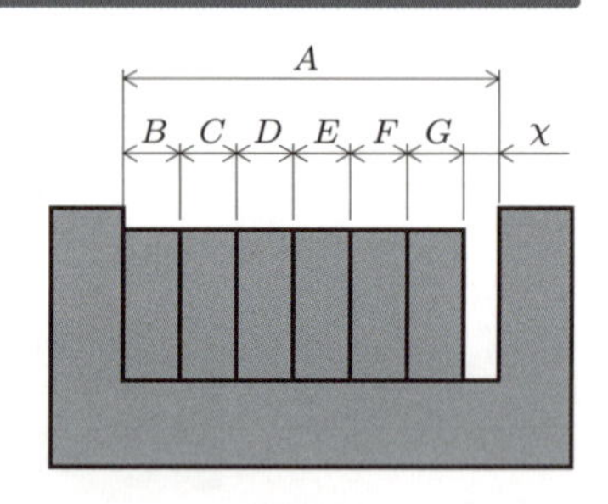

図 3.24

3.2 図 3.25 に示すパイプに丸棒を差し込んだ場合，はまらなくなる確率を求めよ．ただし，パイプの穴の内径 A および丸棒の直径 B は，ともに 10 mm，サイズ公差は，穴の内径では上限が $+0.12$ mm で下限が 0 mm，丸棒の直径では上限が 0 mm で下限が -0.12 mm とする．また，製造では 3σ 管理（$C_p = 1$ で管理されている状態）をするとして，ランダムに組み合わされるものとする．

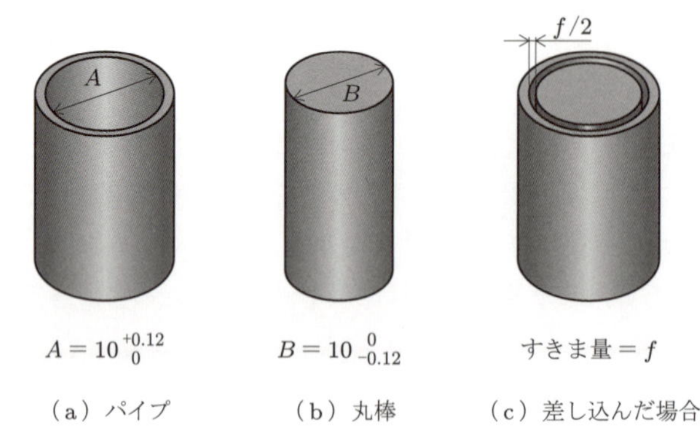

$A = 10^{+0.12}_{\ 0}$　　$B = 10^{\ 0}_{-0.12}$　　すきま量 $= f$

（a）パイプ　（b）丸棒　（c）差し込んだ場合

図 3.25

解答

3.1

(1) $\dfrac{A-\chi}{6}=\dfrac{15.0-0.6}{6}=2.4$ (1)

(2) $0.15+(T+T+T+T+T+T)=0.45$ (2)

$T=\pm\,0.05$

(3) $0.15^2+T^2+T^2+T^2+T^2+T^2+T^2=0.45^2$ (3)

$T=\pm\,0.173$

3.2

許される製造誤差：$\pm\,0.06$

各部品の標準偏差：$\sigma=0.02$

すきま量 f の分布：$N\,(0.12,\ 0.028^2)$ (4)

すきま量 f が 0 以下になる確率：$K_\varepsilon=\dfrac{x-\mu}{\sigma}=\dfrac{0.12}{0.028}=4.3$ (5)

したがって，標準正規分布表より 0.000855％である．つまり，はまらない確率はきわめて低い．

（備考）

$$A=10.06\pm0.06,\qquad B=9.94\pm0.06$$

互換性の方法：0.12 ± 0.12

不完全互換性の方法：0.12 ± 0.085 (6)

つまり，式 (6) の計算結果 0.085 の 1/3 が，式 (4) の σ の値と一致する．

参考文献

［3.1］ 栗山 弘，「公差設計入門」，日経ものづくり，2011.

3次元設計能力検定試験（オンライン）
図面作成コース　模擬試験問題

検定試験の流れ

① 協会のWebサイトから願書をダウンロードし，必要事項を記入してメール添付にて申し込む.

※ 右のQRコードより願書（PDF）をダウンロードできます.

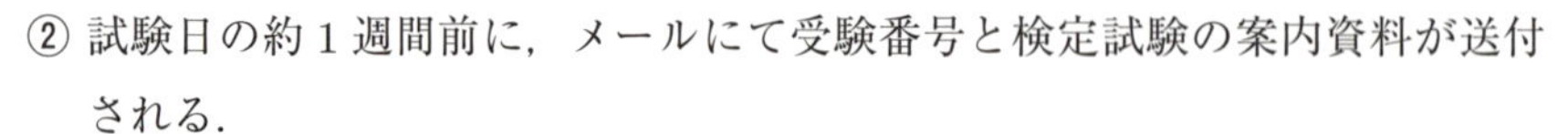

② 試験日の約1週間前に，メールにて受験番号と検定試験の案内資料が送付される.

③ 3次元CAD科目受験者は，試験当日までに案内資料に記載されたURLより試験システムにアクセスし，**［事前実技課題］**（p.123～126）に解答する．課題で作成したモデルデータは，CD-RやUSBメモリなどの記録媒体に保存する.

※ 3次元CAD以外の科目のみの受験者は，試験当日の課題のみのため，事前準備は不要です.

④ 試験当日，検定試験の案内資料と上記③で用意したモデルデータ（3次元CAD科目受験者対象），PC（ネットワーク接続可能なもの）を準備する．試験開始時間になったら，試験システムにアクセスし，持参したモデルデータを使って，**［当日課題］**（p.127～134）に解答する.

⑤ 3次元CAD試験終了後，事前課題および当日課題で作成したモデルデータをメール（データ圧縮）にて事務局へ提出する.

※ 送信制限などによりメールにて提出できない場合は，試験案内書に従って，CD-RやUSBメモリなどの記憶媒体を事務局へ郵送してください.

⑥ 3次元CAD以外の科目のみの受験者は，試験開始時間になったら，試験システムにアクセスし，オンライン上で解答する.

※ 試験システムへのログイン・操作方法，試験当日のモデルデータ提出先の詳細は，試験1週間前に送付される案内資料を参照ください.

3 次元 CAD

1.1 ［事前実技課題］指示図 1〜4 の 20 の部品を与えられた図面どおりに 3D モデル化せよ．

指示図 1

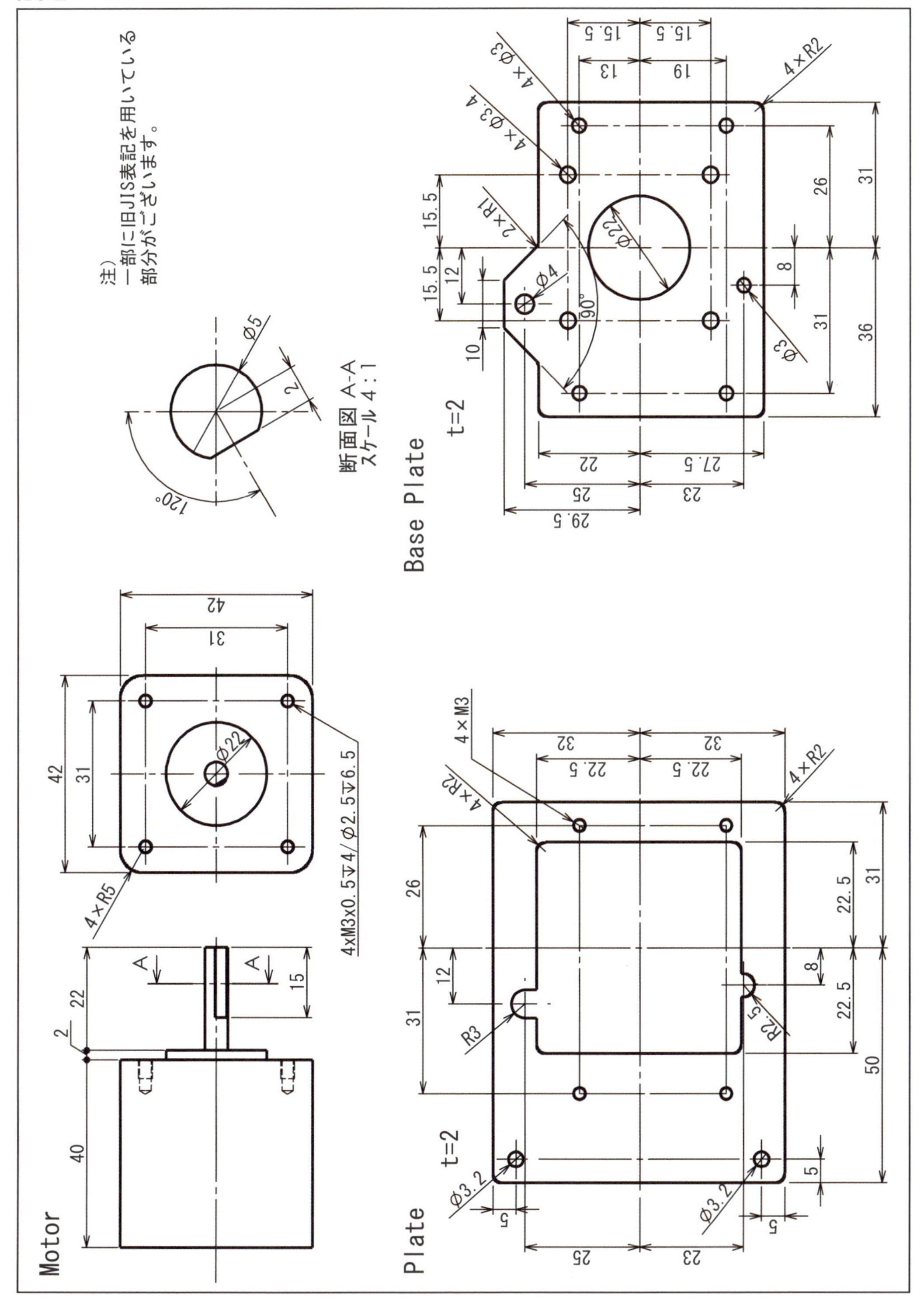

指示図 2

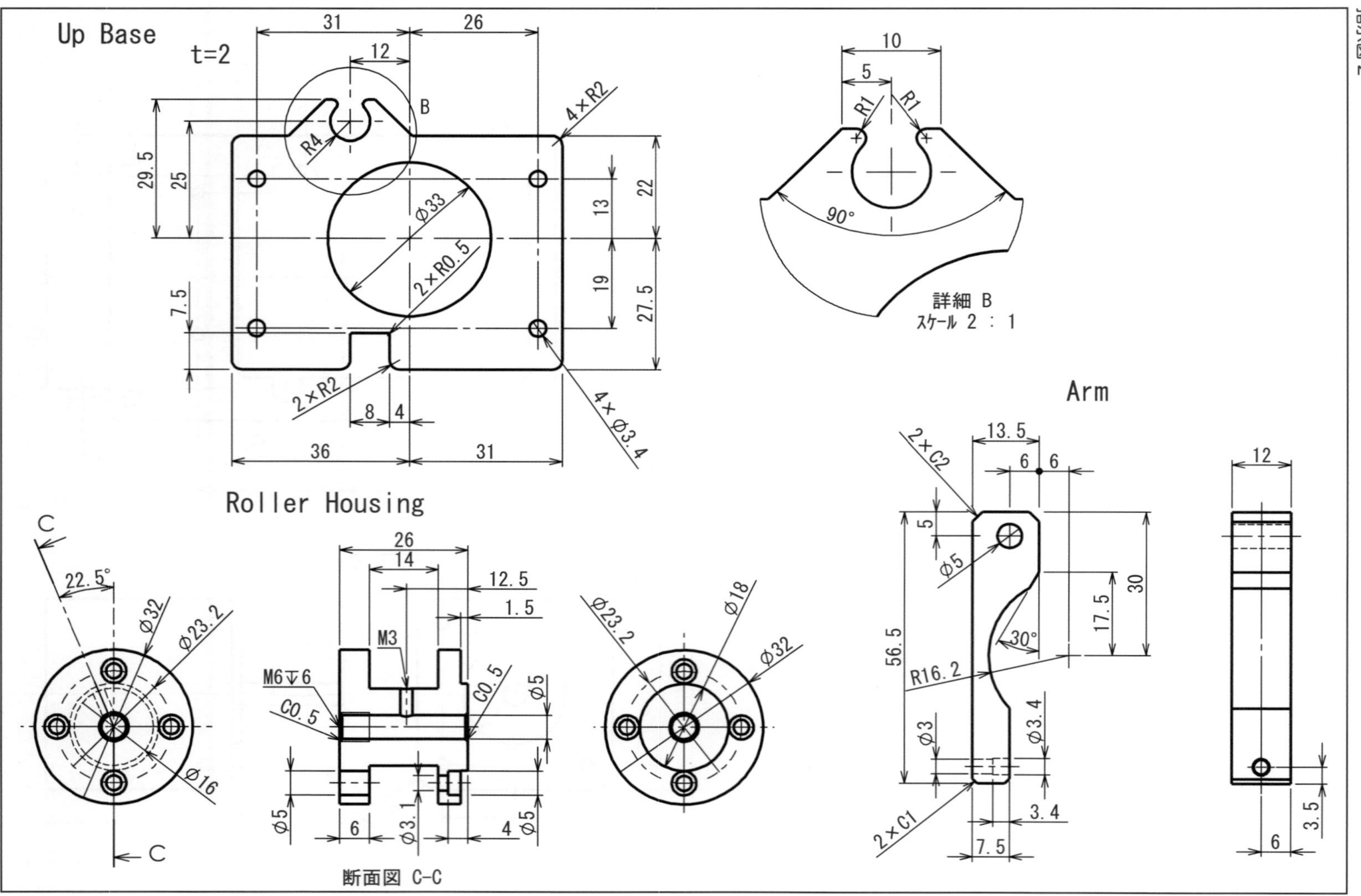

指示図 3

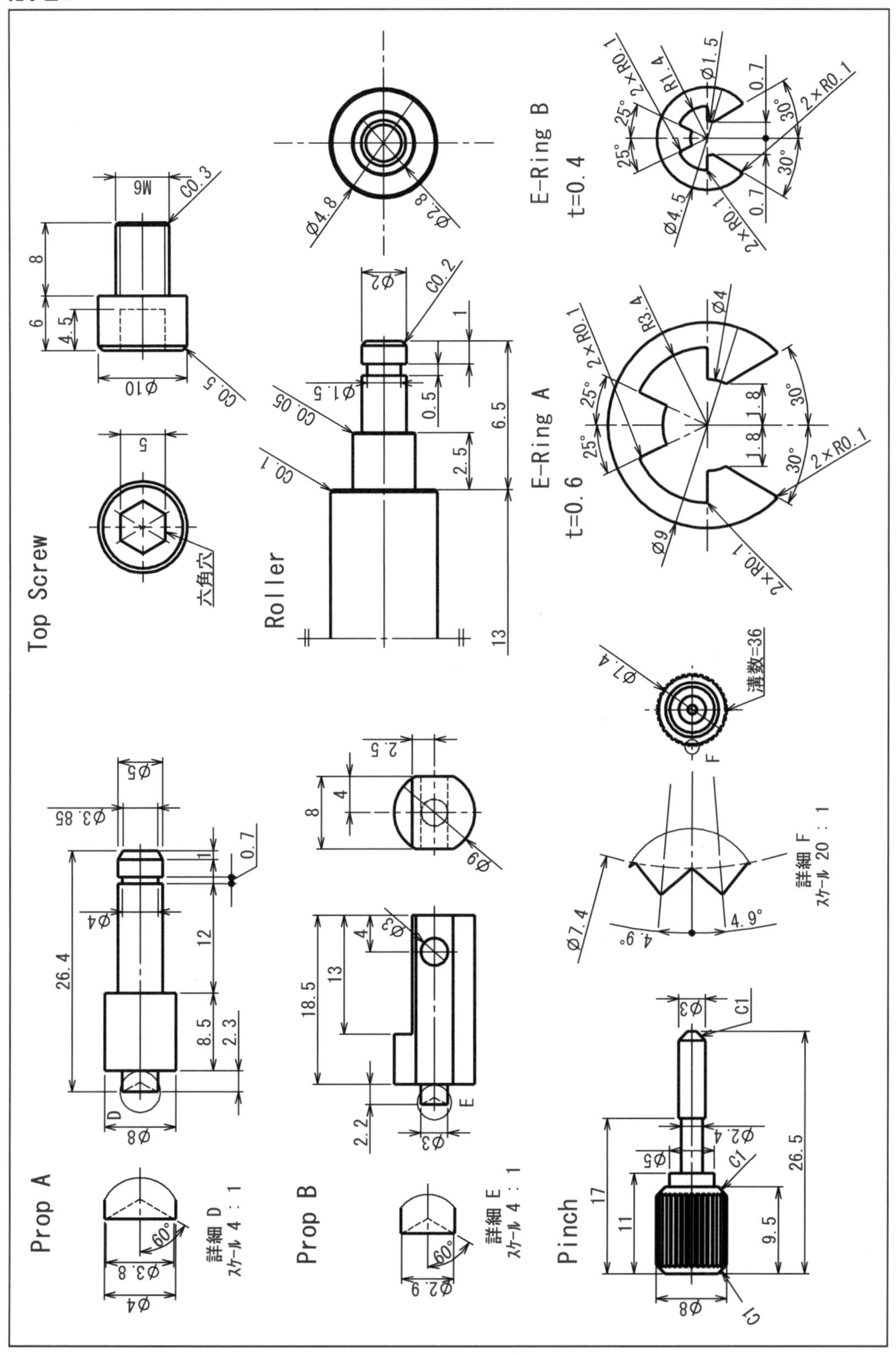
Top Screw
六角穴
M6
C0.3
C0.5
Roller
C0.2
C0.05
C0.1
E-Ring A
t=0.6
E-Ring B
t=0.4
溝数=36
Prop A
詳細 D
スケール 4：1
Prop B
詳細 E
スケール 4：1
詳細 F
スケール 20：1
Pinch
C1

指示図 4

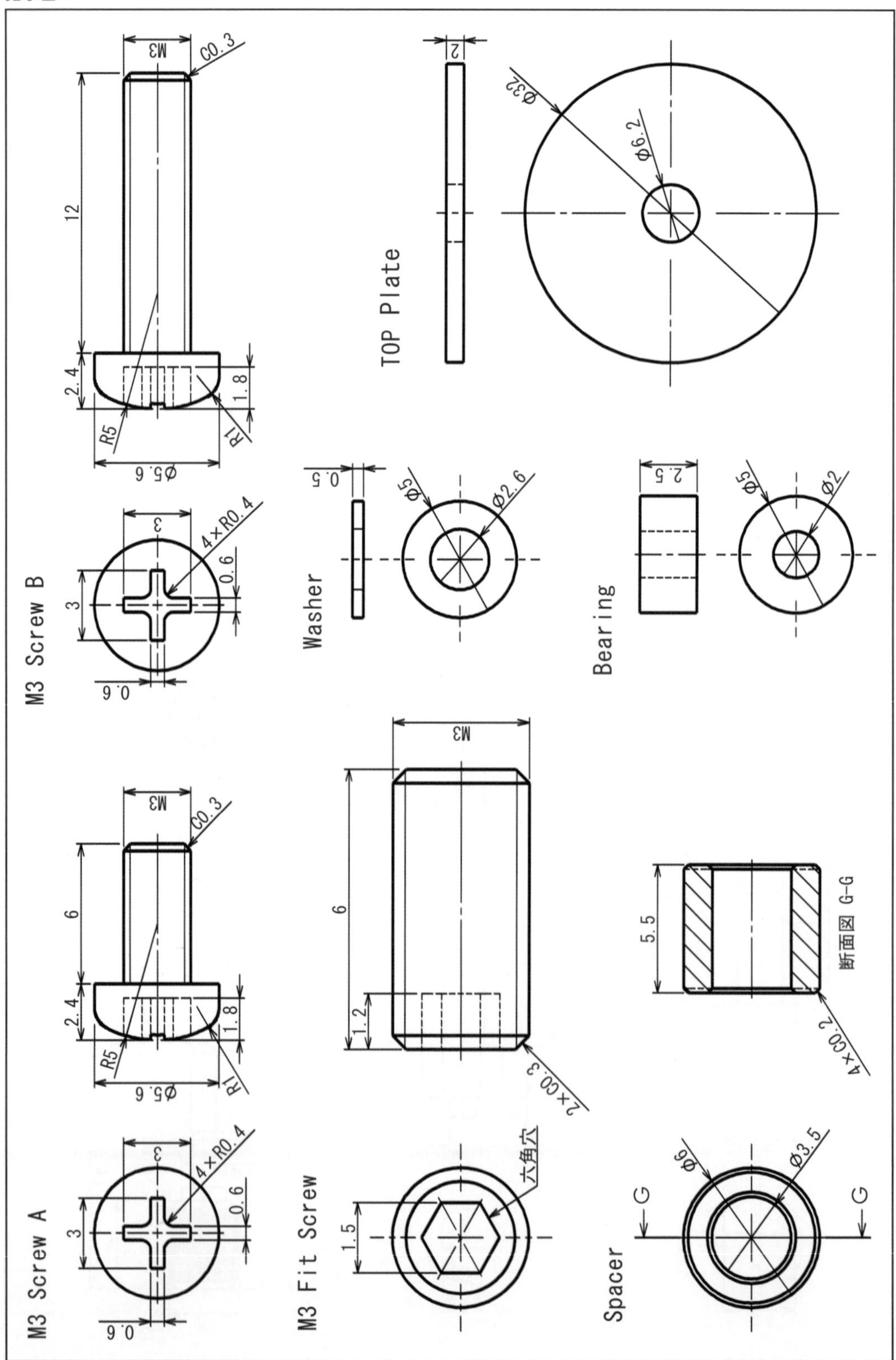
M3 Screw A
M3 Screw B
M3 Fit Screw
Washer
Bearing
Spacer
TOP Plate
断面図 G-G
六角穴
M3
C0.3
12
6
2.4
1.8
R5
R1
Ø5.6
3
4×R0.4
0.6
2
Ø32
Ø6.2
0.5
Ø5
Ø2.6
2.5
Ø2
1.2
2×C0.3
5.5
4×C0.2
1.5
Ø6
Ø3.5
G

1.2 **[当日課題]** 事前実技課題で作成した3D モデルを使って下記の問に答えよ.

（1）指示図5，6，7を参照し，以下の指示に従ってアセンブリせよ.

注）• 使用したCAD によるアセンブリデータと共にSTEP 形式のデータを作成する.
- Roller Housing 部はサブユニットとして作成する.
- アセンブリファイル名は「Pump Assy」，サブユニットファイル名は「Roller Housing Unit」とする.

なお，ねじ部品以外の部品どうしの干渉はないようにすること.

（2）以下の指示に従って「Pump Assy」に変更を加えよ.

注）• 変更したすべての部品とアセンブリは，使用したCAD によるデータと共にSTEP 形式のデータを提出せよ.
- 変更後のアセンブリファイル名は「Pump Assy After」とする.
- ここでは，変更前の「Pump Assy」と変更後の「Pump Assy After」の2 種類のアセンブリを保存すること．2 種類のアセンブリが保存できていれば手法は問わない.

(2-1) 指示図8 を参照して新規部品「Tube Guide」を作成せよ.

(2-2) 指示図9 を参照して「Up Base」に変更を加えよ．なお，変更後の「Up Base」のファイル名は「Up Base After」とする.

(2-3) (2-1) で変更した部品をアセンブリ「Pump Assy After」に反映されるようにせよ．また，新規作成した「Tube Guide」を指示図10 のとおりに取り付けよ.

（3）指示図11 を参照し，「Roller Housing」部品の2D 図面を作成せよ.

注）• A4 − 横用紙で必ず白紙を使用する（表題欄，輪郭線，中心マークなどは不要）.
- 用紙のほぼ中央付近に投影図を配置する.
- 矢印，寸法のフォントは任意とする.
- 図面ファイル名は「Roller Housing」とする.
- 作成した図面データのほかにDXF データを作成する.

（4）指示図7 を参照し，「Pump Assy」の分解図面を作成せよ．なお，その際に指示図10 も併せて参照し，「Tube Guide」部品が取り付けられている分解図面を作成すること.

注）• A4 − 横用紙で必ず白紙を使用する（表題欄，輪郭線，中心マークなどは不要）.
- 用紙のほぼ中央付近に投影図を配置する.
- 矢印，寸法のフォントは任意とする.
- 図面ファイル名は「Pump Assy」とする.
- 作成した図面データのほかにDXF データを作成する.

指示図 5　Roller Housing Unit

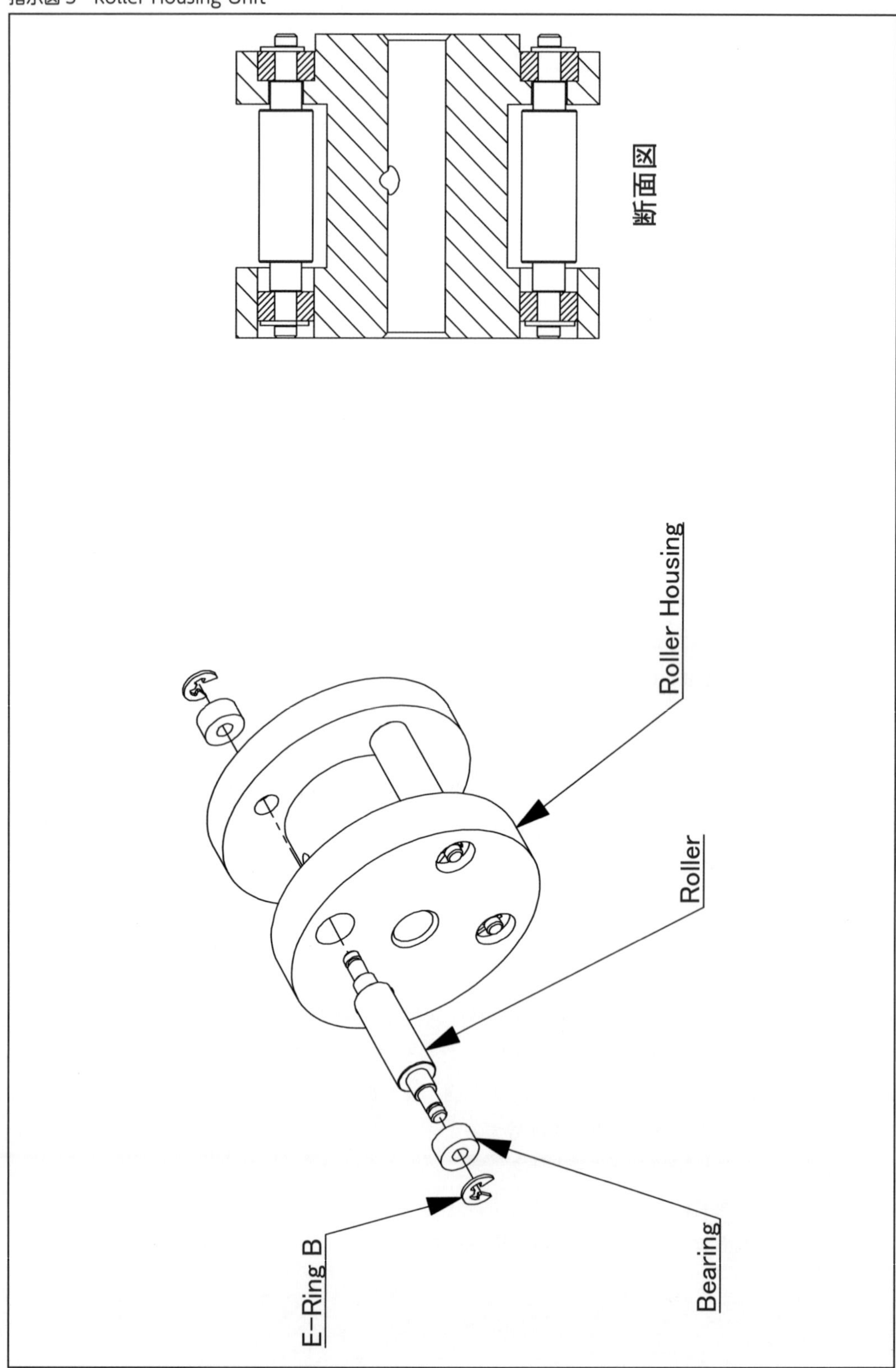

指示図 6　Pump Assy

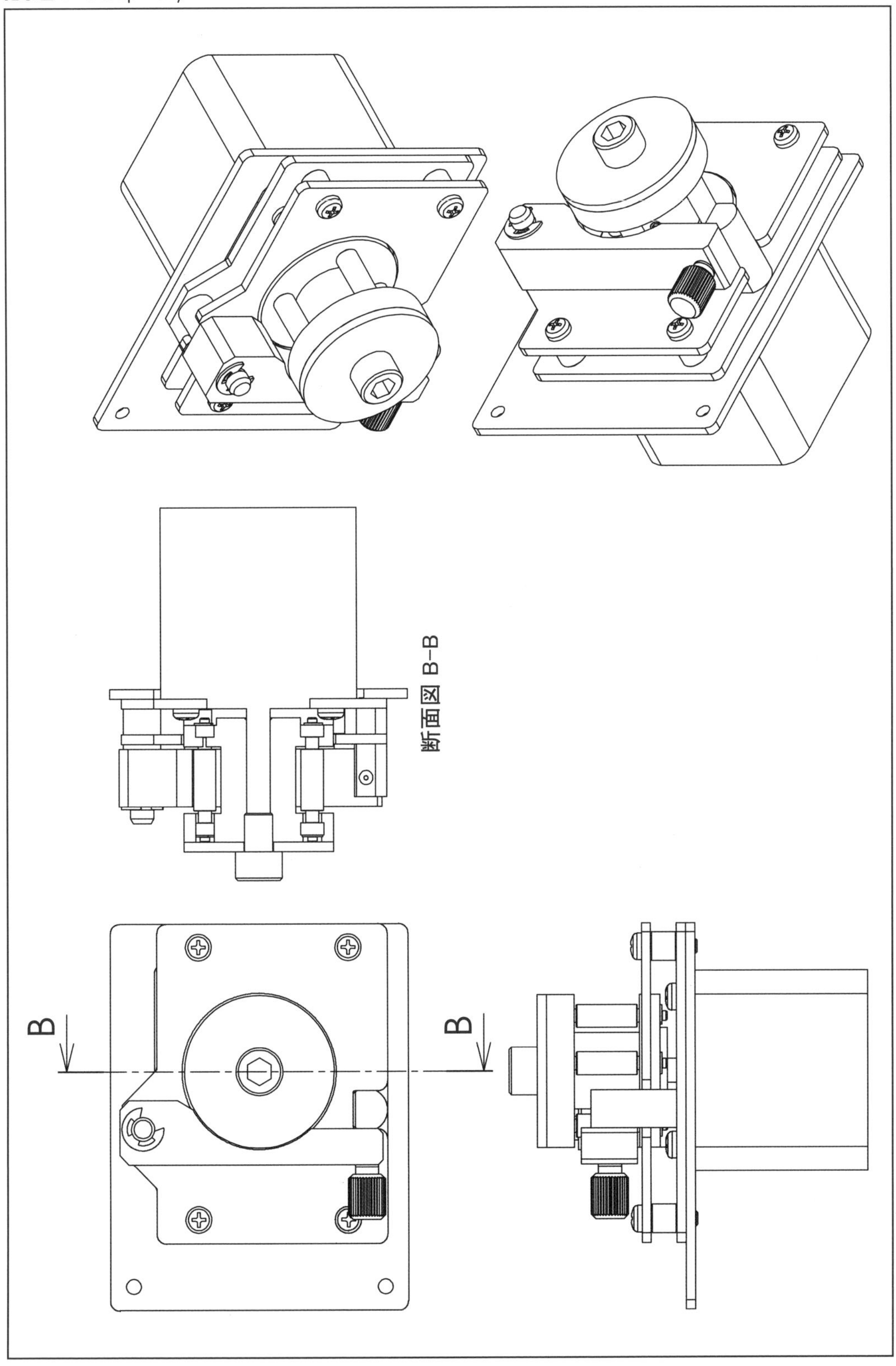

指示図 7　Pump Assy 分解図

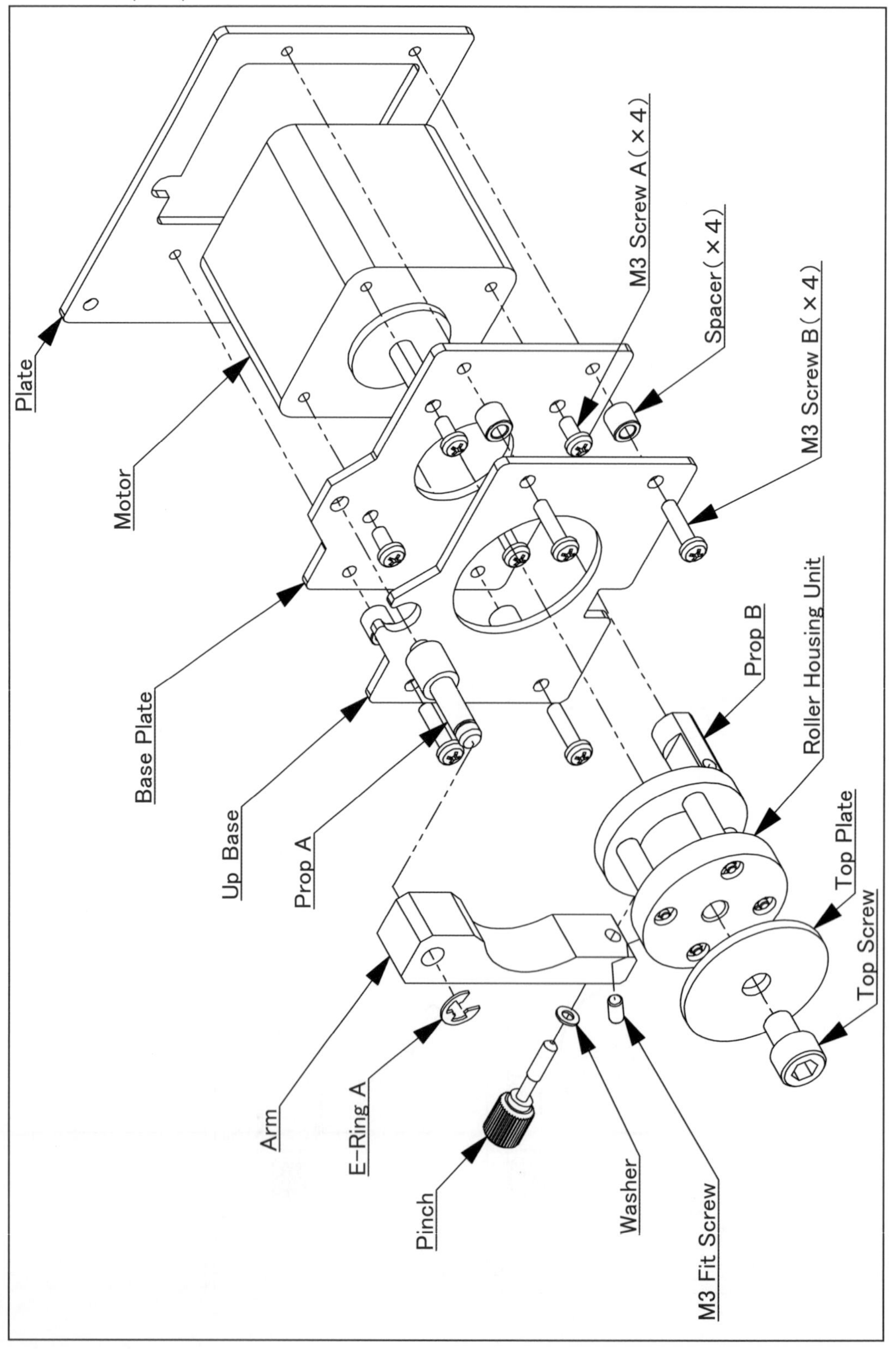

指示図 8　Tube Guide

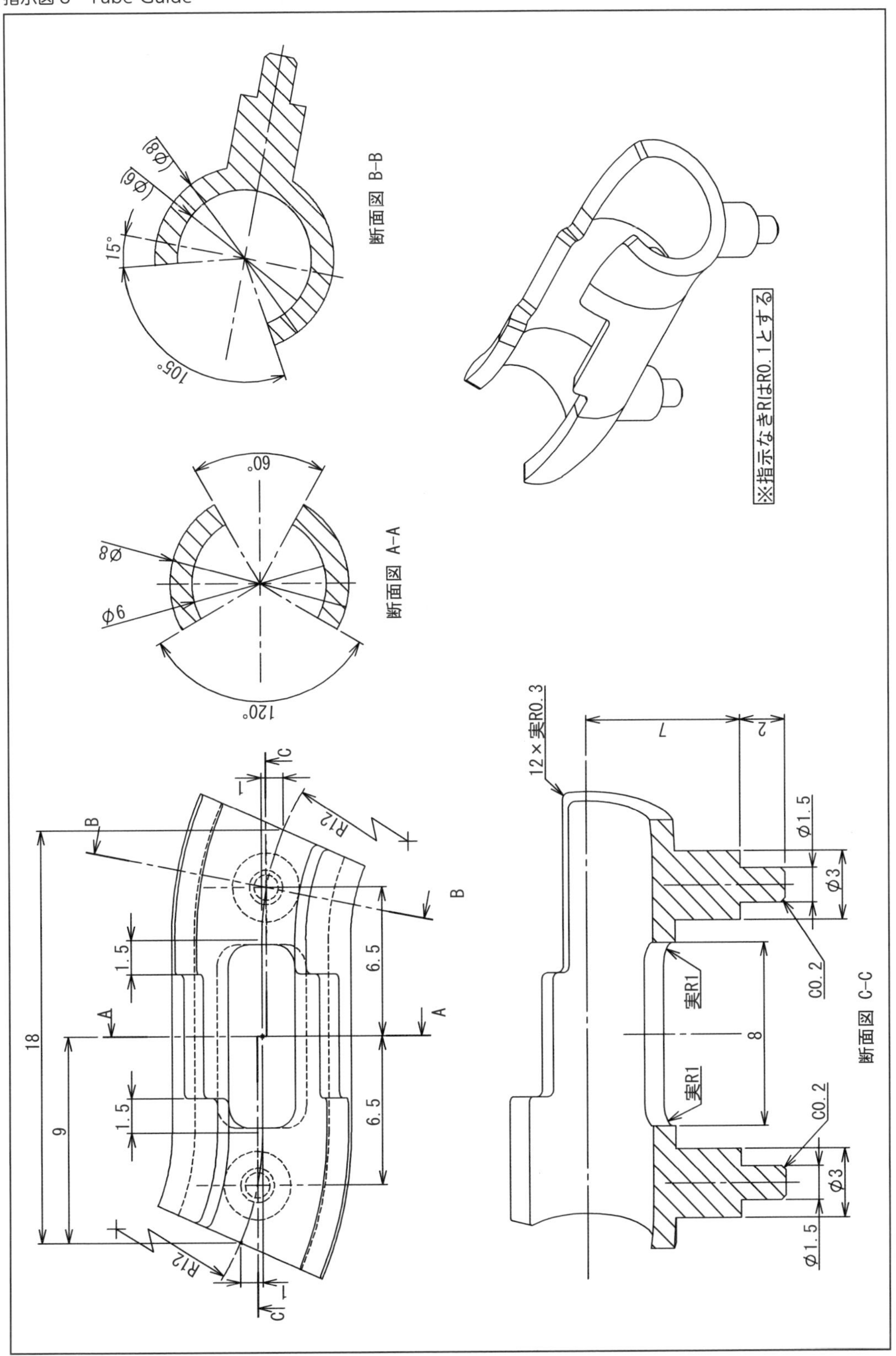

指示図 9　Up Base After：Tube Guide 用（Tube Guide 取り付け部：貫通穴）

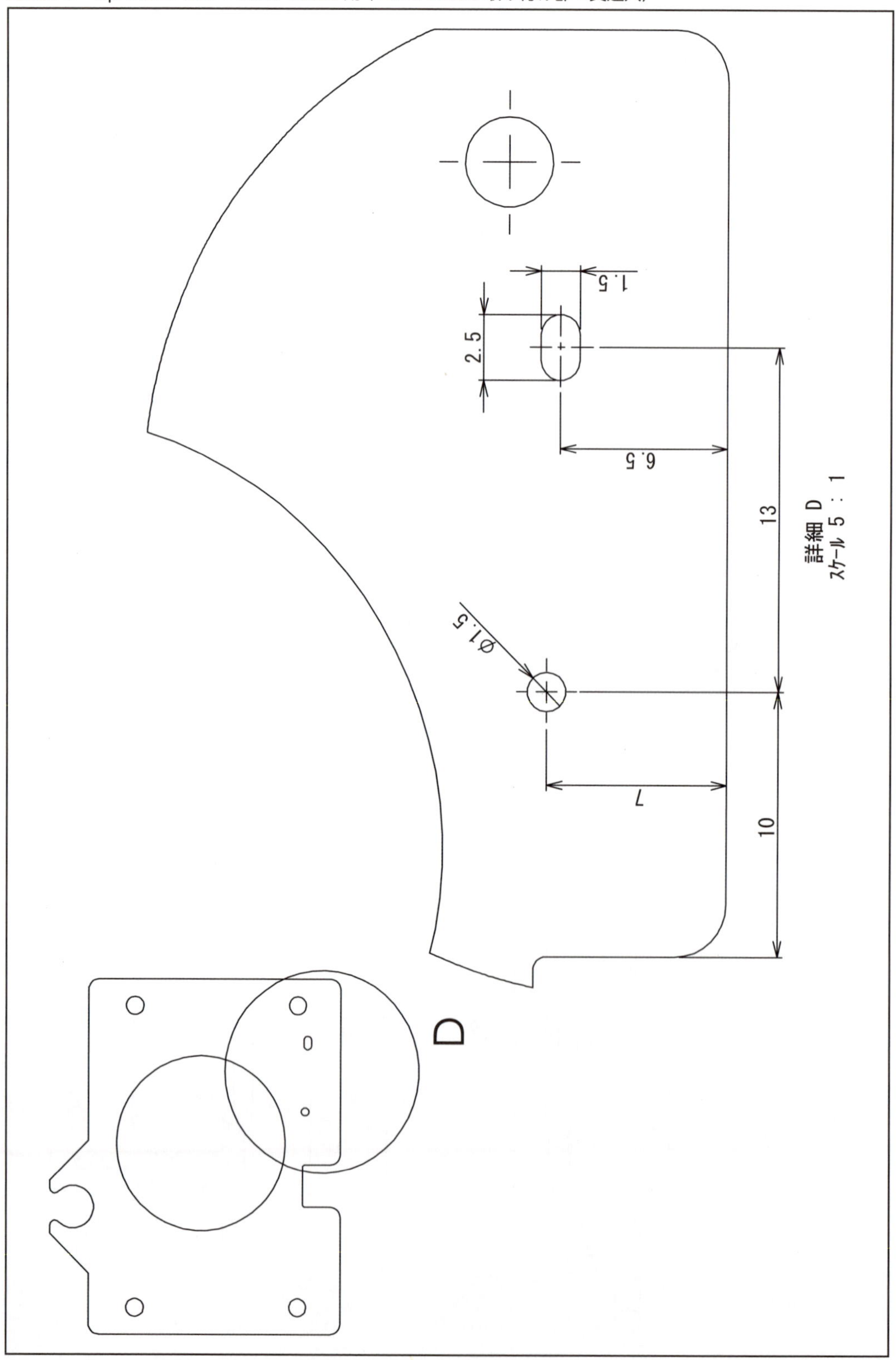

指示図 10　Pump Assy After

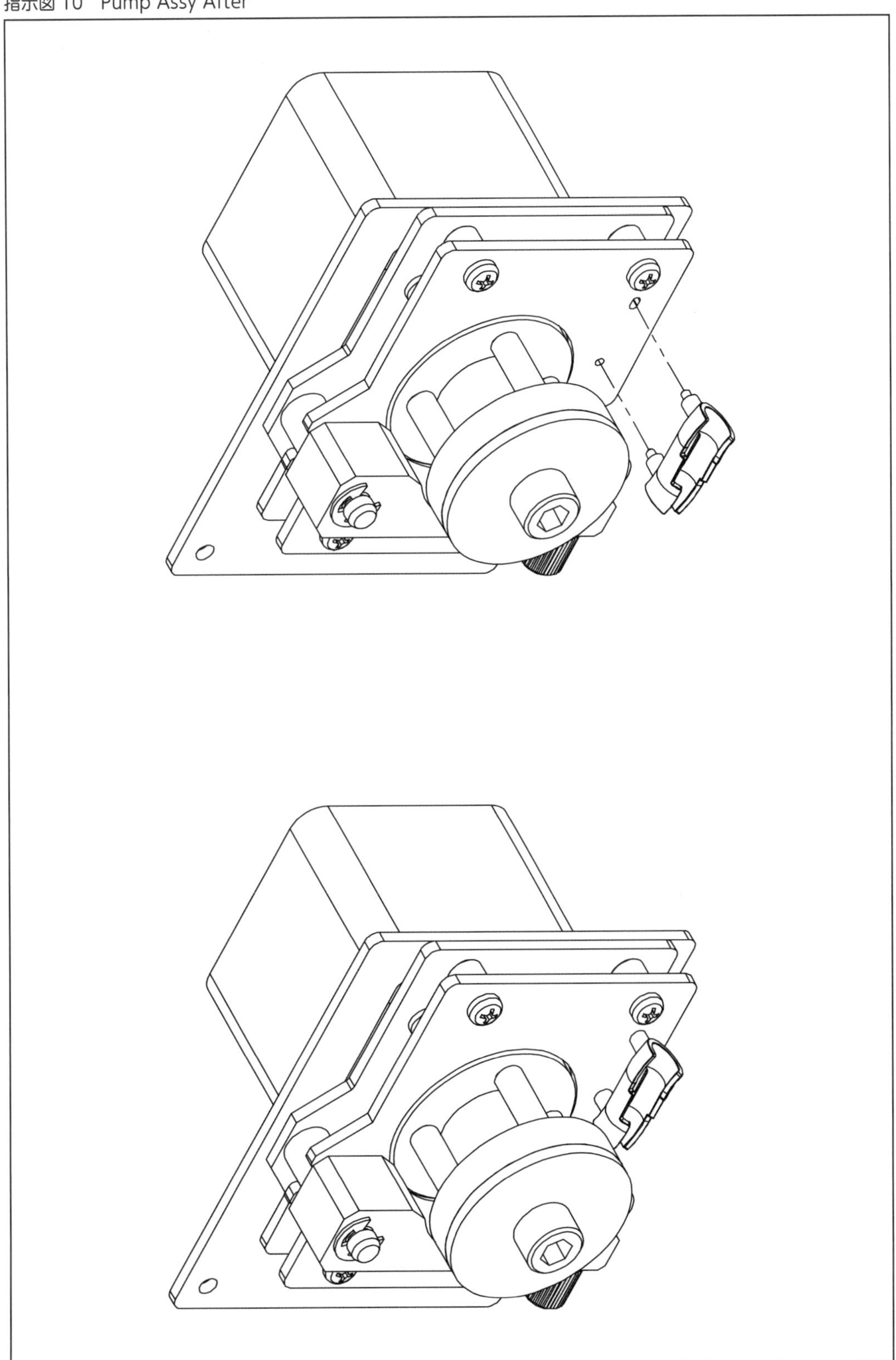

指示図 11　Roller Housing

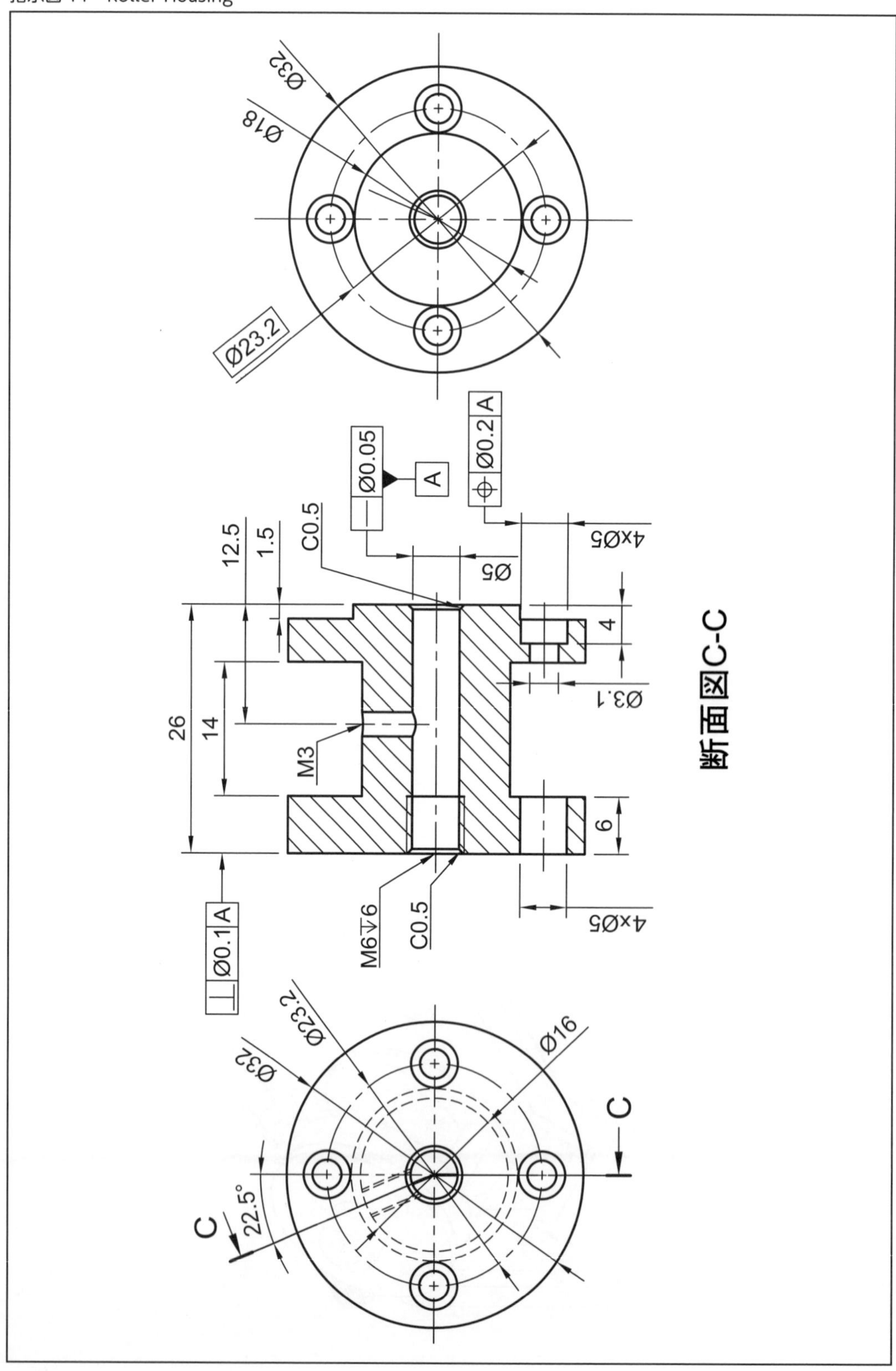

JIS 製図法

2.1 以下の文章の空白部に適切な用語を書き入れよ．

(1) ISO とは，Internationa1 Organization for Standardization の略であり，日本語で ＿①＿ という．この規格は，世界共通のルールとして規定されている．

(2) ＿②＿ は，対象物の大きさ（長さ）よりも図形を小さい大きさ（長さ）で描く場合の尺度である．

(3) 図形の限定された特定の部分をほかの部分と区別するには，＿③＿ を用いる．たとえば，切断面の切り口を示す．

(4) 対象物の斜面の実形を図示する必要がある場合には，その斜面に対向する位置に補助投影図として表す．この場合，必要な部分だけを ＿④＿ または ＿⑤＿ で描いてもよい．

(5) 外形図において，必要とする要所の一部分だけを ＿⑥＿ として表すことができる．この場合，破断線によってその境界を示す．

(6) 狭い箇所の寸法は，そのままでは記入しにくいから，＿⑦＿ を用いて寸法線から斜め方向に出し，その端を水平に折り曲げて，その上側に寸法数値を記入する．＿⑦＿ は加工方法，注記，部品番号などを記入するためにも用いられる．

(7) JIS によると，標準化または規格化されたサイズ公差にはつぎのものがある．「個々に公差の指示がない長さサイズ及び角度サイズに対する公差」を ＿⑧＿ といい，はめあいの方式の基礎となる標準化されたサイズ公差を ＿⑨＿ という．

(8) 機能，性能，加工性，組立性，解体性といった設計上の要求内容に関して，形体の偏差がどのくらいまで許容できるかを指示する必要がある．これを ＿⑩＿ という．

(9) はめあいにおいて，軸と穴を組み合わせたときに，つねにすきまが生じるはまりあう状態を ＿⑪＿ といい，つねにしめしろが生じる状態を ＿⑫＿ という．また，すきまとしめしろが生じる状態を ＿⑬＿ という．

(10) 軸の実効サイズ (VS) は「仕上がりサイズ ＋ 動的公差」で求められるが，もう一つ「 ＿⑭＿ ＋ ＿⑮＿ 」からでも求めることができる．

2.1

① ＿＿＿＿＿＿

② ＿＿＿＿＿＿

③ ＿＿＿＿＿＿

④ ＿＿＿＿＿＿

⑤ ＿＿＿＿＿＿

⑥ ＿＿＿＿＿＿

⑦ ＿＿＿＿＿＿

⑧ ＿＿＿＿＿＿

⑨ ＿＿＿＿＿＿

⑩ ＿＿＿＿＿＿

⑪ ＿＿＿＿＿＿

⑫ ＿＿＿＿＿＿

⑬ ＿＿＿＿＿＿

⑭ ＿＿＿＿＿＿

⑮ ＿＿＿＿＿＿

2.2 つぎの図の①～⑥の箇所に入る適切な寸法補助記号と呼び方を答えよ．dには接頭語も含めること．

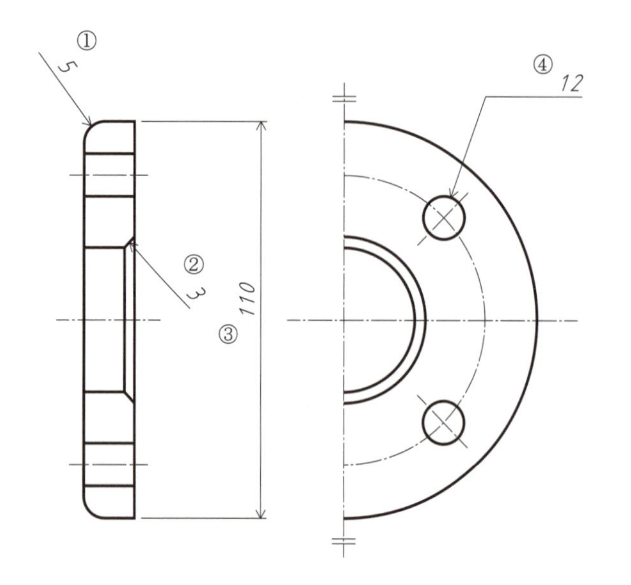

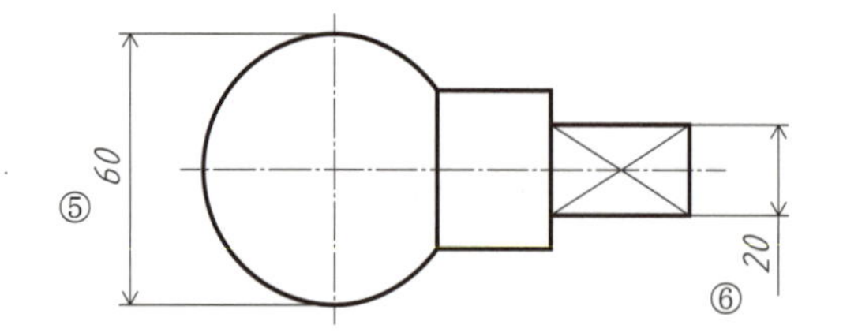

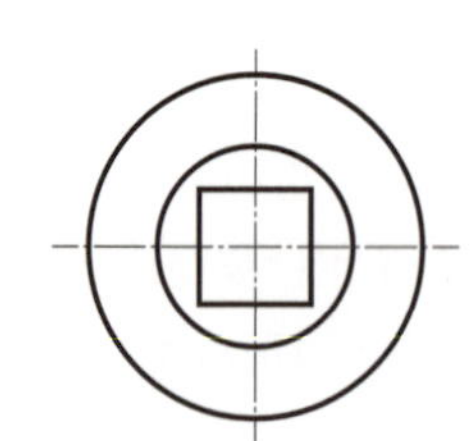

2.2

① 記号

　呼び方

② 記号

　呼び方

③ 記号

　呼び方

④ 記号

　呼び方 ―――

⑤ 記号

　呼び方

⑥ 記号

　呼び方

2.3 右の表は，幾何公差の種類とその記号の一部である．表の①～⑤に公差の名称と記号を記入せよ．

公差の種類	記　号
例　真直度公差	――
平面度公差	③
①	○
平行度公差	④
②	⌯
円周振れ公差	⑤

2.3

①

②

③

④

⑤

2.4 つぎの図 (a) は，板部品に穴あけをして，穴の位置度を最大実体公差方式 MMR で指示したものであり，図 (b) は，図面にもとづく動的公差線図を示したグラフである．

このグラフの①～③に該当する適切な数値，および，用語を解答欄に記入せよ．また，仕上がりサイズが ϕ8.6 mm のときの動的公差値を求め解答欄に記入せよ．

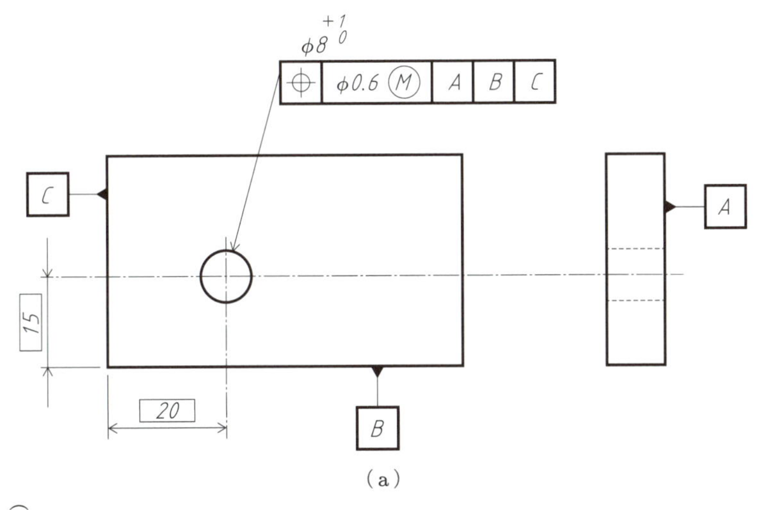

(a)

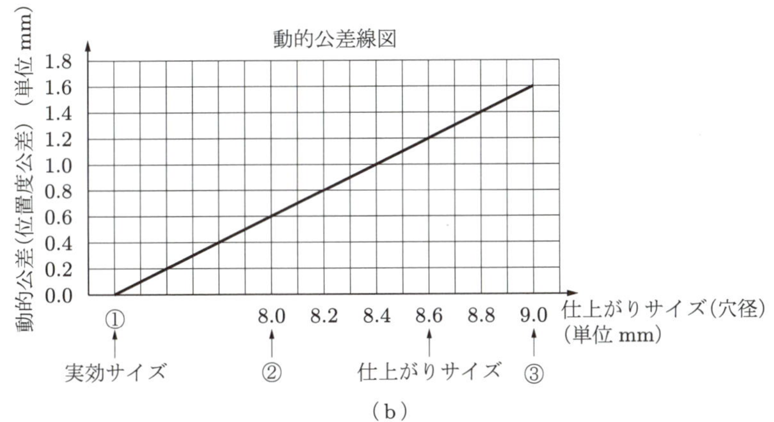

(b)

2.4

① (実効サイズ)

＝　　　　mm

② ＝

③ ＝

仕上がりサイズ ϕ8.6 mm のときの動的公差値

④ ＝

2.5 つぎの立体図を，指定された面を正面として□（枠）に第三角法で表せ. 辺の長さは任意とする.

（1）

正面

（2）

正面

2.6 つぎの第三角法で示された対象物を，立体図（2.5 の立体図と同様に）で□に表せ.

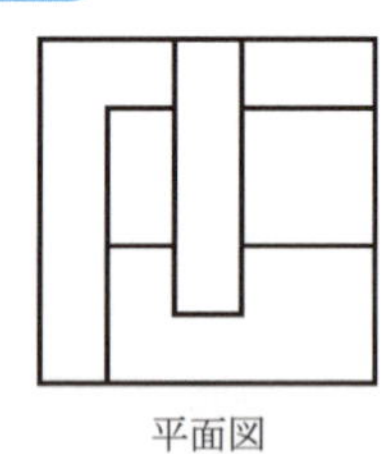

平面図

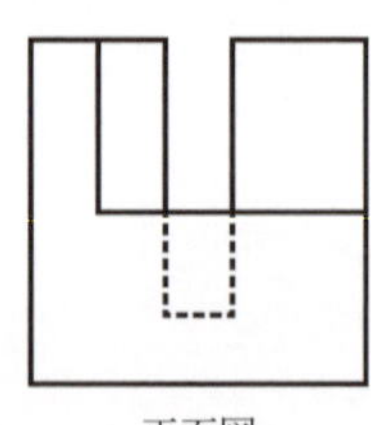

正面図

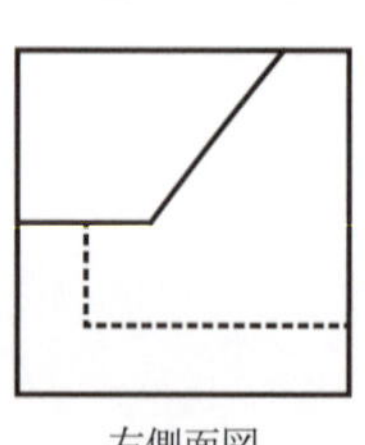

右側面図

公差設計

3.1 以下の文章の空白部に適切な用語または説明を書き入れよ．

（1）製造工程でばらつきが発生する原因を大きく分けると，__①__，__②__，__③__，作業方法の四つになる．いずれも英語の頭文字がMであることから，これらを4Mとよぶ．

（2）特性は数値で示され特性値とよばれる．特性値には，不良率や欠点数などの __④__ と，長さや重量などの計量値がある．計量値のデータがどのような分布をしているかをみるためにヒストグラムを用いる．

（3）通常のデータで，標準正規分布 N $(0,1^2)$ を示すものはほとんどない．しかし，__⑤__ という手段をとって，どのような正規分布であっても標準正規分布表を適用できるようにしている．

（4）ばらつきとその扱いからくる __⑥__ をベースにした計算方式を __⑦__ という．この方法は，ある確率で不良品が発生する可能性があるとするものである．

（5）公差の概念は機械工業における量産方式の発達とともに固まってきた．量産する部品に対しては，まず __⑧__ を備えていることが要求される．

（6）工程能力指数を評価することで，工程能力の有無を判断できる．一般に $C_p = 1$ が境界であり，それを下回る場合には __⑨__，__⑩__，__⑪__ の対策が考えられる．

（7）公差の計算においては，部品の寸法と製品の要求する位置関係から __⑫__（支点からの距離の比率）の計算が必要であり，かつ部品間の __⑬__（部品と部品のすきま関係）の考察が重要となる．

3.1

①__________

②__________

③__________

④__________

⑤__________

⑥__________

⑦__________

⑧__________

⑨__________

⑩__________

⑪__________

⑫__________

⑬__________

3.2 つぎの図のとおり，規格の幅 $U-L$ が分布の標準偏差 σ のちょうど8倍のときの C_p 値を求めよ（C_p 値は小数第3位を四捨五入する）．

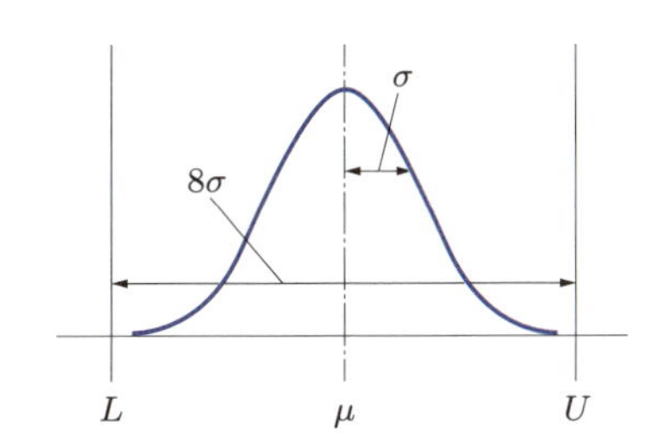

3.2

____

3.3 以下の各問に答えよ（計算式も記載すること）.

（1）つぎの四つの部品を重ね合わせたときの，合計寸法と公差値を，ワーストケースと二乗和平方根で求めよ.

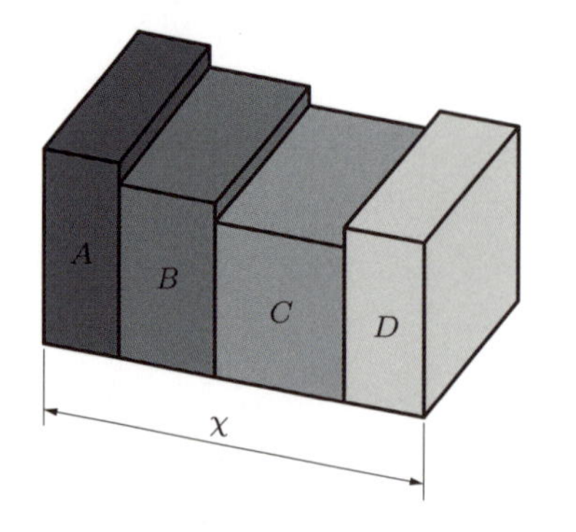

χ

ワーストケース

二乗和平方根

（2）つぎの図において，χ（すきま）の値を，ワーストケースと二乗和平方根で求めよ.

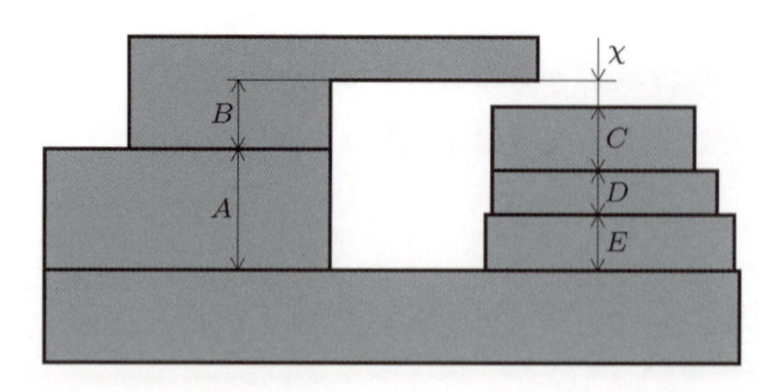

まず，χの値（寸法）を，図中の記号を用いた計算式で表し，合計寸法を計算せよ．
例）$\chi = A + B$

χ

ワーストケース

二乗和平方根

（3）つぎの二つの条件が与えられているとき，$B \sim F$が同一部品とした場合の寸法と公差値を，ワーストケースと二乗和平方根で求めよ．

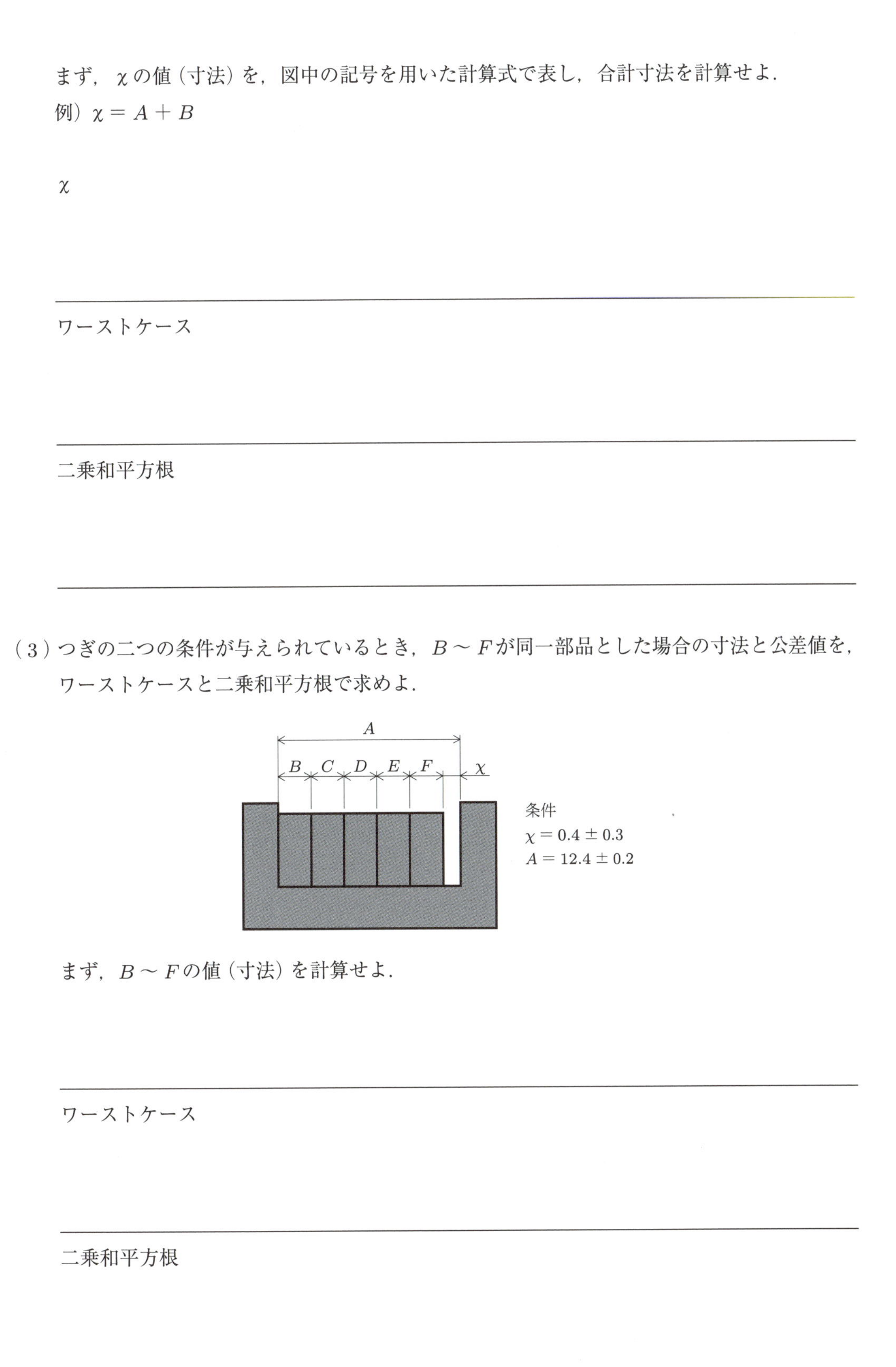

まず，$B \sim F$の値（寸法）を計算せよ．

ワーストケース

二乗和平方根

模擬試験問題の解答と解説

1.1

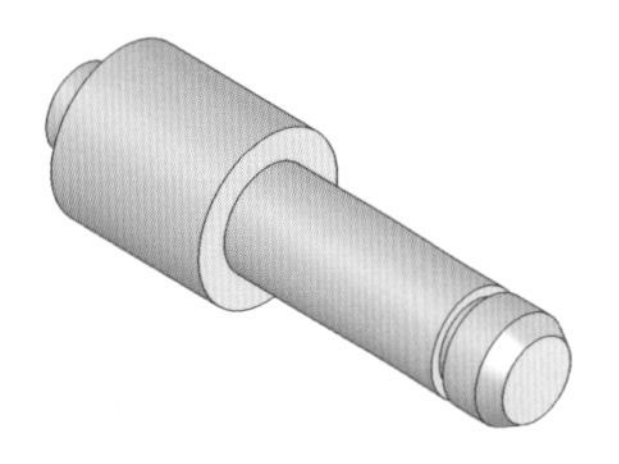

(1) Prop A (支柱 A)

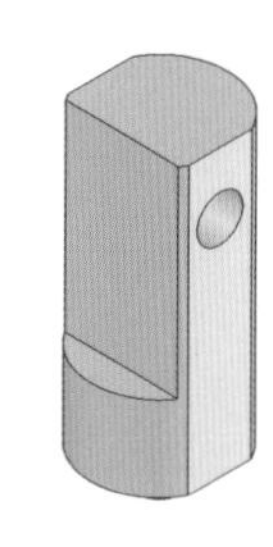

(2) Prop B (支柱 B)

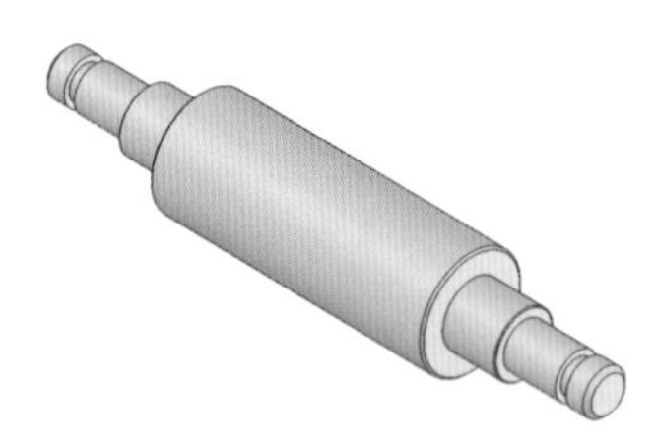

(3) Roller (ローラー)

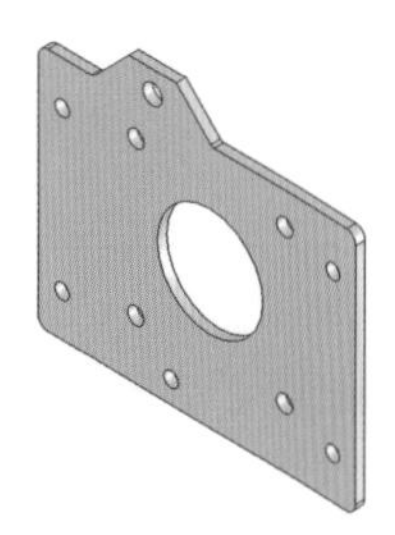

(4) Base Plate (ベースプレート)

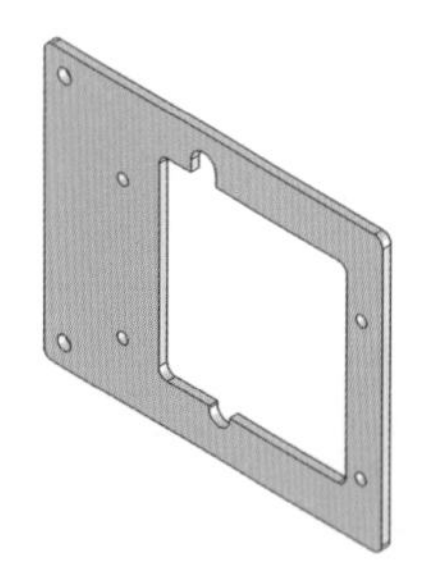

(5) Plate (取付用板)

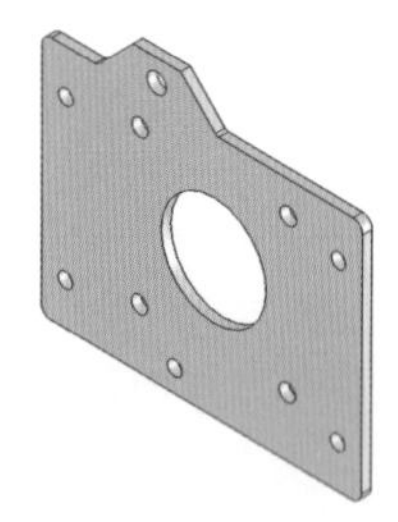

(6) Up Base (Up ベース)

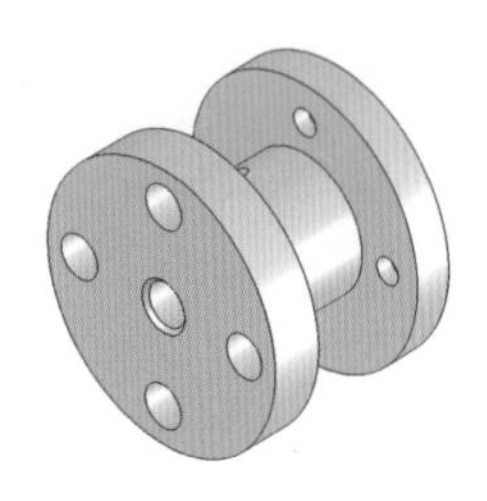

(7) Roller Housing (ローラーハウジング)

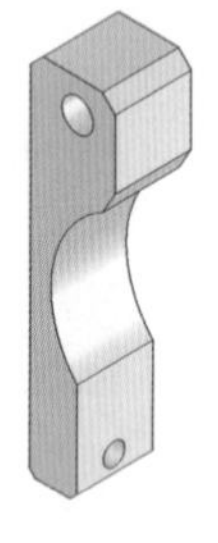

(8) Arm (押さえアーム)

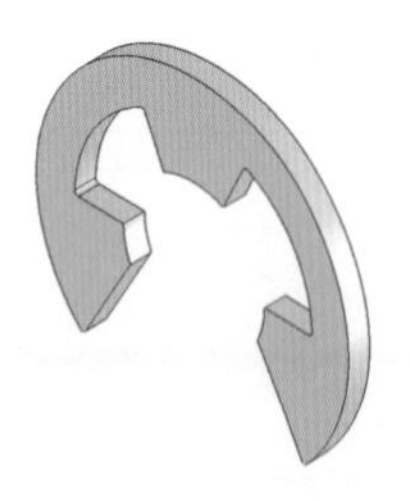

(9) E-Ring A (E リング A)

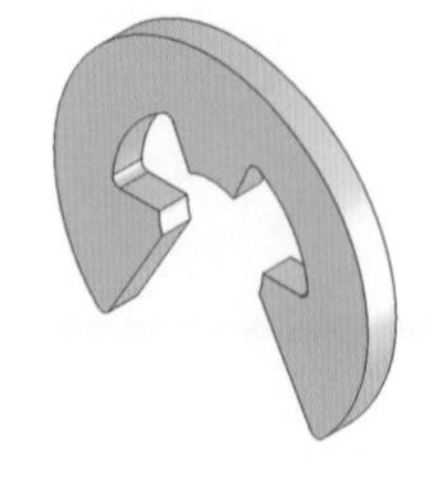

(10) E-Ring B (リング B)

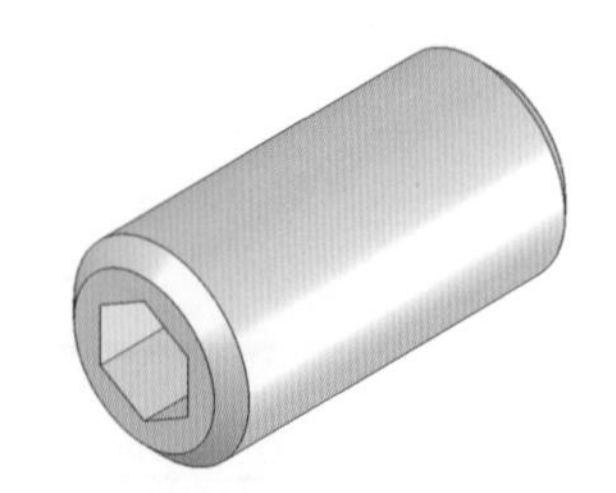

(11) M3 Fit Screw (M3 六角穴付き止めねじ)

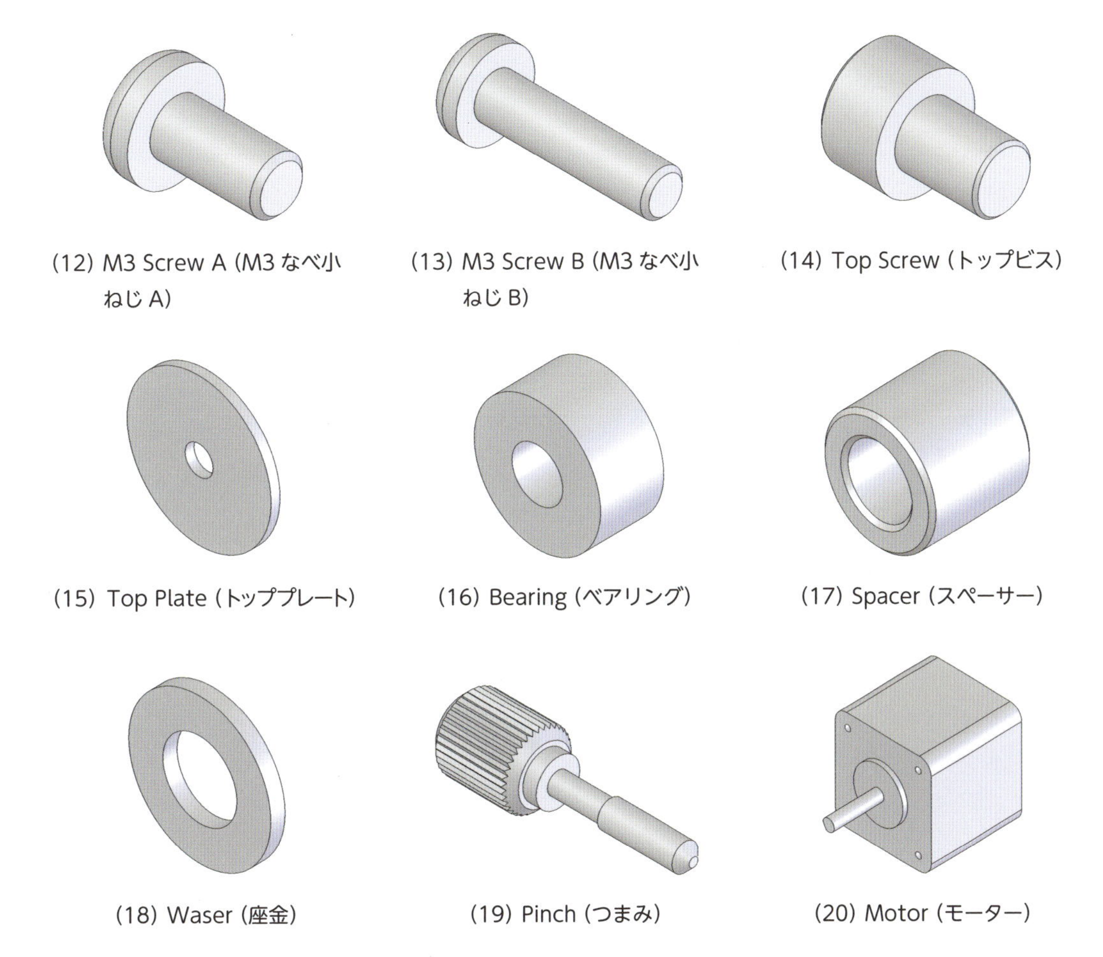

(12) M3 Screw A (M3 なべ小ねじ A)　(13) M3 Screw B (M3 なべ小ねじ B)　(14) Top Screw (トップビス)

(15) Top Plate (トッププレート)　(16) Bearing (ベアリング)　(17) Spacer (スペーサー)

(18) Waser (座金)　(19) Pinch (つまみ)　(20) Motor (モーター)

1.2 Autodesk Fusion での操作を例に解説する.

(1) 指示図 8 参照.

(2-1)

① XY 平面でスケッチを開始し，スケッチを描き，スケッチを終了する.

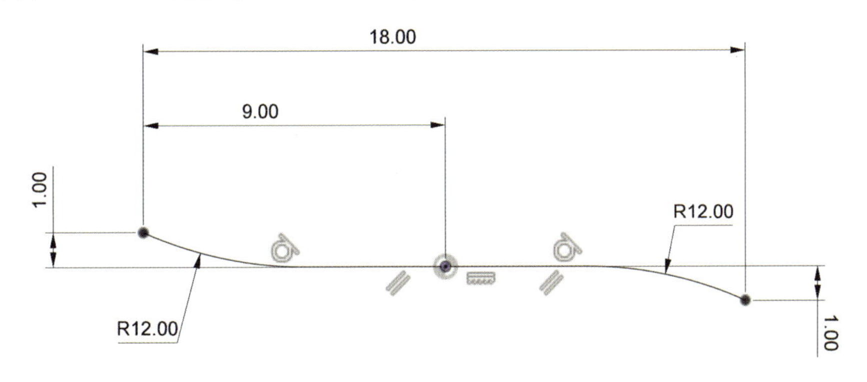

原点を通る水平の直線を描き，その直線の端点からそれぞれ正接の円弧を描く.

② スケッチを描くための参照平面を挿入する.

「パスに沿った平面」を使用し，①で描いたスケッチの端点に作成する.

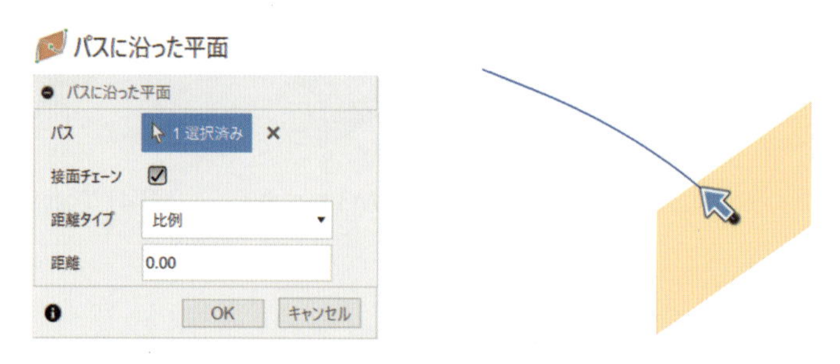

③ ②で作成した平面にスケッチを開始し，スケッチを描き，スケッチを終了する.

ϕ8 の円を描き，中心点と①のスケッチの端点を一致させる.

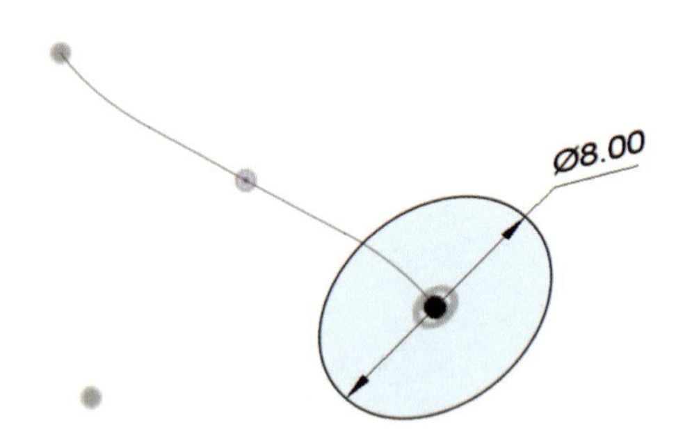

④ スイープでフィーチャを作成する.

プロファイルにスケッチ 2 (③のスケッチ)，パスにスケッチ 1 (①のスケッチ) を選択する.

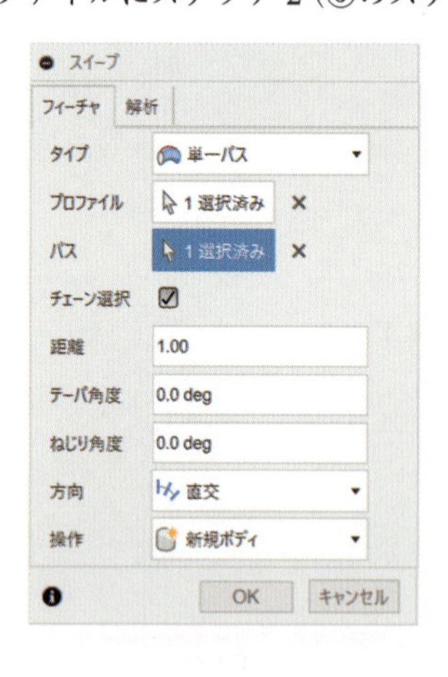

⑤ ②で作成した平面でスケッチを開始し，スケッチを描き，スケッチを終了する．

ϕ6 の円を描き，④で作成したフィーチャのエッジと「同心円」拘束を付ける．

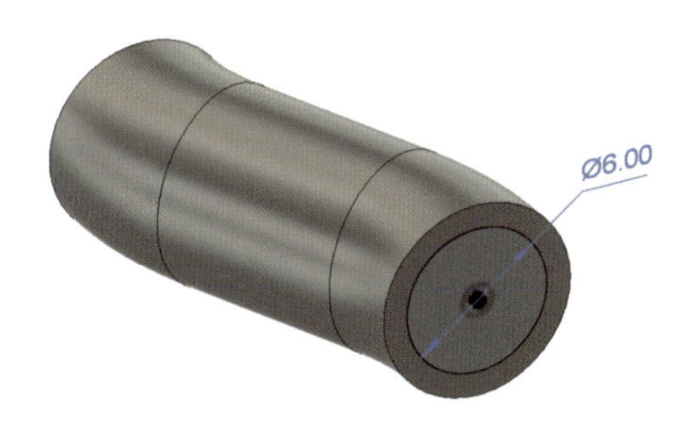

⑥ スイープで切り取る．

プロファイルにスケッチ３（⑤のスケッチ），パスにスケッチ１（①のスケッチ）を選択する．

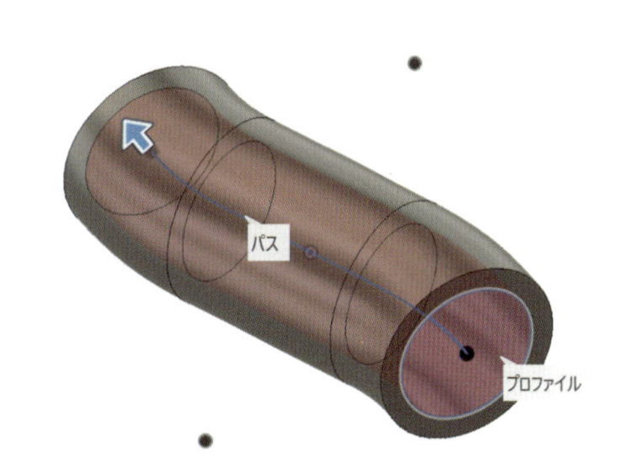

⑦ XY 平面でスケッチを開始し，スケッチを描き，スケッチを終了する．

円弧は①で描いたスケッチを投影（プロジェクト）し，その円弧に正接の直線を描く．

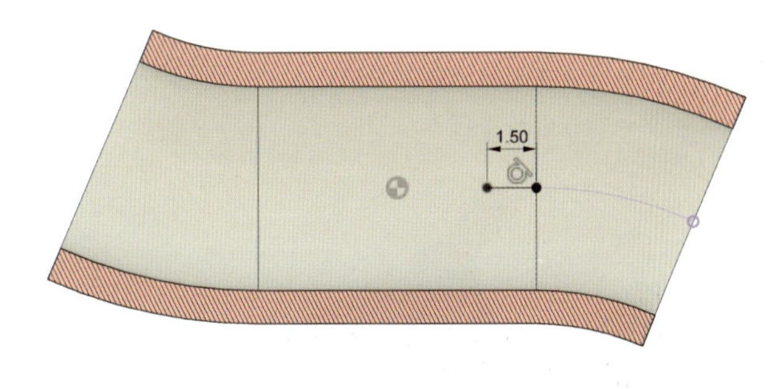

⑧ 形状の端の平面にスケッチを開始し，スケッチを描き，スケッチを終了する．

扇形のスケッチを描き，中心点と⑦のスケッチの円弧に一致させる．

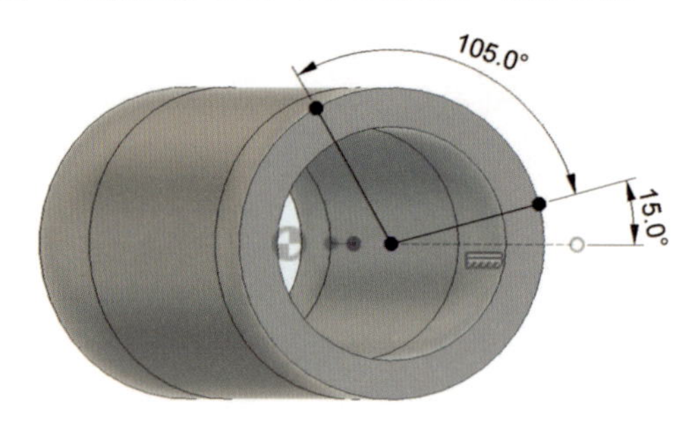

⑨ スイープで切り取る．

プロファイルにスケッチ 5（⑧のスケッチ），パスにスケッチ 4（⑦のスケッチ）を選択する．

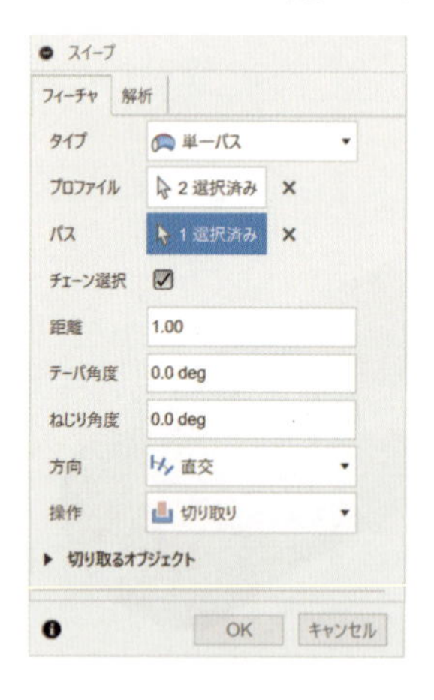

⑩ 同様の手順で，チューブ左側にも同じカットをする．

- 平面でスケッチを開始し，⑦と同様の手順でチューブ左側にパスを描く．
- ②と同じ手順でパスの端点に平面を作成する．
- ⑧と同じ手順で作成したスケッチ平面に輪郭を描く．
- ⑨と同じ手順でスイープで切り取りを行う．

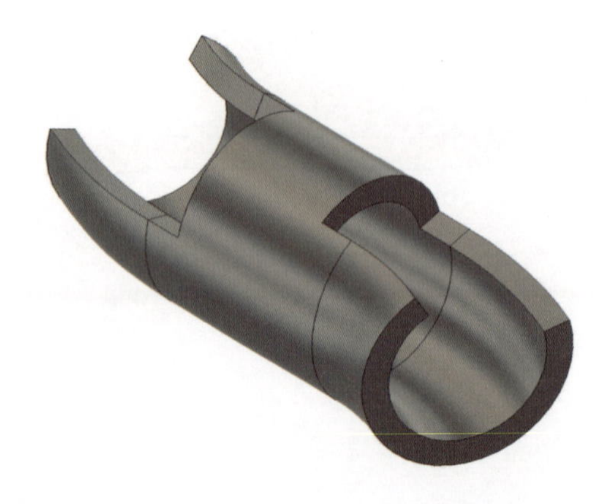

⑪ YZ 平面にスケッチを開始し，スケッチを描き，スケッチを終了する．

原点を中心とした扇形のスケッチを描き，円弧とチューブのエッジに「同一円弧」の拘束と円弧の両端点に「対称」の拘束を付ける．

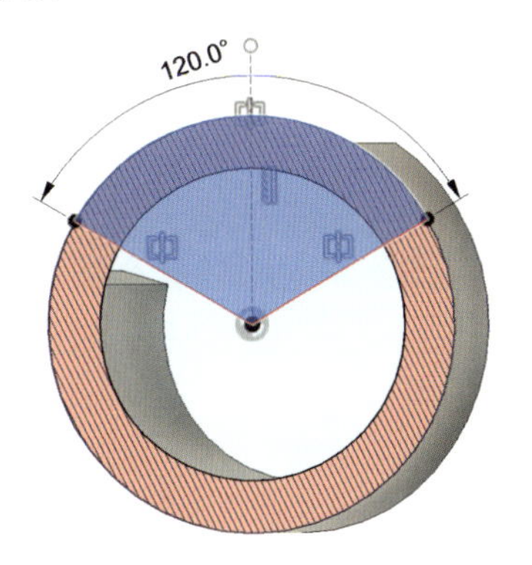

⑫ 押し出しにより切り取る．

- 方向を「両側」，範囲のタイプを「オブジェクト」とし，指定面をスイープの切り取り部の端面とする．
- サイド 2 も同じように「オブジェクト」として，反対側のカット部の端面を指定する．

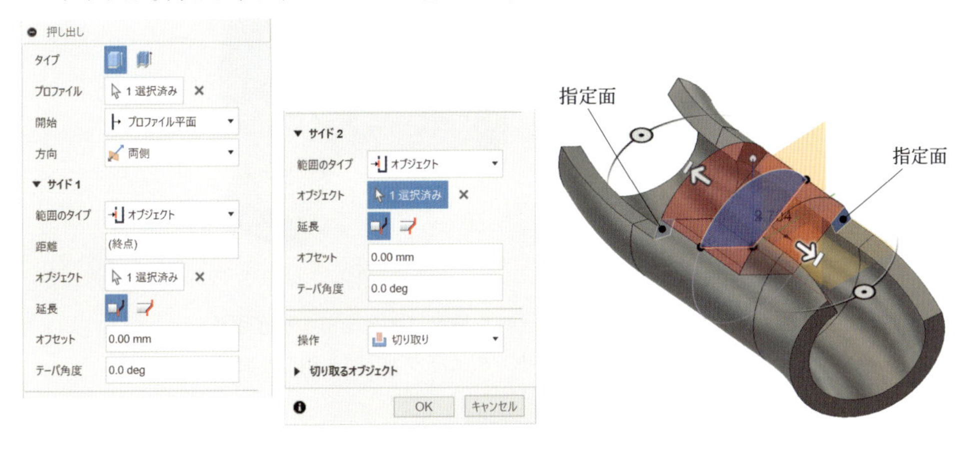

⑬ 参照平面を挿入する．

XY 平面を基準とし，7 mm 下方に参照平面を挿入する．

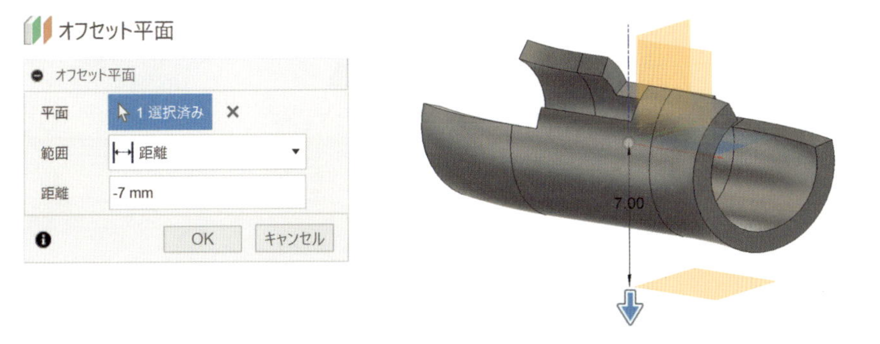

⑭ ⑬で挿入した平面にスケッチを開始し，スケッチを描く．

円の中心点は，①のスケッチの円弧上に一致するようにする．

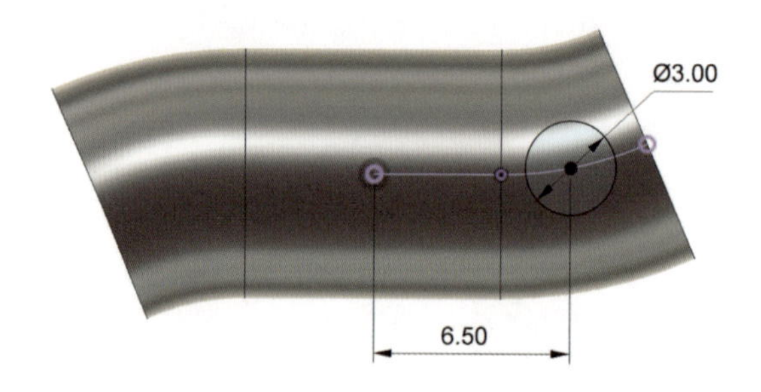

⑮ 押し出しでフィーチャを作成する．

範囲のタイプを「オブジェクト」とし，外側の円筒面を指定する．

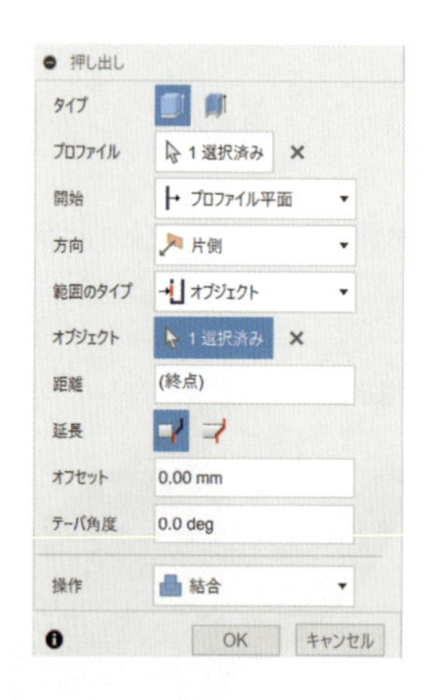

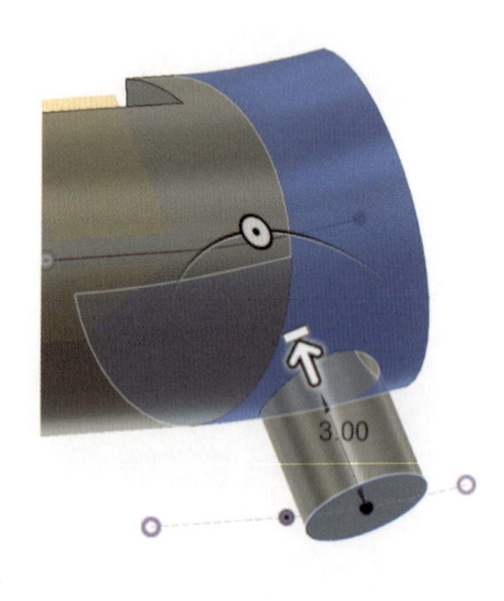

⑯ ⑬で挿入した平面でスケッチを開始し，スケッチを描き，スケッチを終了する．

ϕ1.5 mm の円を描き，⑮で作成したフィーチャのエッジと「同心円」の拘束を付ける．

⑰ 押し出しでフィーチャを作成する.

下方向へ 2 mm 押し出す.

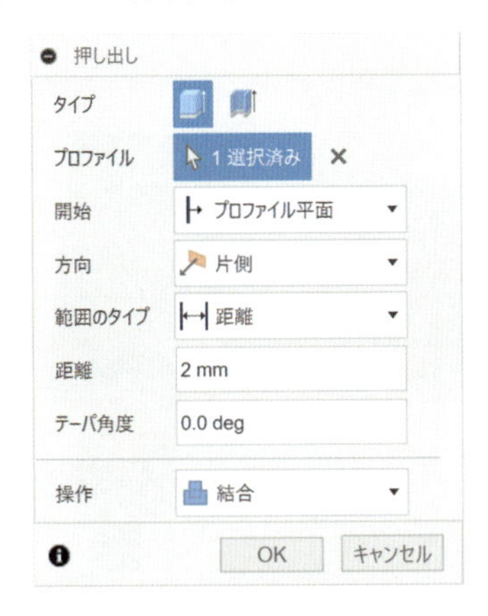

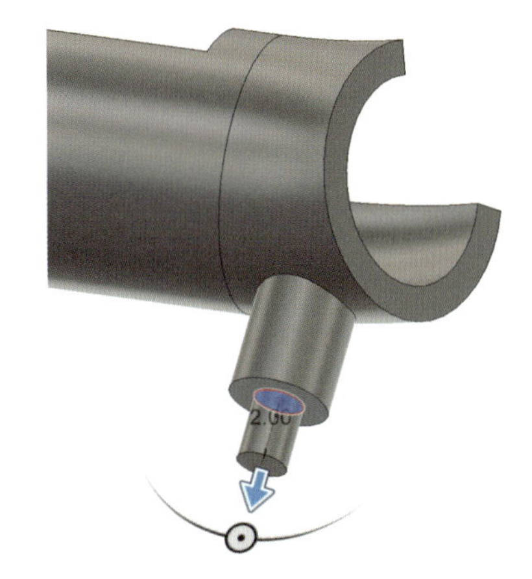

⑱ 同様の手順で，チューブ左側にも同様に作成する.

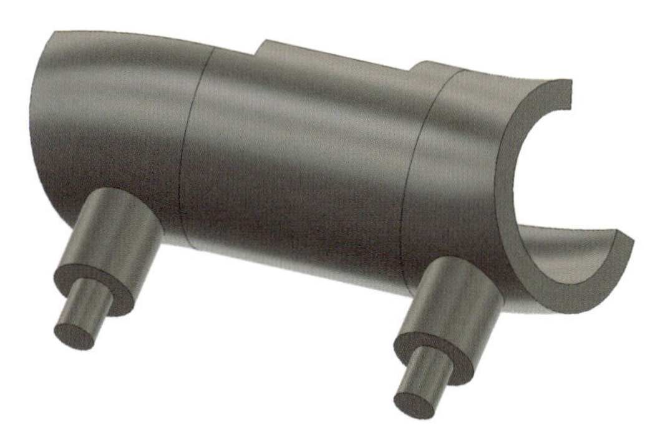

⑲ YZ 平面でスケッチを開始し，スケッチを描き，スケッチを終了する.

原点を中心とした扇形のスケッチを描き，円弧とチューブのエッジに「同一円弧」の拘束と円弧の両端点に「対称」の拘束を付ける.

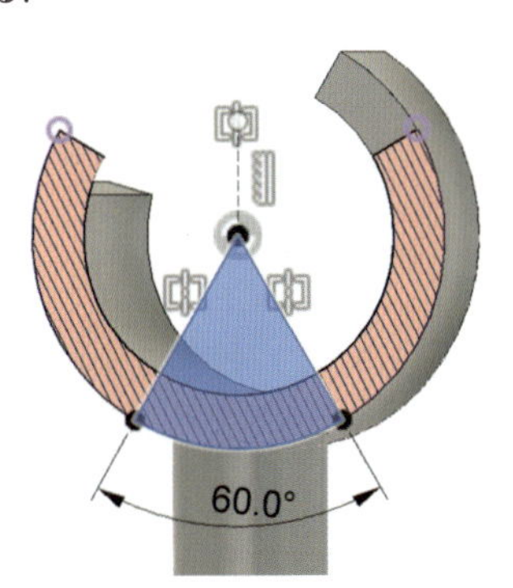

⑳ 押し出しにより切り取る.

方向を「対象」, 計測を「全体の長さ」とし, 距離を 8 mm とする.

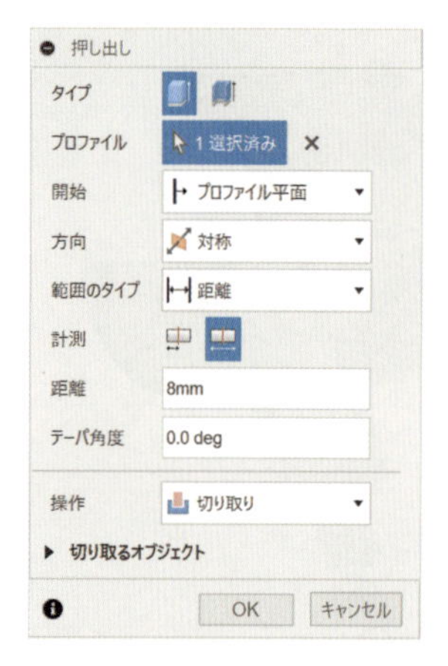

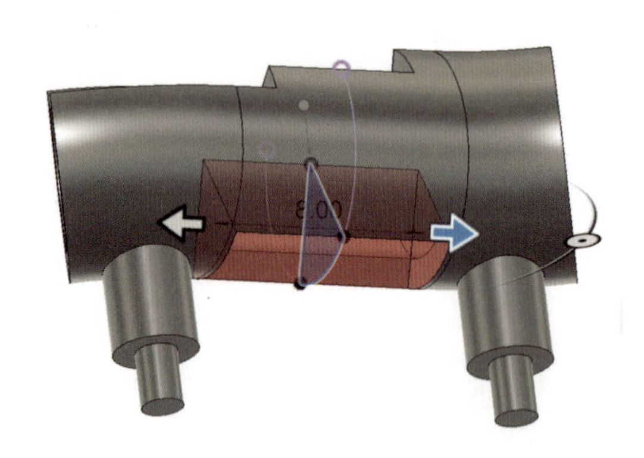

㉑ 面取りを追加する.

⑰で作成したフィーチャのエッジに C0.2 の面取りをする.

㉒ R1 のフィレットを追加する.

⑲で行ったカット部のエッジ 4 箇所に R1 のフィレットを追加する.

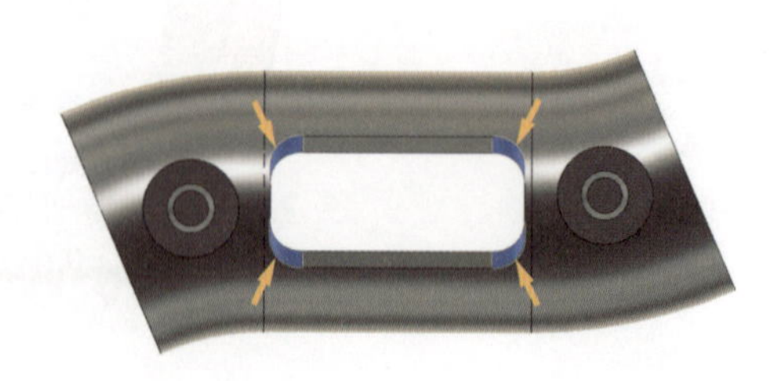

㉓ R0.3 のフィレットを追加する.

⑨, ⑩, ⑪, ⑫で行ったカット部のエッジ 12 箇所に R0.3 のフィレットを追加する.

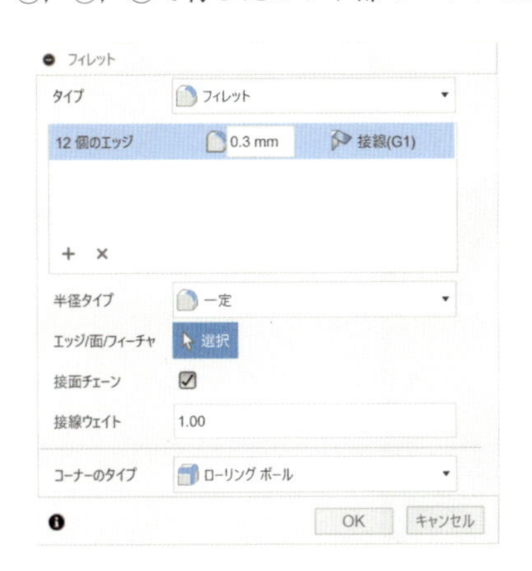

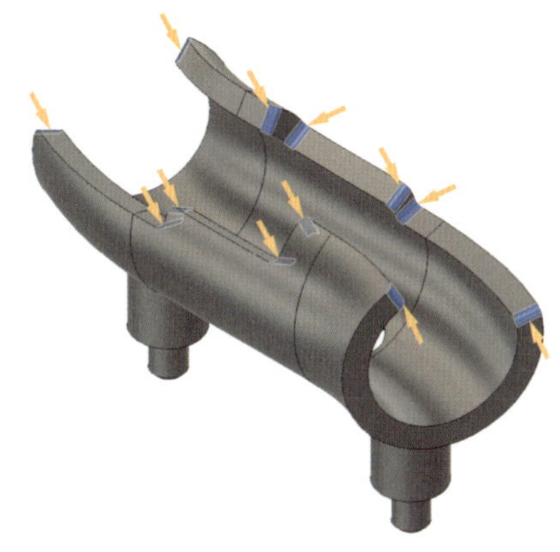

㉔ R0.1 のフィレットを追加する.

選択するエッジとして 4 箇所を指定する.「接面チェーン」にチェックが入っていると, 指定したエッジと正接でつながっているエッジはすべてフィレットが追加される.

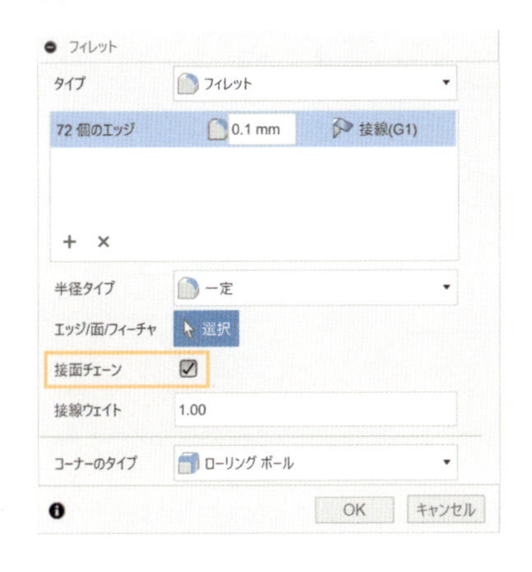

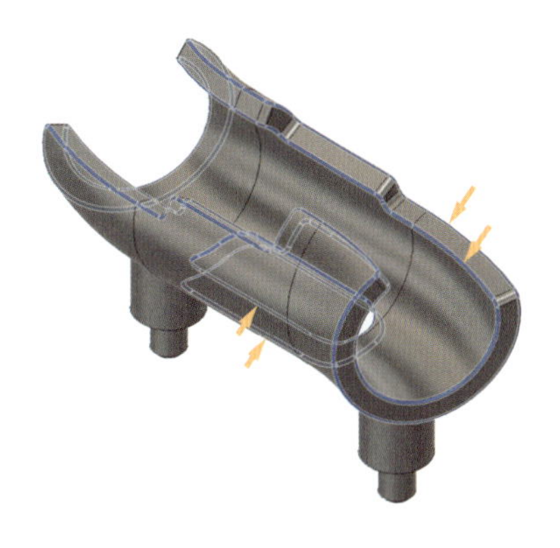

㉕ 完成. データを保存する. なお, STEP 形式へのエクスポートも行う.

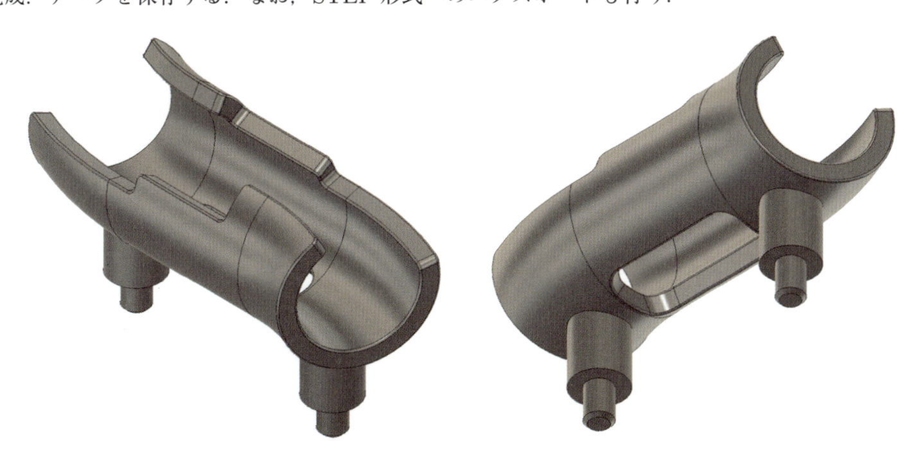

（2-2）

① 練習問題で作成した「Up Base」のファイルをコピーし，「Up Base After」としてデータを開く．

② 正面でスケッチを開始し，スケッチを描く．

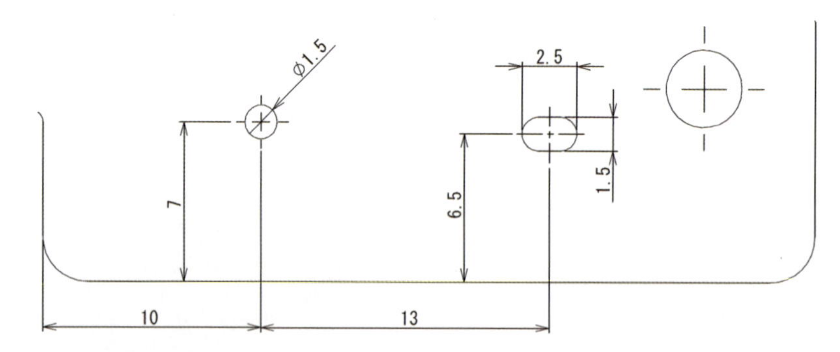

③ 押し出しカットする．

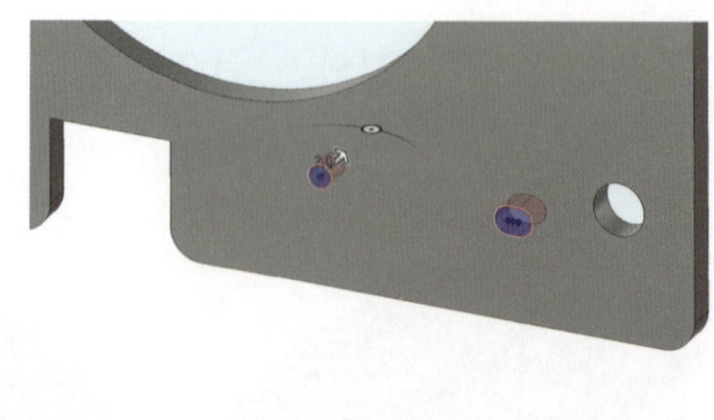

④ 完成．データを保存する．なお，STEP 形式へのエクスポートも行う．

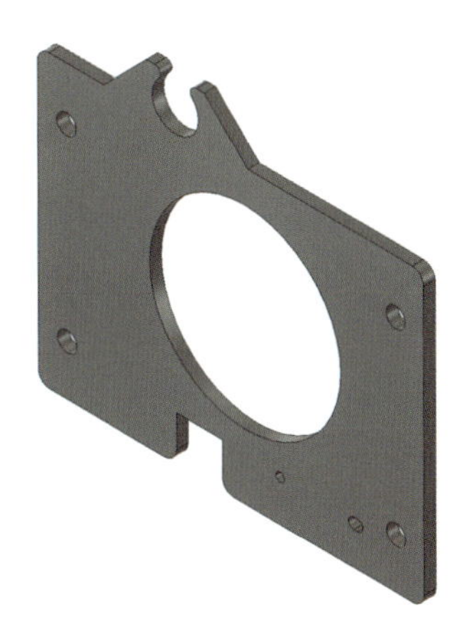

(2-3)

① (2-1) で作成した「Pump Assy」のファイルをコピーして「Pump Assy After」を開き，「Up Base」を「Up Base After」に変更する．

- ブラウザから変更したいファイルを右クリックし，「コンポーネントを置換」を行う．
- エラーや警告がでた場合，必要に応じて定義したジョイントの修正などを行う．

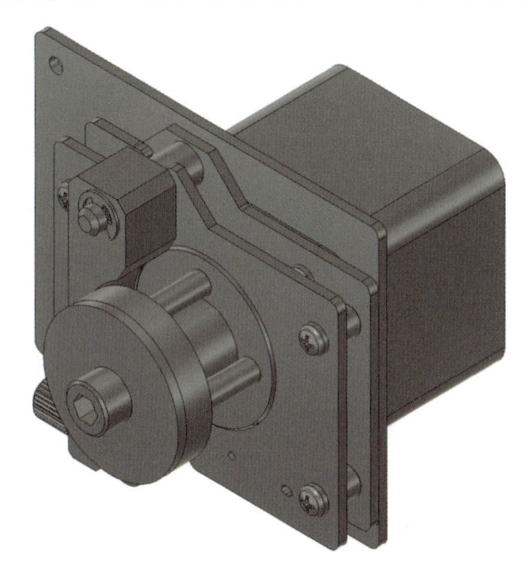

② (2-2) で作成した「Tube Guide」を挿入する．

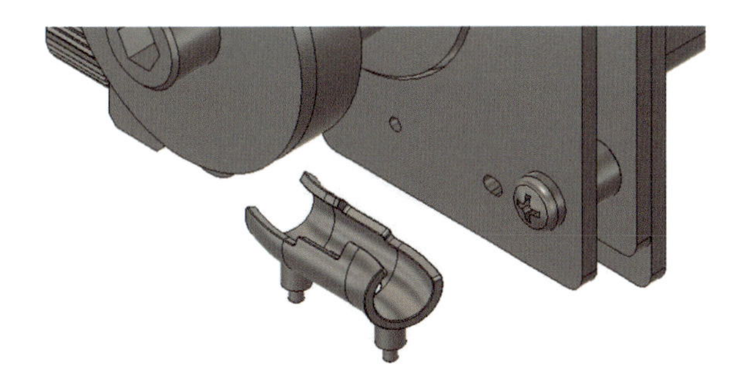

③ ジョイントなどを使用して位置を合わせて，完成．データを保存する．なお，STEP 形式へのエクスポートも行う．

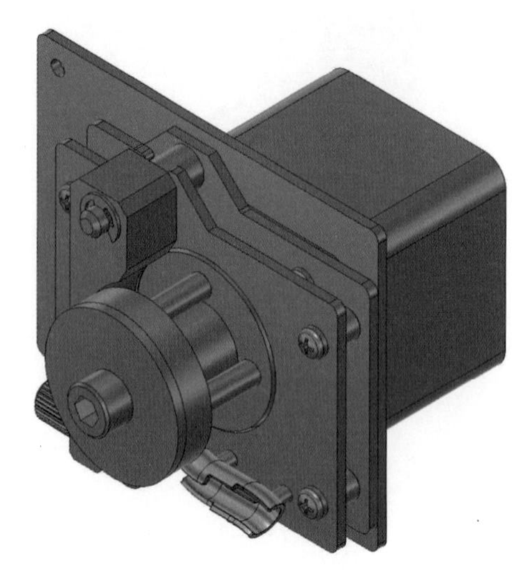

(3)

① 図面作成を行う「Roller Housing」を開く．

② 作業スペース「図面」→「デザインから」を選択し，A4 横サイズを選択する.
(注意事項) 基本設定が「第三角法」になっているか事前に確認しておく.
Autodesk Fusion では，JIS 規格に対応していないため，代替えとして「ISO」を使用する.

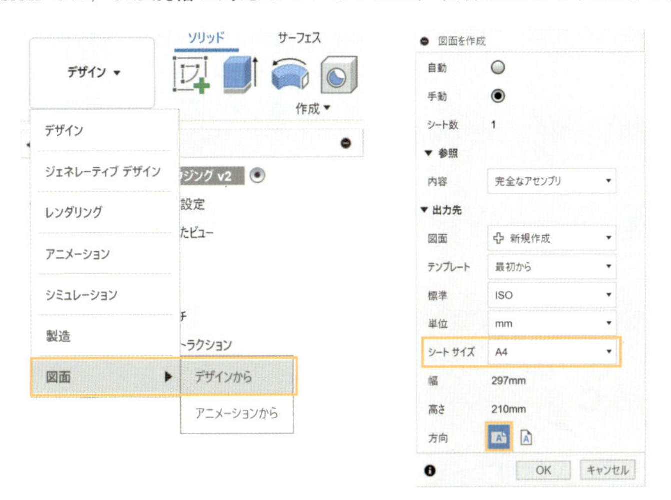

③ 図面シートの左側にビューを配置する.
方向を「前」，尺度を「2:1」とする.

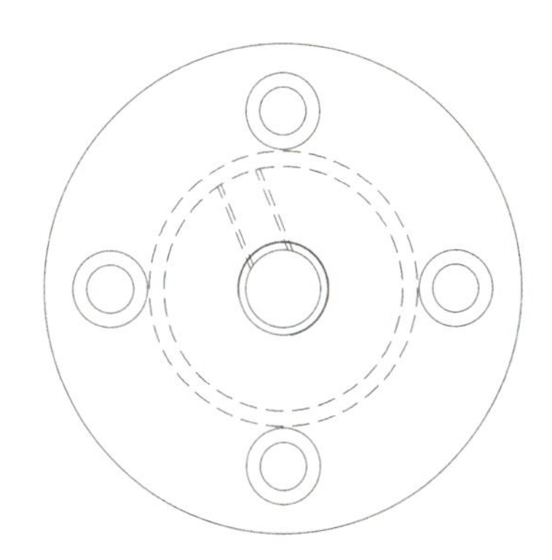

④ ブラウザから表題欄と枠を非表示にする.

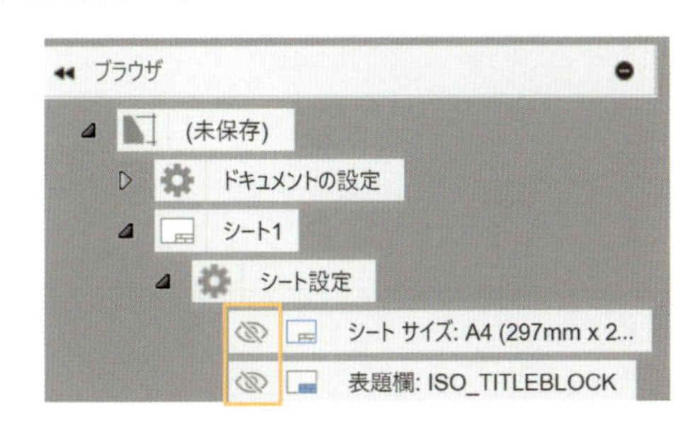

⑤ 中心線，中心マークを描く．

中心マークは，中心マークパターンを使用する．

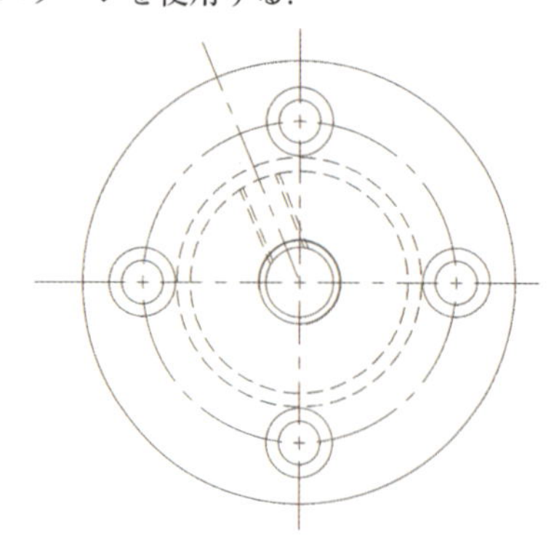

⑥断面図を作成する．

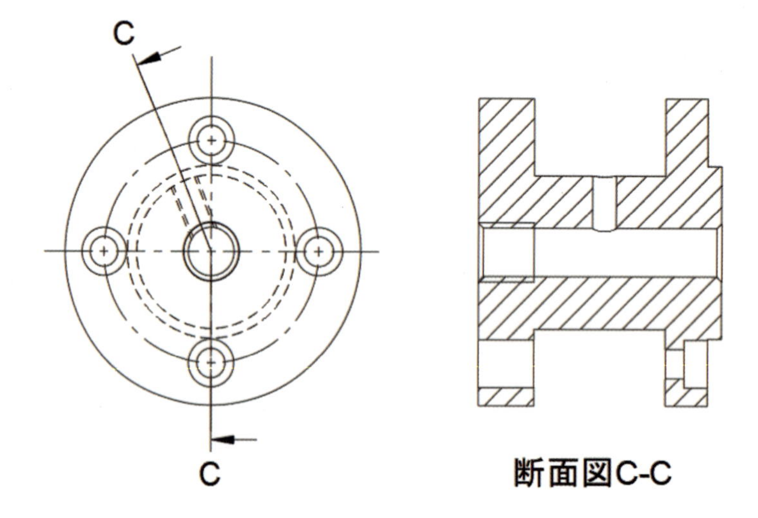

⑦ 背面図を挿入する.

- 「投影ビュー」のアイコンをクリックし，正面図から右側面図を作成する.
- 作成した右側面図から「投影ビュー」で「背面図」を作成する.
- スタイルは「表示エッジ」(隠線なし). 尺度は「2:1」とする.
- 右側面図はシートの外側に移動する.

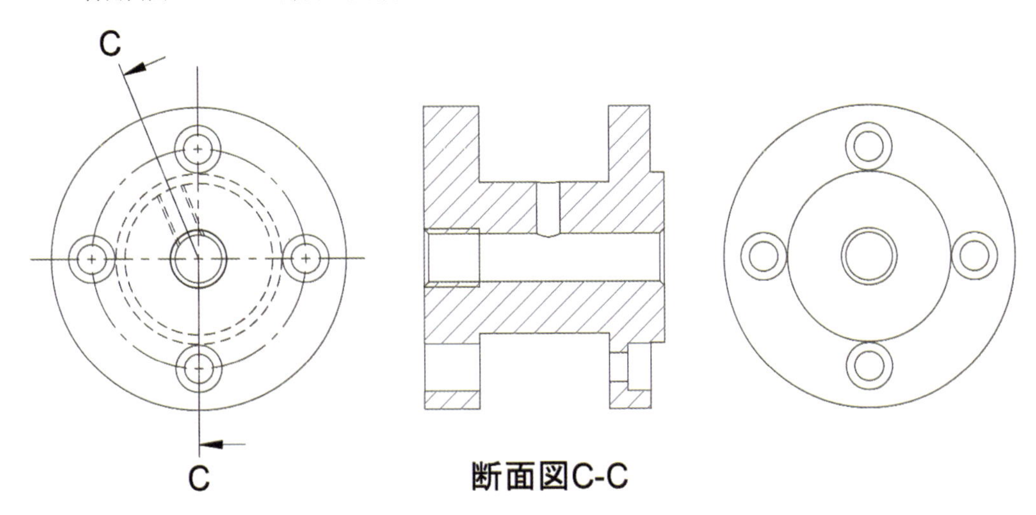

⑧ 中心線および中心マークを挿入する.

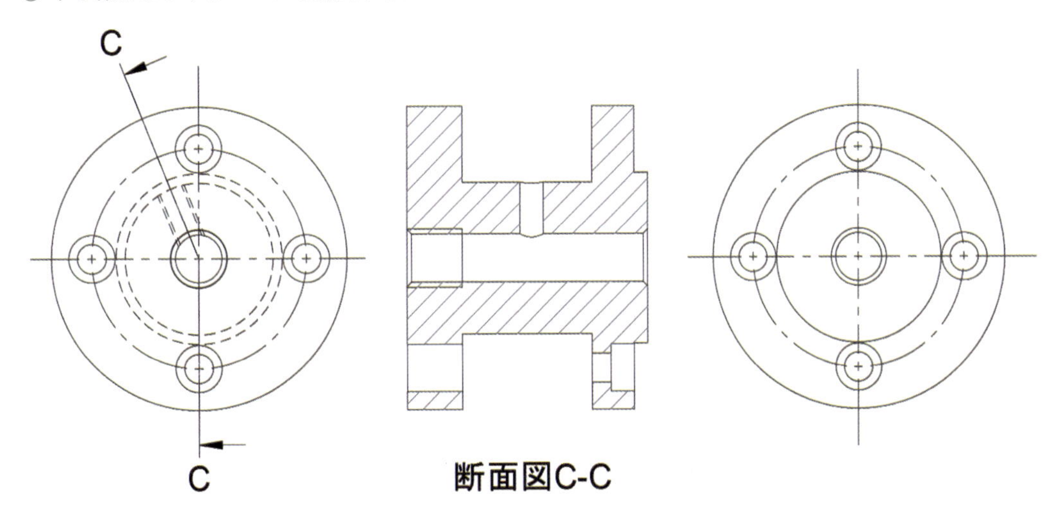

⑨ 寸法や注記などを挿入して完成．データを保存する．なお，DXF 形式へのエクスポートも行う．

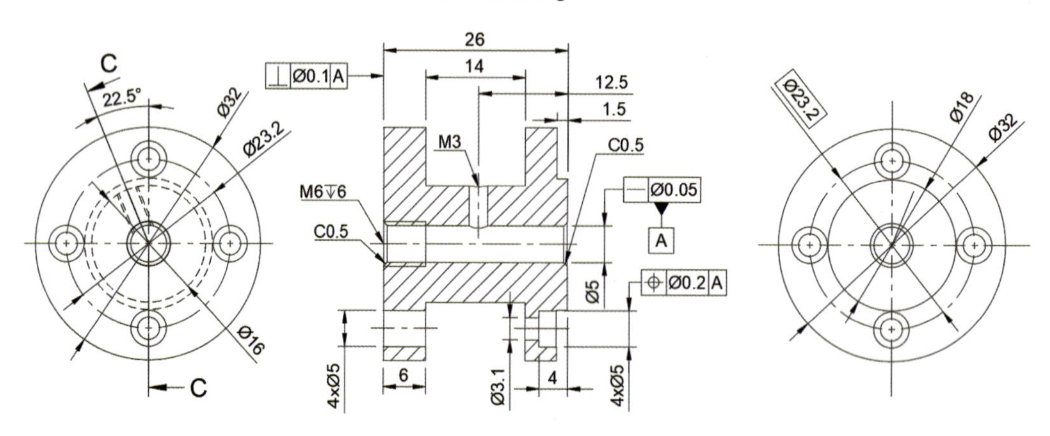

• 寸法をダブルクリックすることで，文字や記号を追加できる．
• 幾何公差は，コマンドを選択後に寸法線やエッジを選択すれば追加できる．

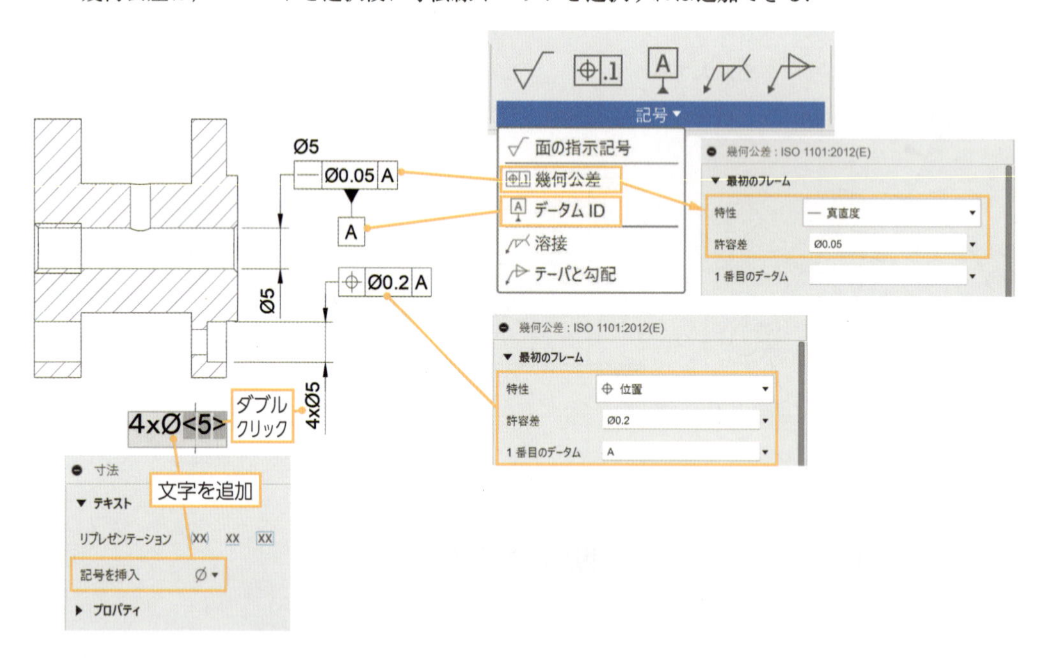

(4)

①「Pump Assy」を開き，作業スペースを「アニメーション」に切り替える．

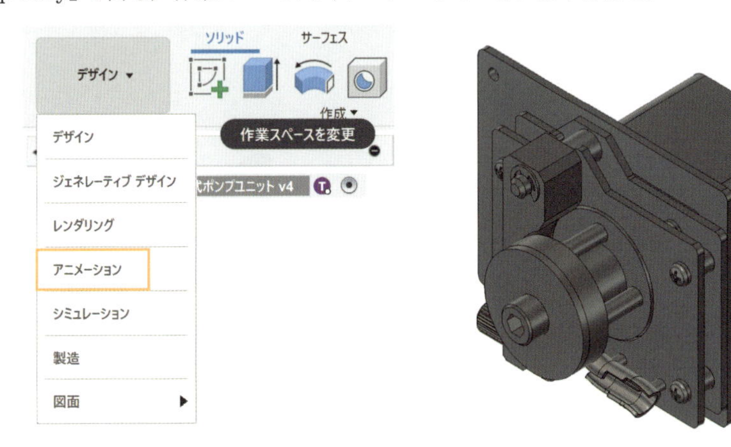

②「Motor」を分解する．基準線の表示を行う．

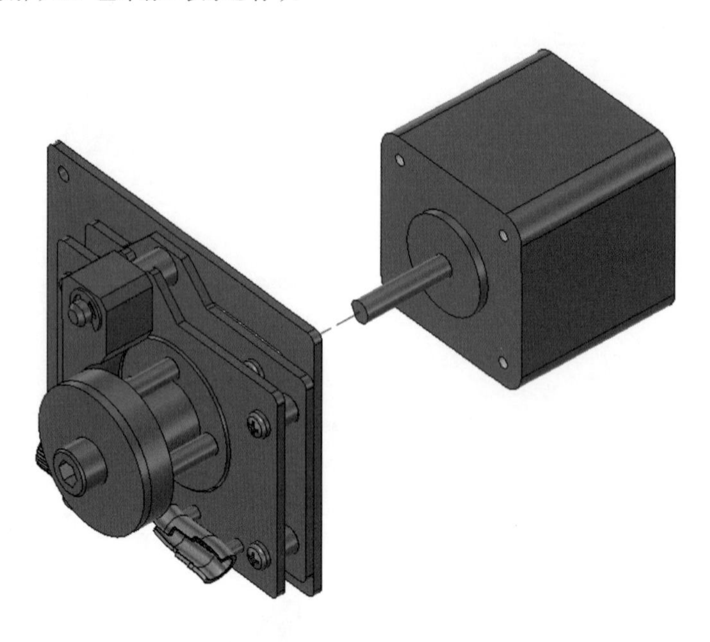

③「Plate」を分解する．

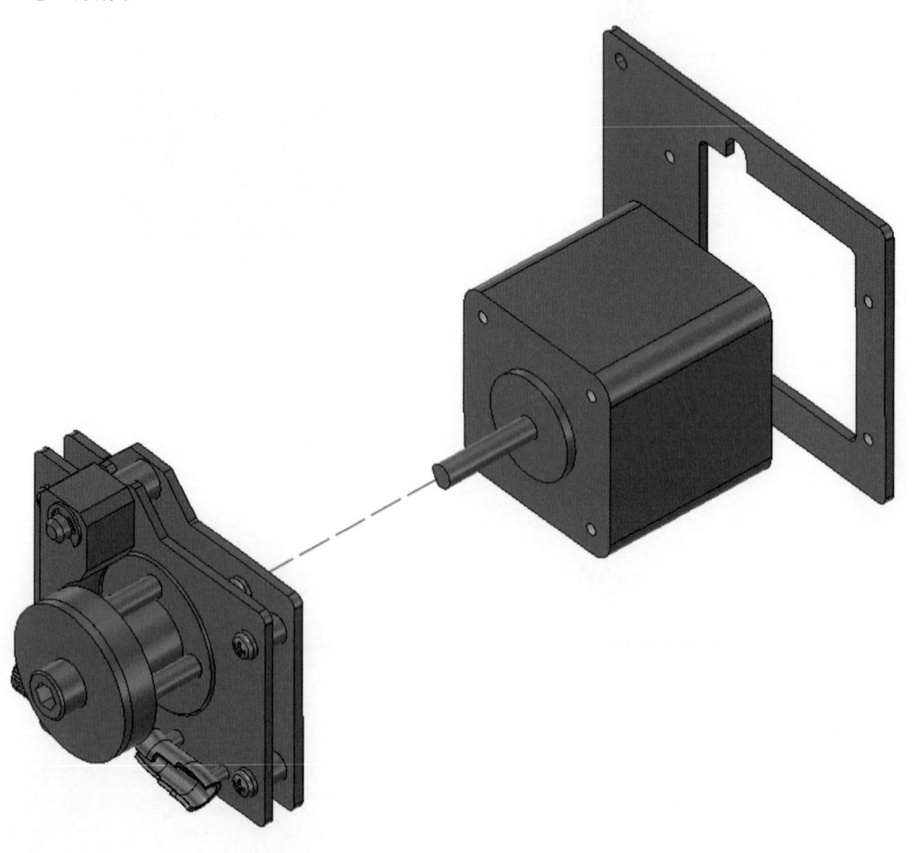

④ ②，③を繰り返し，すべての部品を分解する．

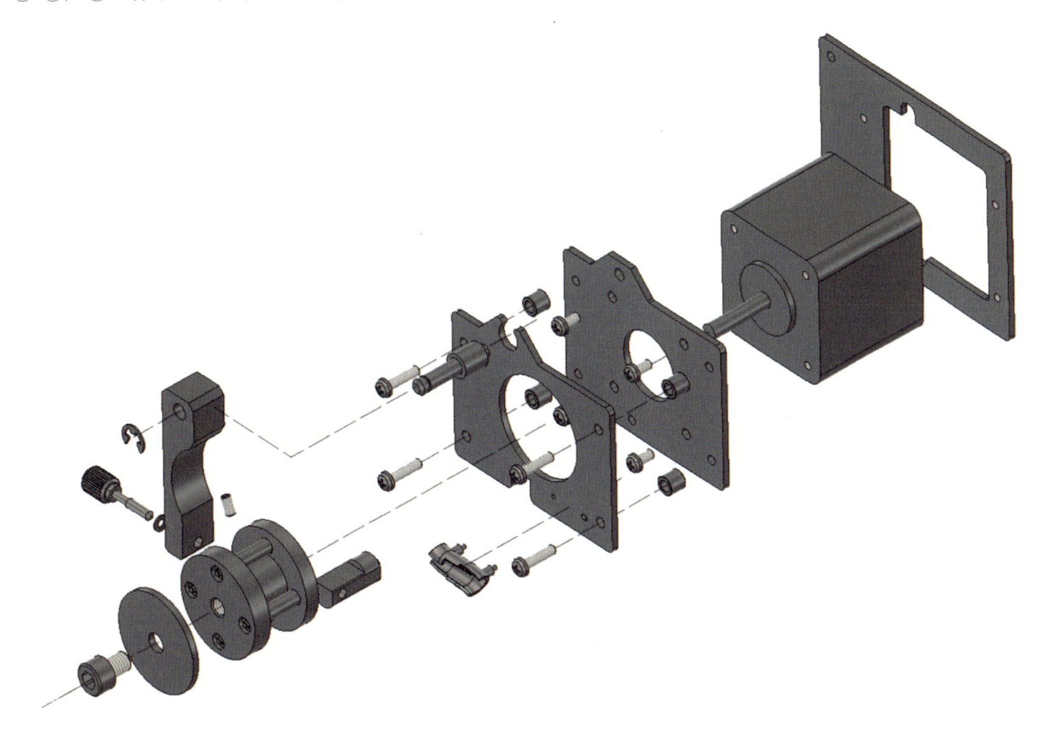

⑤ 作業スペース「図面」→「アニメーション」を選択し，A4 横サイズを選択する．

⑥ 配置して完成．データを保存する．なお，DXF 形式へのエクスポートも行う．

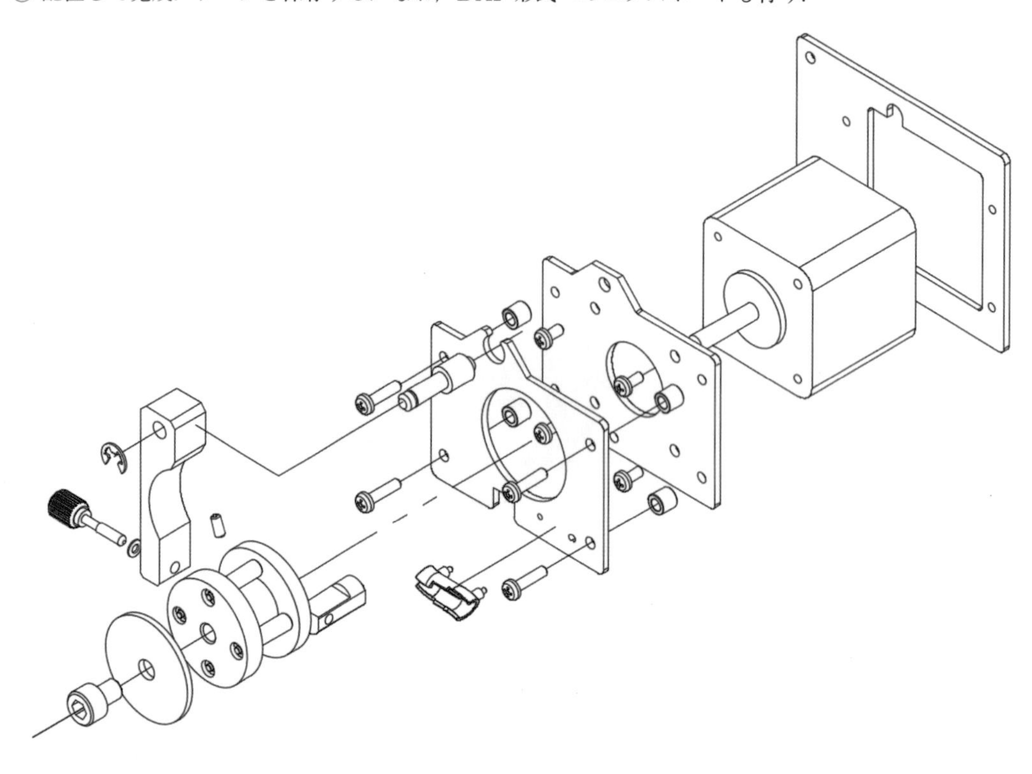

2.1 （　）内は書籍参照ページ

① 国際標準化機構 (59)　② 縮尺 (60)　③ ハッチング (63)
④ 部分投影図 (66)　⑤ 局部投影図 (66)　⑥ 部分断面図 (68)
⑦ 引出線 (62)　⑧ 普通公差 (78)　⑨ 基本サイズ公差 (79)
⑩ 幾何公差 (81)　⑪ すきまばめ (79)　⑫ しまりばめ (80)
⑬ 中間ばめ (80)　⑭ 最大実体寸法 or 最大実体サイズ or MMS (92)
⑮ 幾何公差 (93)

2.2 （　）内は書籍参照ページ

① *R*，あーる　② *C*，しー　③ ϕ，まる　④ 4 × ϕ，―(74，表 2.6)
⑤ *S*ϕ，えすまる　⑥ □，かく

2.3 (p.87 参照)

① 真円度公差　② 対称度公差　③ ▱　④ //　⑤ ↗

2.4 (p.91～95 参照)

① 7.4 mm　② 最大実体寸法 or 最大実体サイズ or MMS
③ 最小実体寸法 or 最小実体サイズ or LMS　④ 1.2 mm

2.5

解説 製図力のもっとも重要な基礎的な能力を問う問題である．部品形状をもっともよく表すように正面図を選ぶことが大切である．

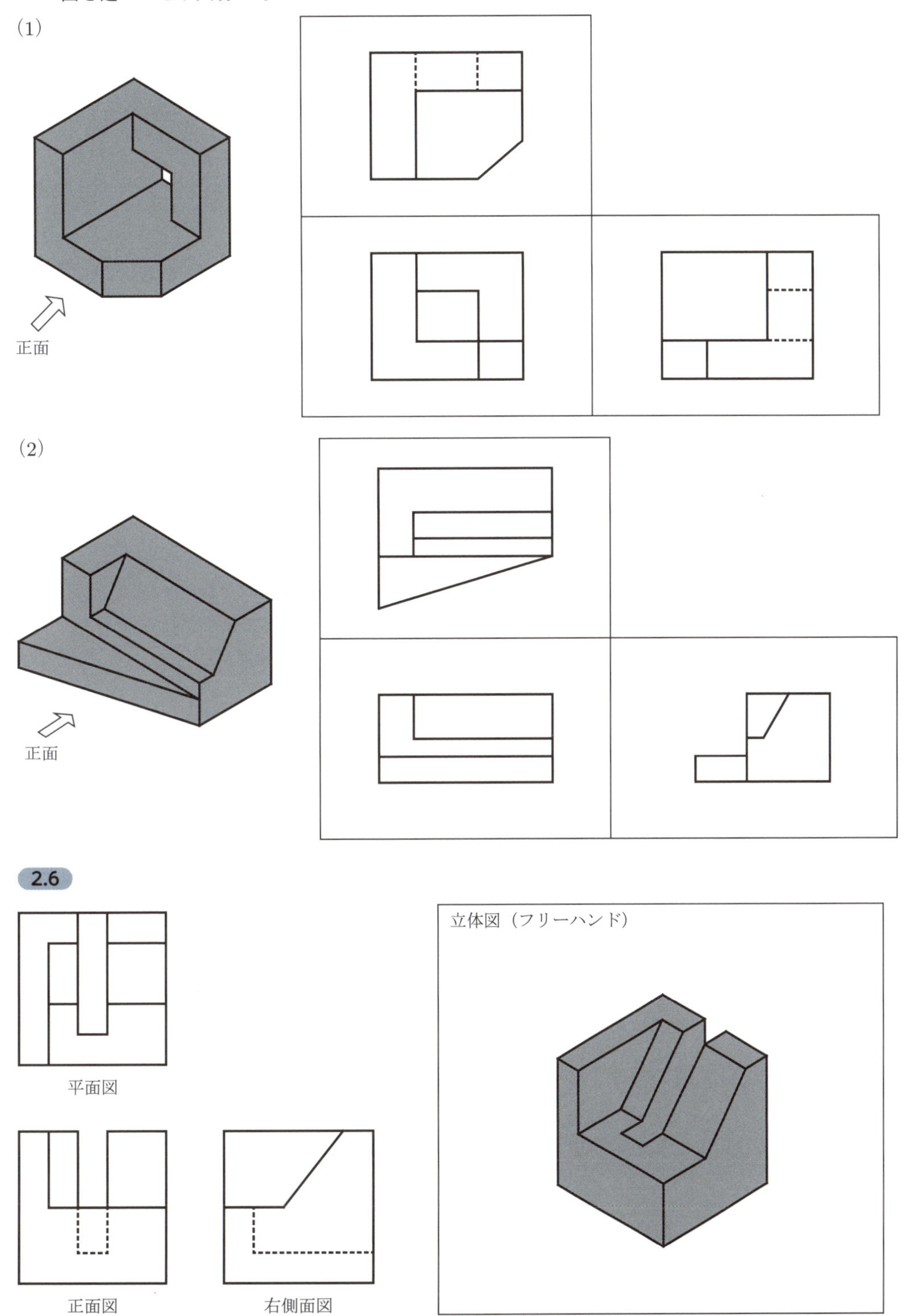

3.1 4M は品質のばらつきを抑えるための重要管理項目である．しかし，これだけでは製造品質のばらつきは避けらない．そこで，品質の特性値をヒストグラムに表してばらつきの状態を管理する．

（　）内は書籍参照ページ

① 作業者 or man (104)	② 機械・設備 or machine (104)	③ 原料・材料 or material (104)
④ 計量値 (105)	⑤ 規準化 (110)	⑥ 統計理論 (111)
⑦ 二乗和平方根 (111)	⑧ 互換性 (111)	⑨ 工程の見直し (115)
⑩ 規格の再検討 (115)	⑪ 選別 (115)	⑫ てこ比 (117)
⑬ がた (117)		

3.2 (p.114 参照)

$$C_{\mathrm{p}} = \frac{8\sigma}{6\sigma} = 1.33$$

3.3 (p.111 参照)

(1) χ の合計寸法は，A から D までの寸法を加算する．したがって，つぎのようになる．

$$\chi = A + B + C + D = 18.8 + 25.6 + 32.6 + 20.1 = 97.1$$

ワーストケースではすべての要因の公差を加算する．したがって，つぎのようになる．

$$T = 0.2 + 0.3 + 0.5 + 0.2 = 1.2 \qquad \text{(合計寸法と公差値)}\ 97.1 \pm 1.2$$

二乗和平方根では統計理論をベースとしているので，分散の加法性を利用してすべての公差の平方和を計算する．したがって，つぎのようになる．

$$T = \sqrt{0.2^2 + 0.3^2 + 0.5^2 + 0.2^2} = \sqrt{0.42} = 0.65 \qquad \text{(合計寸法と公差値)}\ 97.1 \pm 0.65$$

(2) χ の合計寸法は，A から E の要因の寸法を加算する．したがって，つぎのようになる．

$$\chi = A + B - (C + D + E) = 2.4 + 1.1 - (1.25 + 0.85 + 1.2) = 0.2$$

ワーストケースではすべての要因の公差を加算する．したがって，つぎのようになる．

$$T = 0.1 + 0.05 + 0.07 + 0.03 + 0.06 = 0.31 \qquad \text{(合計寸法と公差値)}\ 0.2 \pm 0.31$$

二乗和平方根では統計理論をベースとしているので，分散の加法性を利用してすべての公差の平方和を計算する．したがって，つぎのようになる．

$$T = \sqrt{0.1^2 + 0.05^2 + 0.07^2 + 0.03^2 + 0.06^2} = \sqrt{0.0219} = 0.148 \qquad \text{(合計寸法と公差値)}\ 0.2 \pm 0.148$$

(3) B から F が同一部品なので，一つの寸法はつぎのようになる．

$$B = \frac{12.4 - 0.4}{5} = 2.4$$

ワーストケースではすべての要因の公差を加算する．したがって，つぎのようになる．

$$0.2 + (T + T + T + T + T) = 0.3$$

$$5T = 0.1$$

$$T = 0.02 \quad \text{(公差値)}\ \pm 0.02$$

二乗和平方根では統計理論をベースとしているので，分散の加法性を利用してすべての公差の平方和を計算する．したがって，つぎのようになる．

$$0.2^2 + T^2 + T^2 + T^2 + T^2 + T^2 = 0.3^2$$

$$T^2 = \frac{0.3^2 - 0.2^2}{5} = 0.01$$

$$T = 0.1 \qquad \text{(公差値)}\ \pm 0.1$$

索　引

記号

英数

あ行

か行

さ行

著者略歴

小原照記（おばら・てるき）
いわてデジタルエンジニア育成センター センター長，3 次元設計能力検定協会 理事長，北上コンピュータ・アカデミー 特任教授など
自動車内装部品の設計会社を退職後，3 次元 CAD を中核としたデジタルものづくりエンジニアの育成と企業のサポート・導入支援を行う．岩手県を活動の拠点として，子どもから大人まで幅広く指導し，3 次元設計技術の普及活動に努める．日本人初の Autodesk Fusion 360 ユーザー試験合格者であり，2017 年には AKN Screencast 閲覧数部門で世界一となる．現在も Autodesk Expert Elite として活動中．

栗山晃治（くりやま・こうじ）
株式会社プラーナー 代表取締役，信州大学 非常勤講師
3 次元公差設計ソフトをベースとした大手電機・自動車メーカーにおけるソフトウェア活用のための支援，GD&T 企業研修講師および実践コンサル，公差設計に関する企業事例の米国での講演などにより実績を重ねる．
著書「強いものづくりのための公差設計入門講座」（コガク），「設計者は図面で語れ！ケーススタディで理解する公差設計入門」（日刊工業新聞社），「設計者は図面で語れ！ケーススタディで理解する幾何公差入門」（日刊工業新聞社）など．

井上忠臣（いのうえ・ただおみ）
井上設計製図コンサルタント代表

髙橋史生（たかはし・ふみお）
株式会社プラーナー チーフエンジニア，幾何公差講師，JIS 製図講師，3 次元 CAD 講師
自動車メーカーでの開発設計を経て，量産製品の産業用電子機器と，オーダーメイド製品である加工機械，搬送装置，給除材機などの開発･設計に携わり，量産設計･ワンオフ設計の両方の経験をもつ．現在は，プラーナーのチーフエンジニアとして，大手企業を中心に図面改善支援および接触式・非接触式 3 次元測定機を用いた測定支援，コンサルティングなどを行い，企業向け幾何公差教育を担当している．
著書「図解 SOLIDWORKS 実習（第 3 版）」（森北出版）．

新間寛之（しんま・ひろゆき）
株式会社プラーナー 開発設計部 / 講師，長野県南信工科短期大学校 非常勤講師，3 次元設計能力検定協会 事務，SOLIDWORKS 認定技術者（CSWE），3 次元 CAD 講師
SOLIDWORKS セミナー講師および企業への技術支援を担当．約 1 年間，装置設計メーカーにて 3 次元 CAD 導入･教育支援．その後，e ラーニング作成およびシステム運用に従事し，現在は 3 次元公差設計ソフト導入支援･サポートを担当．
著書「図解 SOLIDWORKS 実習（第 3 版）」（森北出版），「ショベルカーを作って学ぶ SOLIDWORKS 基本実習テキスト（第 3 版）」（プラーナー）．

これから図面を描く人のための3次元CAD・JIS製図・公差

2025年5月8日　第1版第1刷発行

著者　　　小原照記，栗山晃治，井上忠臣，髙橋史生，新間寛之

編集担当　加藤義之（森北出版）
編集責任　藤原祐介（森北出版）
組版　　　ビーエイト
印刷　　　シナノ印刷
製本　　　　同

発行者　森北博巳
発行所　森北出版株式会社
〒102-0071　東京都千代田区富士見1-4-11
03-3265-8342（営業・宣伝マネジメント部）
https://www.morikita.co.jp/

Printed in Japan
ISBN978-4-627-67751-7

MEMO

MEMO